Dieter Starke

Geschichte der Naturwissenschaften

Erste Anfänge

Dieter Starke

Geschichte der Naturwissenschaften

Erste Anfänge

Verlag
Harri
Deutsch

Dieter Starke, Diplomphysiker, wurde 1928 in Berlin geboren. Studium der Physik, Mathematik und Chemie an der Freien Universität Berlin, er war dann Wissenschaftlicher Oberassistent an der RWTH-Aachen. 1966 wurde er Dozent an der Ingenieurschule Bochum und bekam anschließend eine Professur für Physik und Technische Optik an der University of Applied Sciences, FH-Aachen. Seine Spezialgebiete waren Lasertechnik, Grundlagen der Physik und Geschichte der Naturwissenschaft. Seit seiner Emeritierung 1995 beschäftigt er sich als wissenschaftlich-technischer Berater und mit Lehraufträgen über Grundlagenphysik und Geschichte der Naturwissenschaft.

Die Deutsche Bibliothek - CIP-Einheitsaufnahme

Starke, Dieter:
Geschichte der Naturwissenschaften : Erste Anfänge / Dieter Starke. -
Thun ; Frankfurt am Main : Deutsch, 1999
ISBN 3-8171-1612-8

ISBN 3-8171-1612-8

1. Auflage 1999

Druck: Präzis-Druck GmbH, Karlsruhe
Printed in Germany

Gewidmet meiner Tochter Ines

Inhalt

Vorspruch

Es gehen viele Menschen, dem Bauch frönend und dem Schlafe, in Unwissenheit und Unbildung durchs Leben wie Reisende durch ein fremdes Land. Ihnen ist wahrhaftig gegen den Willen der Natur der Leib zur Lust, die Seele zur Last. Bei ihnen achte ich Leben und Tod gleich: man schweigt ja von beidem. Nein, erst der scheint mir zu leben und sein Leben zu nutzen, der sich einer ernsten Aufgabe widmet und den Ruhm einer hervorragenden Tat oder einer edlen Beschäftigung zu erwerben sucht.

Sallust[1]

Einleitung

Die Naturwissenschaften kann man bezüglich ihrer Vorgehensweise nach dem deutsche Philosophen und Physiker *Immanuel Kant* (1724 bis 1804) in zwei Bereiche einteilen:

- „Eine reine Philosophie der Natur“ untersucht nur das, „was den Begriff einer Natur im Allgemeinen ausmacht“ und das „auch ohne Mathematik“.
- „Eine reine Naturlehre über bestimmte Naturdinge (Körperlehre und Seelenlehre) ist nur vermittels der Mathematik möglich, da in jeder Naturlehre nur so viel eigentliche Wissenschaft angetroffen wird, ...als Mathematik in ihr angewandt werden kann.“

Zu dem ersten Bereich könnte weitgehend die Naturphilosophie der antiken Griechen gehören und zu dem zweiten die Naturwissenschaften ab *Galilei.*

Betrachtet man den historischen Aspekt der Naturwissenschaften, so kann man drei wesentliche Perioden unterscheiden. Erstens, die antike Periode, die von der ionischen Aufklärung bis zum Beginn des Mittelalters[2] reicht und im wesentlichen von *Thales*, *Anaximander*, *Anaximenes*, *Leukipp, Demokrit*, *Epikur*, *Empedokles, Archimedes, Hippokrates* und *Aristarch von Samos* geprägt worden ist. Eine zweite Periode, die klassische, die von der Renaissance[3] bis zum Ende des 19. Jahrhunderts dauert und von der Konzeption der *Newton*schen Mechanik (*Galilei*, *Kopernikus*, *Kepler* und *Newton*) bestimmt ist. Schließlich folgt eine dritte Periode, die moderne, die Naturwissenschaft des 20. Jahrhunderts. Sie ist mit den Namen *Einstein*[4], *Planck*[5], *Bohr*[6], *Heisenberg*[7], *Dirac*[8] und *Schrödinger*[9] verbunden. Das Erkenntnisziel der antiken Periode ist die Frage nach den letzten Ursachen, nach Zweck und Bestimmung. In den beiden letzten Perioden, die man gemeinsam als neuzeitliche (exakte[10]) Naturwissenschaft bezeichnet, stehen andere Zielsetzungen im Mittelpunkt. Hier ist es die Frage nach dem Wie, nach dem Beziehungsgefüge und nach dem funktionalen Zusammenhang, den man allein beobachten kann. Erst die neue Physik des 20. Jahrhunderts bringt umwälzende Aspekte des Beobachters eines Experimentes hervor. Der neuen Physik zufolge kann ein Beobachter nichts beobachten, ohne das, was er sieht, zu verändern. Beobachter und Beobachtetes hängen in einem realen und grundlegenden Sinne zusammen. Die Art dieser Wechselbeziehung hat man in früheren Zeiten nicht genau bestimmen können. Heute findet man eine zunehmende Zahl von Beweisen, die solche Wechselbeziehungen für möglich halten. *John D. Barrow*[11] schreibt: „Wir können nicht länger an der alten kartesischen Sicht festhalten, daß wir die Natur beobachten wie jemand, der aus einem ausgezeichneten Versteck scheuen Tieren zusieht." Der deutsche Physiker *Max Born*[12] definiert noch deutlicher: „...daß keine Erscheinung der atomistischen Welt beschrieben werden kann, ohne auf den Beobachter Bezug zu nehmen, und zwar nicht nur auf seine Eigengeschwindigkeit, wie dies die Relativitätstheorie tut, sondern auf sein gesamtes Verhalten bei der Beobachtung, die Einstellung seiner Instrumente usw."

Das Buch beschäftigt sich mit der ersten Periode. In ihr sind die ersten entscheidenden Aspekte einer Naturphilosophie und Naturwissenschaft entwickelt worden. Den Begriff Antike wollen wir auf den Teil des griechischen Altertums etwa 600 vor bis etwa 200 nach unserer Zeitrechnung beschränken. Man bezeichnet diese Zeit als die griechische Antike[13]. Der deutsche Historiker *Johann Gustav Droysen* nannte im 19. Jahrhundert (1836) die Zeit von dem Wirken *Alexander des Großen* bis zur römischen Eroberung (bis *Augustus*) als die Epoche des Hellenismus. Sie dauerte 3 Jahrhunderte und löste das klassische Zeitalter Griechenlands durch das Aufblühen einer neuen, kosmopolitischen Zivilisation ab. Ich wähle mit Absicht den Begriff »vor unserer Zeitrechnung (v. u. Ztr.)«, weil neue theologische Forschungsergebnisse zeigen, daß der Zeitpunkt »Christi Geburt« bisher als falsch angesehen wurde[14] und die Geburt Christi eher früher anzusetzen ist.[15] Um diesen Unsicherheiten aus dem Weg zu gehen, zumal es uns nur um eine Zeitbestimmung geht, wähle ich die chronologisch richtige Bezeichnung vor und nach unserer Zeitrechnung. Nach der heutigen Einteilung der Wissenschaften gehören Mathematik und Medizin nicht zu den Naturwissenschaften. Im Altertum, als die Wissenschaften sich erst entwickelten, hat man in dieser Hinsicht keinen Unterschied gemacht. Ich werde daher die beiden Disziplinen mitbehandeln.

In dem hier betrachteten Zeitraum von etwa 800 Jahren hat die griechische Antike einen Zivilisationsstand erreicht, der dem des vorindustriellen Europas in etwa entsprach. Eine Folge der griechischen Antike war die Hellenisierung von Indien bis Spanien, da die Griechen allen Völkern ihrer Umgebung weit überlegen waren, angefangen vom Töpferhandwerk bis hin zu Dichtung und (Natur-)Philosophie. Besonders auf naturwissenschaftlichem Gebiet sind geistige Ordnungen entwickelt worden, welche die Basis der modernen Welt bedeuten. Man spricht oft von der sogenannten griechischen Aufklärung. Unter einer Aufklärung versteht man die Naturalisierung des nur scheinbar Übernatürlichen. Die Überführung des vermeintlich Übernatürlichen auf Natürliches verursachte die Entdeckung der Naturphilosophie und der Naturwissenschaften. Diese grundlegende Bedeutung der antiken Naturphilosophie hatte zur Folge, daß vom Mittelalter bis zum 18. Jahrhundert, sogar teilweise bis in die heutige Zeit, die Ausbildung der abendländischen Kultur- und Wissenschaftsträger gleichbedeutend war mit dem Studium der antiken Klassiker[16]. Man erlebt zur Zeit wieder eine Renaissance der griechischen Antike. In den letzten Jahrzehnten sind gerade im deutschen Sprachraum zahlreiche wissenschaftliche und populärwissenschaftliche Bücher erschienen, die sich mit der griechischen Antike und ihrer teilweisen Neubewertung beschäftigen. Das Interesse gilt über die Naturphilosophie hinaus für die gesamte antike Geisteswelt. *Kopernikus* (1473 bis 1543) hat sein Weltbild, aufbauend auf den Hypothesen der *Pythagoräer* und den Forschungsergebnissen des *Aristarch von Samos,* der ein heliozentrisches Weltbild wieder entdeckte[17], entwickelt. Im theologischen Bereich bereitete *Erasmus von Rotterdam* (1469 bis 1536) durch seinen Bezug auf die antike Geisteswelt den geistigen Nährboden für die durch *Martin Luther* (1483 bis 1546) durchgeführte Reformation[18].

Nicht erfunden jedoch haben die Griechen die mathematische Physik. Als wichtigsten Grund dafür sieht *Michel Serres*[19] die Humanwissenschaften. Sie sind älter als die physikalischen Wissenschaften und verhindern ihr Erscheinen. Er schreibt: „Alle Mythologien und Religionen sind erstklassige Humanwissenschaften, unendlich präziser, wirksamer und sinnvoller als das, was wir heute mit diesem Namen bezeichnen. Um zur Welt und zur Physik zu gelangen, muß erst dieser Schleier weggerissen werden, den sich die Kollektive selbst gesponnen hatten. Die Politik, die Humanwissenschaften und die Mythen haben das Erwachen der mathematischen Physik gemeinsam und einmütig verhindert."

Die im 20. Jahrhundert entwickelte moderne Physik hat zu einer Rückschau auf die griechische Antike geführt. Dabei entwickelte sich eine Neubewertung der naturwissenschaftlichen Bedeutung der beiden hervorragenden Philosophen der griechischen Antike, *Platon* und *Aristoteles. Aristoteles* Werke, die durch die katholische Kirche des Mittelalters zum Dogma gemacht wurden, waren maßgebend und Ordnung setzend für die gesamte naturwissenschaftliche Entwicklung fast bis ins 19. Jahrhundert. *John D. Barrow* schreibt: „Die teleologischen Ideen des *Aristoteles* konnten also zu einem Fossil versteinern, das man als Schablone verwandte, an der neue Ideen erprobt wurden." Dazu liest man bei *Kanitscheider*[20]: „Teleologie und Nihilismus sind letztendlich Weltdeutungen, die beide während zweitausend Jahren Führung durch theistische Leitideen hervorgebracht wurden." „Der Mißgriff der Teleologie, dieser Unsinn allen Unsinns innerhalb der reinen Wissenschaften, bedeutet nichts anderes als den Versuch, den lebendigen Gehalt aller naturhaften Erkenntnis und mit ihm das Leben selbst durch das mechanistische Prinzip einer umgekehrten Kausalität sich anzugleichen" meint der deutsche Historiker und Philosoph *Oswald Spengler* (1880 bis 1936). *Bertrand Russel*[21] schreibt: „Die Vorstellung von Zweckursachen wird in der heutigen Physik nicht mehr anerkannt, wenn auch Spuren teleologischen Denkens in ihrem Wortschatz immer noch zu finden sind. Wörter wie Anziehung und Abstoßung, Streben nach dem Zentrum und ähnliches sind Reste teleologischer Begriffe und erinnern uns an die Tatsache, daß die *Aristotelische* Kausalitätstheorie noch bis vor etwa 350 Jahren unbestritten war." Ein Rückfall in die *Platon-Aristotelische* Philosophie zeigt sich heute noch in einer Äußerung des US-amerikanischen Physikers *E. H. Walker* 1970: „Mit allen quantenmechanischen Vorgängen kann Bewußtsein zusammenhängen . . . Da alles, was geschieht, letztlich das Ergebnis eines oder mehrerer quantenmechanischer Vorgänge ist, ist das Universum von einer fast unbegrenzten Anzahl von bewußten, gewöhnlich nicht denkenden Einheiten »bewohnt«, die für das Funktionieren des Universums verantwortlich sind."

Seit dem letzten Jahrhundert weiß man, daß *Aristoteles* die Entwicklung der Naturwissenschaften, besonders die Physik, behindert, aufgehalten und zurückgeworfen hat, sogar über das hinaus, was schon vor ihm bekannt war. Die Tragik des *Aristoteles* besteht darin, daß er zwar richtige naturwissenschaftliche Ansätze formulierte, sie dann aber ablehnte, weil sie seinen naturphilosophischen Vorstellungen widersprachen. Er war durch seinen Vater naturwissenschaftlich stark motiviert und wollte ein reales physikalisches Weltbild schaffen, hatte aber aus heutiger Sicht und aufgrund vor ihm lebender griechischer Naturphilosophen, wie des bedeutenden *Demokrit,* Schöpfer der Atomstruktur der Materie und größter Naturphilosoph der griechischen Antike, Wesentliches aus heutiger naturwissenschaftlicher Sicht falsch interpretiert.

Die historische Entwicklung der Naturwissenschaften erfolgt nicht in einem mehr oder weniger kontinuierlichen Prozeß des Fortschritts, sondern ist durch Rückschläge, Verzögerungen und Vergessen geprägt. Der Wissenschaftshistoriker *Werner Papke*[22] konnte feststellen, daß viele Erkenntnisse der modernen und der griechischen Astronomie bereits den babylonischen Chaldäern bekannt waren. Sie besaßen diese Erkenntnisse schon in der Mitte des 3. Jahrtausends v. u. Ztr., jedoch nur als Geheimwissen. Dieses Wissen war Jahrtausende verschollen und ist durch die Übersetzung und Interpretation des berühmten Gilgamesch-Epos als ein verschlüsselter astronomischer Bericht erkannt worden. Diese Wiederentdeckung wird zu einer neuen Betrachtung der Anfänge unserer Zivilisation führen müssen. Die antiken Griechen begannen vom 6. Jahrhundert v. u. Ztr. an, vieles von dem astronomischen Wissen der Chaldäer wieder neu zu entdecken. Innerhalb der griechischen Antike gibt es zunächst eine Entwicklung hin zu einem Beginn einer Naturwissenschaft unter dem Gesichtspunkt der Ablösung des Mythos durch den Logos, wie *Walter Nestle* 1956 formulierte. Diese Entwicklung stagniert und wird anschließend zurückgeworfen durch die Philosophen *Platon* und *Aristoteles* sowie den Astronomen *Ptolemaios* durch Berücksichtigung religiös-mythologischer Prinzipien in der Naturphilosophie. Erst am Ende des Mittelalters werden die fortschrittlichen Ideen der antiken Griechen durch *Galilei*, *Kopernikus* u. a. wieder aufgegriffen. Eine sehr fruchtbare Periode wissenschaftlicher Erkenntnis erfolgt dann im 20. Jahrhundert durch die Relativitätstheorie und die Quantenmechanik. Zur Zeit erscheinen Thesen, die eher einen Erkenntnisrückschritt andeuten. Sie stellen sich durch Einführung religiöser Vorstellungen in die Naturwissenschaften dar. Hier tun sich besonders US-amerikanische Physiker, wie zum Beispiel *Frank J. Tipler*[23], hervor. Er behauptet zum Beispiel, daß man Gott mathematisch genauso beweisen kann, wie die Anwesenheit eines Elektrons. Oder die Vorstellungen eines sogenannten »Antropischen Prinzips« durch den US-amerikanischen Physiker *Robert Dicke* von Princeton 1961, nach dem es möglich ist einen Weltbaumeister (Gott) in die Physik einzuführen. In der Biologie beobachtet man zum Ende des 20. Jahrhunderts in den USA einen Vormarsch der Lehre von den Schöpfungen (Kreationismus), weg von der *Darwinschen*[24] Evolutionstheorie. In diesen Tendenzen zeigt sich eine Rückkehr zur *Aristotelischen* Denkweise. Andererseits erleben wir zur Zeit eine Inflation von physikalischen Vorstellungen, wie Quanten-, String- und Superstringhypothesen und Chaostheorien. Europäische Biologen sehen im neuen Jahrhundert, das der Biologie, das der Biotechnologie.

Der US-amerikanische Wissenschaftshistoriker *Thomas Kuhn*[25] hat sich mit dem Thema der Wissenschaftsgeschichte beschäftigt und den Begriff »Paradigma« geprägt. Er versteht darunter „allgemein anerkannte wissenschaftliche Leistungen, die für eine gewisse Zeit einer Gemeinschaft von Fachleuten maßgebende Probleme und Lösungen liefern". *Kuhn* zählt die *Aristotelische* Physik und die *Ptolemaiossche* Astronomie zu den Paradigmen, obwohl es in dieser Zeit eine bessere Physik und Astronomie schon gegeben hat, als sie von den beiden vertreten wurde. Wir werden im Laufe der Vorlesung diese Thematik behandeln. *Kuhn* schreibt: „Diese Umwandlungen der Paradigmata ... sind wissenschaftliche Revolutionen, und der fortlaufende Übergang von einem Paradigma zu einem anderen auf dem Wege der Revolution ist das übliche Entwicklungsschema einer reifen Wissenschaft." Die *Aristotelische* Physik und die *Ptolemaiossche* Astronomie sind jedoch Rückschritte in längst überholte Vorstellungen und können daher nicht als „Entwicklungsschema einer reifen Wissenschaft" angesehen werden. Der englische Wissenschaftler *Ernest Gellner* schreibt 1992, daß die *Kuhnsche* These einer modischen Form des Irrationalismus[26] ähnelt, nämlich „der Mystik inkommensurabler (nicht vergleichbarer) und sich selbst erhaltender Kulturen."

Die abendländische Naturphilosophie ist nach dem englischen Wissenschaftler *D. Furley* 1987 geprägt durch zwei Weltbilder. Eine Verbindung mit der *Aristotelischen* Naturphilosophie ging das christlich-jüdische Weltbild ein. Dieses christlich-jüdisch-*aristotelische* Weltbild ist seit der Antike und im gesamten Mittelalter durch Dokumentation, künstlerische Gestaltung und Machtausübung zum Weltbild des Abendlandes geworden. Ein zweites Weltbild beginnt bei der Atomvorstellung *Demokrits* und geht über *Epikur*, *Lukrez*, *Gassendi*, *Kopernikus*, *Newton*, *Darwin* bis zur heutigen Urknalltheorie. Es löst langsam das christliche Weltbild ab.

Unsere ganze Entwicklung ist seit der Renaissance - seit dem Bemühen, dem Erbe der Antike nachzuforschen und es geistig wieder lebendig zu machen - aufs tiefste beeinflußt, befruchtet und umgeprägt worden durch die Berührung mit griechischem Geist. Wir leben im 20. Jahrhundert noch mitten im Hellenismus (wie die Epoche des ausklingenden Griechentums genannt wird). *Dorothee Kimmich*[27] schreibt: „In der neueren historischen Forschung ist man sich nun dahingehend einig, im Hellenismus, d. h. in der Zeitspanne vom Tod *Alexanders des Großen* bis zur römischen Machtübernahme, eine politisch-kulturelle Überlagerung des gesamten Mittelmeerraumes bis zum Iran durch das Griechentum zu sehen,..." Wir leben, denken und sprechen heute immer noch griechisch.[28] Begriffe wie Aristokratie, Demokratie, Drama, Epos, Ethik, Eros, Idee, Hysterie, Kamin, Komödie, Kritik, Mathematik, Methode, Monarchie, Monogamie, Musik, Physik, Plastik, Polemik, Politik, Problem, Prosa, Technik, Tragödie, um nur einige zu nennen, sind griechischen Ursprungs. Schon Ende des 19. Jahrhunderts schreibt der deutsche Philosoph Friedrich Nietzsche (1844 bis 1900): „Wir nähern uns heute allen jenen grundsätzlichen Formen der Weltauslegung wieder, welche der griechische Geist, in Anaximander, Heraklit, Parmenides, Empedokles, Demokrit und Anaxagoras, erfunden hat, - wir werden von Tag zu Tag griechischer..." Der bedeutende Physiker des 20. Jahrhunderts *Erwin Schrödinger* meint: „daß uns heute die Philosophie der Griechen deshalb so sehr anzieht, weil nirgends auf der Welt, weder vorher noch nachher, ein so fortgeschrittenes, wohlgegliedertes Gebäude aus Wissen und Nachdenken errichtet worden ist, ohne die verhängnisvolle Spaltung, die uns jahrhundertelang gehemmt hat und heute unerträglich geworden ist. Gewiß gab es auch bei den alten Griechen weit auseinandergehende Meinungen, die sich nicht weniger eifrig und gelegentlich mit ebenso unanständigen Mitteln – wie Diebstahl von Ideen oder Vernichtung von Schriften – bekämpften wie anderswo und zu anderer Zeit. Aber es gab keine Beschränkung der Themen, über die einem Denker von den anderen Denkern verstattet war, seine Meinung abzugeben." Ebenfalls baut der heutige ingenieurmäßig arbeitende Mensch auf Prinzipien, naturwissenschaftlichen Denkweisen und Techniken der Antike. Sie sind die Wurzeln der naturwissenschaftlichen, aber auch der geisteswissenschaftlichen Kultur[29]. Das dem Buch zugrundeliegende Vorlesungsmanuskript hat auch die Zielsetzung, dies dem Ingenieurstudenten bewußt zu machen und die beiden Kulturen nicht als Konfrontation, sondern als Symbiose[30] zu sehen. Unsere moderne Naturwissenschaft fußt in viel stärkerem Maße auf den Ergebnissen der griechischen Philosophie, als viele Zeitgenossen es wahrhaben wollen. So schreibt *Ernst R. Sandvoss*: „In der Entwicklung vom ontologisch-teleologisch-theologischen über das materialistisch-kausal-mechanistische zum energetisch-evolutionär-relativistischen Denken spiegelt sich in großen Zügen die langsame Weiterbildung antiker Denkansätze und ihre Kombination zu einer umfassenden Systematik und Methodik, wie sie die moderne Kosmologie auszeichnet."

Das dem Buch zugrundeliegende Vorlesungsmanuskript gehört als ein Konzept eines Wahlpflichtfaches (es besteht die Pflicht eine besondere Lehrveranstaltung aus einem Katalog zu wählen) zum Bereich des sogenannten studium generale für alle Studienrichtungen der Ingenieurwissenschaften. In einer zweistündigen, einsemestrigen Lehrveranstaltung werden die ersten Anfänge einer Geschichte der Naturwissenschaften behandelt. Damit der Rahmen einer solchen Lehrveranstaltung nicht gesprengt wird, können die Vertreter der griechischen Antike jedoch nur in einem skizzenhaften Abriß, nur ziemlich grob strukturiert, behandelt werden, so daß auf tiefer gehende Einzelfragen hier nicht eingegangen werden kann. Es gilt hier das Prinzip: „Mut zur Lücke!", denn nicht eine Fülle von Details, sondern wenige prägende Konturen sollen die Entwicklung aufzeichnen. Es ist auch, wie zum Beispiel in Physikbüchern üblich, auf Quellen- und Literaturangaben im Text verzichtet worden. Dafür bietet es im Anhang ein ausführliches Literaturverzeichnis, in dem sämtliche Quellen genannt sind und das dem Lesenden ermöglicht, tiefer in die Materie einzudringen. Ich erhebe nicht den Anspruch, daß die wissenschaftlichen Erörterungen systematisch oder gar vollständig sind. Wissenschaftlich einzuordnen ist dieses Werk in den Bereich zwischen der Sekundärliteratur und der speziellen Fachliteratur. Die Auswahl der Themen, die Art der Darstellung und die gewählte Sprache ist auf die angesprochene Klientel der Ingenieure und der Naturwissenschaftler zugeschnitten und geeignet für alle diejenigen, die an einer kurzen, knappen und klaren Darstellung des Themas aus naturwissenschaftlicher - besonders physikalischer - Sichtweise mit ihren Bezügen auf das Mittelalter und die Jetztzeit interessiert sind. Meine naturphilosophischen Fachkollegen sollten großzügig bedenken, daß es sich hier um ein Vorlesungsmanuskript für (nichtgeisteswissenschaftliche) Studenten handelt. Ich habe mich bemüht, so wenig wie möglich der »Erbsünde der deutschen Philosophie, der komplizierten Sprache«[31]zu verfallen. Eine Erkenntnis, die nicht auf die klarste und einfachste Form gebracht ist, bleibt stets eine unfertige Erkenntnis. Stephen W. Hawking[32] schreibt: „...daß jede Gleichung die Verkaufszahlen halbieren würde.“ Ingenieure und Naturwissenschaftler sind es gewohnt, in Gleichungen zu denken, daher habe ich an entscheidenden Stellen auf mathematische Gleichungen nicht verzichtet. Sie dienen allein der besseren Verständlichkeit des Dargestellten. Die Erörterungen halten sich auch nicht an den korrekten zeitlichen Ablauf, sondern sind aus didaktischen Gründen thematisch gebunden nacheinander dargestellt. Dieses Buch soll auch Motivation sein, sich mit der gesamten griechischen Geisteswelt zu beschäftigen. Anregung dazu geben die zahlreichen Anmerkungen und das Verzeichnis der für diese Vorlesung verwandten Literatur. Besonders beeindruckt hat mich das Buch »Sternenstunden des Prometheus« von *Ernst R. Sandvoss*.

Allen meinen Kollegen, die sich der Mühe unterzogen, das Manuskript kritisch zu lesen und Anregungen für eine Verbesserung gegeben haben, möchte ich hiermit danken. Danken möchte ich auch den zahlreichen Studenten, die mit großem Interesse an der Entstehung des Manuskriptes Anteil nahmen. Mein besonderer Dank gilt dem Verlag, der bereit war, dieses Vorlesungsmanuskript einer größeren (als der studentischen) Öffentlichkeit zur Verfügung zu stellen.

Zeitbetrachtung

Beginnen wir zunächst mit einer zukunftsorientierten Zeitbetrachtung des ungarisch-amerikanischen Kernphysikers *Edward Teller*[33]:

- Die Energiekrise kann in fünf Jahren (geschrieben 1979) zu katastrophalen Folgen führen.
- Wir können mit Sicherheit auf 50 Jahre im voraus prognostizieren und technische Innovationen planen.
- Amerika ist vor 500 Jahren entdeckt worden. Bei dem Versuch, über die nächsten 500 Jahre zu sprechen, sollte man sich an die Veränderungen im letzten halben Jahrtausend erinnern.[34]
- Die nächste Eiszeit kommt vielleicht schon in 5000 Jahren, es sei denn, die Technik könnte sie verhindern.
- Die Eiszeit wird 50 000 Jahre anhalten. Ob dann von unseren Nachkommen noch einer am Leben ist?
- Das Feuer ist vor 500 000 Jahren entdeckt worden. Damit nahm das Menschengeschlecht seinen Anfang.
- Unsere Sonne schien vor 5 Milliarden Jahren zum ersten Mal auf die gerade entstandene Erde herab.

Lassen Sie mich, meine Damen und Herren, noch einige weitere Zahlen ergänzen.

- Nach unserer heutigen (1996) physikalischen Erkenntnis wird in 5 Milliarden Jahren unsere Sonne einen kleinen, besonders heißen Kern besitzen, der mehr Energie abgibt als die gesamte Sonne heute. Die äußeren Schichten der Sonne werden sich ausweiten, daß sie die Planeten Merkur, Venus und Erde verschlingen. Aus der Sonne ist dann ein sogenannter Roter Riese geworden. Das wäre dann der Tod unserer Erde. Messungen haben ergeben, daß unsere benachbarte Galaxie, der Andromeda-Nebel, und die Milchstraße sich aufeinander zubewegen. Welche Kollision zwischen den beiden Galaxien in Milliarden Jahren entstehen könnte, ist heute nicht absehbar.
- Vor ca. 14 Milliarden Jahren entstand durch einen Urknall - big bang - unsere Welt. Die räumliche Ausdehnung des Weltalls ist endlich und

entspricht - nach heutiger Erkenntnis (Messungen des Satelliten »Hipparchos« 1997) - 14 Milliarden Lichtjahre[35].

- Stimmen die heutigen (1996) kosmologischen Standardmodelle auch nur annähernd, so wird das Universum - sofern es geschlossen ist - noch mindestens 100 Milliarden Jahre weiterbestehen. Sollte das Universum offen sein, kann man mit einer unendlich langen Eigenzeit rechnen.

In einer Zeitbetrachtung nach S. M. *Markus* vergleichen wir die Epochen, die zu dem heutigen Stand der Naturwissenschaften führten. Wir stellen ein merkwürdiges Verhalten fest, daß die einzelnen Zeitbereiche, sich grob geschätzt, um eine Zehnerpotenz verkürzen: Von der Erfindung des ersten Steinwerkzeuges vor etwa zwei Millionen Jahren bis zum Gebrauch des Feuers vergehen etwa 1,2 Millionen Jahre. Von dort bis zu den Höhlenmalereien in Frankreich und Spanien sind es etwa 770 000 Jahre. Von hier bis zu den ersten Städten im heutigen Anatolien und Palästina, z. B. Jericho[36], sind es nur 20 000 Jahre. Von den ersten Ansätzen einer Physik bis *Galilei* waren es rund 2 000 Jahre. Die Geburt der Mechanik, also etwa von *Leonardo da Vinci*[37] bis *Newton* währte rund 2 Jahrhunderte. Die Entwicklung der Atomphysik dauert etwa zwei Jahrzehnte, aber die eigentliche Geburt der modernen Atomphysik knapp zwei Jahre. Die Erkenntnis der Welt verlief bisher kaskadenartig, mit immer dichteren Intervallen.

Über die Entwicklung des Menschen kennt man nach neuesten (1997) wissenschaftlichen Erkenntnissen folgende Zahlen:

- Der Übergang vom Frühmenschen zum »frühen archaischen homo sapiens[38]« muß vor 500 000 bis 700 000 Jahren erfolgt sein.
- Der fast moderne »späte archaische homo sapiens« ist vor 300 000 Jahren in Afrika entstanden.
- Das erste Vorkommen des heutigen, modernen Menschen wird auf eine Zeit von vor 130 000 Jahren taxiert.

Der Beginn der geistigen Weltgeschichte jedoch scheint in dem zwischen 800 und 200 v. u. Ztr. stattgefundenen Prozeß zu liegen. Von dem, was damals geschah, was geschaffen und gedacht wurde, lebt die Menschheit bis heute. In dieser Zeit geschah Außergewöhnliches. In China lebten *Konfuzius* und *Laotse*, und es entstanden alle Richtungen der chinesischen Philosophie. In Indien lebten *Mahavira* (etwa 599 bis 527 v. u. Ztr.) der Stifter des Jainismus, und *Buddha* (um 563 bis 483 v. u. Ztr.), und dort wurden alle philosophischen Möglichkeiten bis zur Skepsis[39], zum Materialismus[40], zur Sophistik[41] und zum Nihilismus[42] entwickelt. In Persien lehrte *Zoroaster*[43], auch unter der ältesten iranischen Namensform *Zarathustra* bekannt, das Weltbild des Kampfes zwischen dem guten und dem bösen Prinzip. Er war leidenschaftlicher Gegner aller blutigen Opfer. In Palästina traten die Propheten *Elias, Jesaias, Jeremias* und hundert oder zweihundert Jahre später *Deuterojesaias*[44] *auf. In Griechenland hat Homer* in seinen Epen die Hellenen[45] selber erst zum Bewußtsein einer einheitlichen Kultur gebracht. *Homer*[46] gilt durch seine Dichtkunst als Künder des Ablaufs menschlichen Schicksals, als Lehrer erzieherischer Wahrheiten und sogar als Kenner von Gesetzen der Natur. Aus seiner Dichtkunst hat sich der junge Grieche gebildet. Seine Dichtkunst war der Götterkatechismus. In Griechenland gab es die Naturphilosophen wie *Thales, Parmenides*, den berühmten *Demokrit*, den Naturphilosophen *Anaximander* u. a. die Philosophen *Sokrates, Platon* und *Aristoteles*. Alles, was durch diese Namen nur angedeutet ist, erwuchs in den wenigen Jahrhunderten annähernd gleichzeitig in China, Indien und Griechenland, als dem späteren Abendland, ohne daß sie gegenseitig voneinander wußten. Der deutsche Philosoph *Karl Jaspers* (1883 bis 1969) nannte diese Zeit die »Achsenzeit der Weltgeschichte«.

Das Neue dieses Zeitalters in allen drei Welten ist, daß der Mensch sich seines eigenen Seins im Ganzen, seiner selbst und seiner eigenen Grenzen bewußt wird. Er stellt radikale Fragen. Die bis dahin geltenden Anschauungen, Sitten und Zustände wurden der Prüfung unterworfen, in Frage gestellt und teilweise aufgelöst. Das mythische Zeitalter war in seiner Ruhe und Selbstverständlichkeit zu Ende. Die griechischen, indischen und chinesischen Philosophen sowie *Buddha* waren in ihren entscheidenden Einsichten unmythisch. Es begann der Kampf gegen den Mythos von Seiten der Rationalität und der rational geklärten Erfahrung, der Logos[47] gegen den Mythos. Es begann der Kampf gegen die unwahren Göttergestalten. Die alte mythische Welt sank langsam ab, aber es blieb der Hintergrund des Ganzen durch den Glauben der Volksmassen. Man kann diese Veränderung des Menschseins Vergeistigung nennen. Der Mensch ist nicht mehr in sich geschlossen. Er kann hören und verstehen, was bis dahin niemand gefragt und niemand verkündet hatte. Zum erstenmal gab es Philosophen. Der gegenseitige Verkehr brachte innerhalb der drei Welten die geistige Bewegung in Umlauf. Die Philosophen reisten und bildeten Schulen, wie *Buddha*, der lebenslang wanderte.

Diese Zeit mit ihrem überwältigenden Reichtum geistigen Schaffens ist für die menschliche Geschichte bis heute bestimmend. Sie ist begleitet von dem Rätsel, daß nämlich in allen drei Gebieten unabhängig voneinander das Analoge und Zusammengehörende geschieht.

Krise als Beginn der abendländischen Philosophie

Der Beginn der abendländischen Philosophie[48] und damit auch der Naturwissenschaften ist durch eine gesellschaftliche und geistige Krise erklärbar. Als am Ende der letzten Eiszeit die Gletscher vor 12 000 Jahren zurückgingen und das Klima sich änderte (Beginn der Jungsteinzeit), zogen die Menschen, die bis dahin nomadische Steinzeitjäger gewesen waren, nach und nach in die Täler des Nil, des Tigris und des Euphrat und wurden Ackerbauern[49]. Die erste indoeuropäische Einwanderung in das griechische Festland fand im 3. Jahrtausend v. u. Ztr. statt; d. h., die ersten Griechen erscheinen rund drei Jahrtausende vor unserer Zeitrechnung mit der minoischen Kultur auf der Insel Kreta. Diese Griechen sprachen eine indogermanische Sprache und besaßen einen breiten Wortschatz über Natur und Landwirtschaft. Das beweisen Wörter für Bade- und Steinwanne, Bastkorb, Blaumeise, Hyazinthe, Narzisse u. a. Sie kommen im Zuge der indoeuropäischen Völkerwanderung über Anatolien aus Südrußland. Im 13. Jahrhundert v. u. Ztr. entsteht in Mitteleuropa ein gewaltiger Bevölkerungsdruck. Erklärt wird er heute durch die Klimaverschiebung und anschließende Überbevölkerung. Eine Menschenlawine stieß mit unaufhaltsamer Kraft nach Süden und Südwesten. Die Folge für das griechische Festland war um die Jahrtausendwende vor unserer Zeitrechnung die sogenannte »Erste Kolonisation«. Sie macht aus der Ägäis ein griechisches Binnenmeer, nur der Nordrand blieb noch unberührt. Es wurde der Schauplatz geschaffen, auf dem sich dann später die großen Gestaltungen der griechischen Geschichte vollziehen sollten. Man nennt heute die Jahre zwischen 1200 und 800 v. u. Ztr. auch die »dunklen Jahrhunderte«. Es wird damit auf den Kontrast zu den glänzenden Perioden vorher hingewiesen. Die sich entwickelnde griechische Gesellschaft war durch das aristokratisch-ritterliche Element (Oligarchie) bestimmt. Es war der Adel zu dieser Zeit, der die griechische Geschichte machte. Es gelang ihm offenbar, das Königstum auf evolutionärem Wege zu beseitigen. Der König wurde sozusagen »verbeamtet« und allmählich, z. B. in Athen, zu einem Jahresamt mit rein sakralen Funktionen eingeengt. Weiterhin gelang es dem Adel, daß in den Stadtstaaten, Siedlungsgemeinschaften[50], das aristokratische Element zunächst bestimmend war. Der Adelsgesellschaft jener Zeit ist es zu verdanken, daß die griechische Geschichte nicht von vornherein im dumpfen Geist kantonaler Beschränktheit erstickte. Die Adelszeit hat den Griechen durch *Homer* und *Hesiod*, der erste uns bekannte Theologe griechischer Sprache, die olympischen Götter geschenkt. Das Werk von *Homer* war das beste und lange Zeit einzige Buch der griechischen Erziehung. Seine Epen waren in ihrer Wirkung auf die Griechen dem alten Testament vergleichbar. Sie halfen mit, eine Nation, ihre Religion und ihr Ethos zu gestalten. *Xenophanes* sagt: „Jedermann hat von Anfang her an *Homer* sich geschult." Ebenfalls entwickelt hat der Adel die Olympischen Spiele, die ihren Anfang im Jahr 776 v. u. Ztr. in Olympia fanden.[51] Nach ihnen zählte das antike Griechenland auch seine Zeitrechnung, nach dem Schema, daß das Jahr 776 das erste Jahr der ersten Olympiade, das Jahr 775 das zweite Jahr der ersten Olympiade ist u.s.w. Das ritterliche Ethos weiß sich als Ferment des Griechischen bis in späte Zeiten zu erhalten und ständig zu erneuern.

Seit etwa Mitte des 8. Jahrhunderts vor unserer Zeitrechnung ist die griechische Schrift als erstes voll befriedigendes System der Aufzeichnung des gesprochenen Wortes erfunden worden. Die kretisch-mykenische Schreibkunst war schon seit Jahrhunderten in Vergessenheit geraten. Entwickelt ist die griechische Schrift aus der horizontal von rechts nach links geschriebenen phönikischen Konsonantenschrift[52]. Aus der Vielzahl der griechischen Dialekte entsteht eine allgemeine Verkehrssprache, die Koinè. Sie war eine Weltsprache, in der sich die Gebildeten der Antike und die Weitgereisten (Geschäftsleute, Offiziere, Politiker, Philosophen u. a.) nicht nur in den hellenischen Staaten, sondern auch bei den Nachbarn und den Nachfolgern, Römern und Parthern, zu verständigen wußten (wie später das Arabische, das Latein, das Französische und heute die englische Sprache). Mit ihr konnte man nach *Alexander dem Großen* von Marseille nach Indien, vom Kaspischen Meer bis zum Nildelta gelangen. Diese Sprache ist die grammatisch ausgebildetste und der inneren Logik des menschlichen Geistes angemessenste neben den anderen indogermanischen Sprachen, wie der deutsche Geschichtswissenschaftler *Leopold von Ranke* (1795 bis 1886 u. Ztr.) meint. In Vorderasien drängte das Griechische die aramäische Sprache - seit ca. 500 v. u. Ztr. - immer mehr zurück. Das Aramäische wurde mehr oder weniger zur Sprache des Volkes. Griechisch wurde die Weltsprache seit etwa *Alexander* dem Großen bis ca. 200 n. u. Ztr. Die griechische Münze ist in der Mitte des 7. Jahrhunderts v. u. Ztr. entstanden.

Vom 9. bis zum 6. Jahrhundert vor der Zeitrechnung gründeten griechische Städte Kolonien an allen Küsten des Mittelmeeres. Man nennt sie »Große Kolonisation«. Überall dort, wo die abenteuernden Kaufleute und die durch Überbevölkerung auswanderwilligen Griechen einen günstigen (Handels-)Platz erspähten, ließen sie sich nieder. Die Entscheidung für einen solchen Ort wurde nicht allein aus sachlichen Gründen gefällt. Es mußte erst das Orakel[53] von Delphi befragt werden. Der Orakelgott war hier der Gott Apollon, der die Kräfte des Lichts und der Vernunft bedeutet. Er hatte dic Riesenschlange Python, das mythische Symbol der Dunkelheit, getötet. Die Griechen bauten für diese legendenhafte Heldentat das Heiligtum von Delphi, das bis Ende des 4. Jahrhunderts n. u. Ztr. als Orakelstätte befragt wurde. Überbevölkerung entsteht einerseits durch Bevölkerungswachstum und andererseits durch einen wirtschaftsbedingten Effekt. Die meisten alten Griechen waren Bauern. Sie waren zwar Eigentümer ihrer landwirtschaftlich genutzten Flächen, hatten jedoch kein festes Einkommen und waren dem Risiko der Mißernte stark ausgesetzt. Eine Folge dieser Mißernten war Kreditaufnahme für die tägliche Nahrung. Gedeckt wurden diese Kredite durch das Landeigentum. Konnten sie jedoch ihre Schulden an die reichen Bauern nicht bezahlen, so verloren sie ihr Land. Die Armen, die ihr Land verloren hatten, waren bereit auszuwandern. Eine ähnliche Situation, wie sie durch die beginnende Industrialisierung im 18./19. Jahrhundert in Europa bei den Handwerkern und zukünftigen Industriearbeitern geschah.

So entstehen etwa 80 Kolonien von Milet, der griechischen »Hansestadt« des Altertums.[54] Diese Kolonisierung führte zu einer Erweiterung des Horizonts und zur Sprengung des bisherigen geistigen Weltbildes. Das kann folgendermaßen begründet werden: Eine Kolonie hat immer das Bestreben, die mitgebrachte Kulturform des eigenen Mutterlandes in der Reaktion gegen das eroberte Hinterland in besonders intensiver Weise zu behaupten. Wo das Mutterland der griechischen Kolonialisten dem neuen Hinterland überlegen ist, führt das meistens zur Erstarrung. Die Kolonialherren prägen die Kulturform der Bevölkerung des eroberten Landes. In den Kolonien stieß das Griechentum jedoch mit den westlichen Vorposten der alten, wirtschaftlich, politisch und kulturell weit überlegenen orientalischen Reiche zusammen und kam mit den alten asiatischen Kulturen in Kontakt. Dieser Zusammenprall legte offenbar besonders starke Kräfte frei. Die langfristige Folge war die Auflösung einer Gesellschaft, in der vormals Priester und Ärzte autoritative Anweisungen geben konnten und diese von der Gesellschaft befolgt wurden. In diesen neuen Kolonien war Kultur, Gewerbe, Handel, freie Philosophie usw. das Bestimmende gewesen. Es wurde nicht das harte Staatsrecht der Heimat mitübernommen.

Die Anweisungen, die sich auf die Naturbeobachtung bezogen, wurden aufgeweicht. Es war eine ähnlich starke Änderung, wie sie durch *Galilei* und *Kopernikus* im Mittelalter gegen die vorherrschende Meinung der christlichen Kirche erfolgte. Mathematische, astronomische, gesetzgeberische und medizinische Lehren und Praktiken, wie die Grundlagen aller Technik (Rad und Hebel), haben die griechischen Eroberer vom Orient[55] - speziell von den Sumerern - übernommen. Die mythische Begründung des Weltbildes jedoch wurde abgelöst durch eine logische Verknüpfung der Welterfahrung und Welterklärung. In den Kolonien verschwanden allmählich die mythologischen Bräuche des Mutterlandes.

Es waren Staatsmänner im 6. und 5. Jahrhundert vor der Zeitrechnung, die als Philosophen sich mit der Frage nach der Natur der Dinge beschäftigten. Dazu gehören Persönlichkeiten wie *Thales, Anaximander, Anaximenes, Heraklit* und *Empedokles*. Sie wollten ihre eigene, wie sie es empfanden, entwurzelte Individualität und die freie Bürgerschaft in den Kolonialstädten in ein neues sinnvolles Weltbild stellen. Sie wollten für alle freien Bürger eine demokratische, politische Willensbildung ermöglichen.

Das mythische Weltbild der früheren Menschen war noch ganz anders, als das der heutigen. Im Tosen des Meeres oder eines Gebirgsbaches, in den Gewalten eines Gewitters oder eines Vulkanausbruches sah der Mensch der Frühzeit nicht das Wirken abstrakter Naturkräfte, wie Wind oder Schwerkraft, Elektrizität oder Überdruck. Er sah darin das Vorhandensein persönlicher Mächte, Götter, Halbgötter und Dämonen, die sich untereinander bekämpfen oder versöhnen. Sie konnten dem Menschen freundlich oder feindlich gegenüberstehen. Die Geister und Dämonen waren in der Lage, von dem Menschen genauso Besitz zu ergreifen, wie von ihrer Umwelt durch Zauber und Magie. Für Griechen war alles, was unsterblich ist, ein Gott. So z. B. eine Naturkraft, Licht, Erde, Meer, Wachstum, Tod, überhaupt jede Erscheinung, jeder Wert, der die Zeit überdauert, Scham und Neid, Eintracht und Haß, ja selbst ein Vorgang, wie das Erkennen eines Freundes nach langer Abwesenheit. Die griechische Gottheit ist nicht Herr, sondern Teil der Natur. Nicht der allmächtige Gott, wie bei Juden, Christen und Muslimen, schuf Himmel und Erde. Die Titanen und die olympischen Götter erzeugten Himmel und Erde. Sie sind unsterblich und altern nicht in ihrer leiblichen Gestalt. Sie können auch andere Gestalten annehmen, durch die Luft fliegen und haben in manchen Dingen eine größere Macht als die Menschen, jedoch keine unbegrenzte. Diese Götter sind an ihrem bestimmten Kompetenzbereich gebunden. Sie haben sich gegenseitig zu respektieren, und auch in ihrem eigenen Machtbereich können sie nur bis zu einer gewissen Grenze nach ihrem eigenen Willen handeln. Weil die Götter entstanden sind, sind sie auch vergänglich. Ewig ist also nicht der einzelne Gott, sondern die Naturordnung. Im Gegensatz zum christlichen Abendland ist die »Bibel« der griechischen Antike kein heiliges Buch einer Priesterkaste, sondern wurde von Dichtern gestaltet. Diese verkündeten durch Reden an das Volk, durch Theaterstücke, in Gymnasien - in der Antike verstand man darunter öffentliche Sportstätten[56] - und in Fürstenhöfen von den Taten der olympischen Götterwelt. So zeigen z. B. die Werke des berühmtesten Dichters der griechischen Antike, *Homer*, die griechische Weltanschauung.

Die Vorstellung von einem Gott, nach dessen Bild der Mensch gemacht ist und in dessen Gnade und Barmherzigkeit er seine Bestimmung als Kind Gottes findet, ist erstmals von *Platon* ausgesprochen und anschließend vom christlichen Abendland übernommen worden.

Es vollzog sich nun durch den gesellschaftlichen Umbruch eine entscheidende Wendung zur geistigen Erfassung der Natur. Es war der scheinbar einfache Schritt von der mythischen Vorstellung (Legenden, Märchen, Sagen), daß die Götter aus dem Ozean entstammen und die Welt beherrschen, hin zu einem Stoff, als dem URGRUND DER DINGE. Es wurden die Göttermythen als absurd und unmoralisch abgelehnt, das Sehertum bezweifelt und wesentliche Züge des Volksglaubens, etwa die Bilderverehrung, als inakzeptabel empfunden.[57] Mit diesem entscheidenden Schritt wurde die Sage von der Götterwelt ersetzt durch eine der Vernunft[58] zugängliche Erklärung:

ES WURDE DER MYTHOS DURCH DEN LOGOS ABGELÖST.

Es ist kein Zufall, wie gerade dargestellt, daß die frühgriechische Naturphilosophie nicht im griechischen Mutterland, sondern auf Kolonialboden entsteht, nämlich in den reichen Handelsstädten des ionischen Kleinasiens - etwa heutige Türkei (Anatolien) - und des hellenischen (griechischen) Unteritaliens, das man damals als Großgriechenland - Magna Graecia - bezeichnete. Gerade diese Marktzentren waren gleichzeitig geistige Austausch- und Umschlagplätze auf der Höhe der Zivilisation. Ihre freien Bürger hatten Zeit für Betrachtungen, wie sie zur Entfaltung echten philosophischen Denkens unerläßlich ist.

Bei diesem Prozeß der Ablösung des Mythos durch den Logos spielte auch die griechische Religion eine wichtige Rolle, wie der bedeutende Schweizer Kunsthistoriker *Jakob Burckhardt* ausführte. Die griechische Religion war eine „ohne Hirarchie, ohne heilige Urkunden und ohne sonderliche Betonung des Jenseits. Die griechische Götterwelt war ein idealer Reflex der Menschenwelt mit göttlichen und heroischen Vorbildern für jedes hohe Streben und für jeden Genuß." Die griechische Religion setzt Entwicklungen der Gedankenwelt nur geringen Widerstand entgegen, im Gegensatz zu den bedeutenden Religionen der Juden, Christen und des Islam, die sogenannten abrahamitischen Religionen. Auch steht die griechische Religion im Gegensatz zum Staats- und Religionswesen des alten Orient. Sie ist wesentlich vom Staat und von der Kultur bedingt, wie *Jakob Burckhardt* ausführte. Sie ist eine Staats- und Kulturreligion, jedoch ist der Staat kein Gottesstaat. Daher gibt es bei der griechischen Religion auch keine Hierarchie und keinen Klerus. *Jakob Burckhardt* schreibt: „Wenn Griechen Priester und eine Theologie gehabt hätten, so würden sie freilich auch ihren auf die menschlichen Bedürfnisse und Beziehungen gestellten, vollendeten Staat nicht geschaffen haben." Die in der griechischen Religion auftretenden Priester oder Priesterinnen sind allein an die Heiligtümer der jeweiligen Gottheit und ihrer Kulte gebunden und werden vom Volk gewählt (meistens für ein Jahr aber auch gelegentlich lebenslänglich). Zu ihren Aufgaben gehört die Durchführung der Liturgie des Opfers und im wesentlichen der Dienst innerhalb des Tempels oder des Heiligtums. Die religiöse Entscheidungsgewalt liegt allein beim Volk. Es kontrolliert die Religionsgesetze, wacht über die Einführung neuer Kulte, über die Finanzierung der Heiligtümer und über die Ausübung der Rechtsprechung im religiösen Bereich. Diese Struktur der griechischen Religion ließ es zu, daß sich ein Gebiet der Erkenntnis nach dem anderen von der griechischen Religion trennen, und eine Wissenschaft von der Natur, die Naturphilosophie, entwickeln konnte.

Durch die Bekanntschaft der Griechen an der kleinasiatischen Küste in Ionien mit den babylonischen Sterndeutern (die astronomischen Kenntnisse der Chaldäer reichten bis in die Mitte des 3. Jahrtausend v. u. Ztr. zurück) und den ägyptischen Feldvermessern sind auch Kenntnisse und Erkenntnisse dieser frühen Naturtheoretiker bekannt geworden. Vor allem verdanken die Griechen dem Volk der Phöniker ihr Alphabet, sie nannten es »phönikische Buchstaben«. Diese kannten, wie alle Schriften davor, nur Konsonanten. Den Griechen gebührt der Ruhm einer vollkommenen und endgültigen Vokalisierung des semitischen Alphabets mit Hilfe der phönikischen Buchstaben. Sie machen aus gewissen semitischen Konsonantenzeichen, die sie für das Griechische nicht benötigten, die für ihre Sprache unerläßlichen Vokalzeichen. Zusätzlich haben sie eine Eigenart der Phöniker übernommen, bei den ältesten Inschriften von rechts nach links laufend zu schreiben und in jeder Zeile die Laufrichtung zu wechseln. Mit diesen neuen Buchstaben war es jetzt möglich, das dekadische System der Zahlen durch Buchstaben auszudrücken. So entwickelte sich etwa seit dem 5. Jahrhundert v. u. Ztr. in Griechenland eine Zahlenschreibweise, die die Buchstaben des Alphabets unter Hinzufügung einiger Hilfszeichen als Zahlzeichen verwendet. Es wurde die 1 mit α‘, 2 mit β‘, 3 mit γ‘, 4 mit δ‘, 5 mit ε‘, 6 mit ς‘ (dem semitischen Wa), 7 mit ζ‘, 8 mit η‘, 9 mit ϑ‘, 10 mit ι‘, 20 mit κ‘, 30 mit λ‘ usw. geschrieben. Den als Zahlzeichen verwendeten Buchstaben wurde rechts oben zur Unterscheidung von gewöhnlichen Buchstaben ein Akzent angefügt. Mehrstellige Zahlen in unserem Sinne wurden additiv gebildet, wobei die Größenfolge eingehalten und wie bei unserer Schreibweise die jeweils kleineren Zahlen von links nach rechts angereiht wurden. Dabei ließ man die Akzente fort und setzt einen waagerechten Strich über die Zahl. Da also 300 mit τ‘ bezeichnet wurde, mußte 345 als $\overline{\tau\mu\varepsilon}$ geschrieben werden.[60]

Die neuen tieferen Einsichten der Griechen über die Natur der Dinge sind jedoch nicht unter dem Einfluß der östlichen Gedanken entstanden, sondern gerade in der Auseinandersetzung mit ihnen. Das Neue, das jetzt in Erscheinung tritt und das eine Wandlung des Geistes bedeutet, ist zweierlei: Von nun an werden Erklärungen für vorgetragene Ansichten gegeben und gefordert. Man sucht nach Gründen, die in der Sache selbst und nicht in außerweltlichen Mächten (Göttern) liegen. Das verantwortungsbewußte Ich, das einen eigenen Gedanken entwickelt, will nun überzeugen. Bisher war der Blick früherer Denker auf das Werden der Welt gerichtet. Jetzt wird gesucht, was hinter den Dingen steht, was das Wesen der Welt darstellt.

Es erstaunt jeden, der sich mit dieser Materie beschäftigt, daß ein doch zahlenmäßig sehr kleines Volk[61] große geistige Schöpfungen vollbracht hat, so daß jede spätere Zeit Unausschöpfbares aus dem geistigen Erbe der Griechen hat gewinnen können. Wenn wir jetzt von diesen Philosophen (Naturphilosophen, Physikern) sprechen werden, so waren diese eigentlich Fachleute auf praktischem Gebiet, wie Politik, Handel oder Technik. Als philosophische Denker waren sie jedoch nur Laien. Die Philosophie war damals noch keine Schulweisheit oder gar Brotberuf. Sie bestand aus Gesprächen untereinander und gegeneinander. Dazu war Muße nötig, die sich große Handelsherren leisten konnten. Diese Philosophen sind Denker, die in der Natur der Dinge eine geistige Ordnung und ein sinnvolles Weltbild suchen. Sie entwickeln dabei gleichsam nicht nur die Grundlagen für das Philosophische, sondern auch die Ansätze zum physikalischen Denken des Abendlandes.

Thales von Milet

Als Vater der griechischen Philosophie, wie auch aller späteren abendländischen Philosophie, und Begründer des Rationalismus[62] gilt *Thales von Milet* (um 624 bis 547 v. u. Ztr.). Er wurde als ältester der sogenannten »sieben Weisen« von den Griechen verehrt. Die sieben Weisen waren abgeklärte und besonnene Männer des praktischen Lebens, die Rat gaben. Ihre Namen werden verschieden angegeben. Auf jeden Fall sind folgende vier dabei: *Pittakos von Mytilene*[63], *Solon*[64], *Bias* und eben *Thales*. Dieser war aristokratischer Herkunft. Der Ort Milet, in Anatolien am ägäischen Meer, existiert heute nicht mehr. Es erinnert nur noch ein Gedenkstein an die frühgriechische Kolonialstadt[65]. Milet war damals die reichste und mächtigste unter den blühenden Städten Ioniens. Sie war eine große Handelsstadt, mit Marktgewühl, dröhnenden Werften, Meer ringsum, mit Goldverkehr und Umtausch von Waren aller Art. Der Austausch der Waren fand zwischen den Küsten von Kleinasien, Phönizien, Ägypten, Süditalien und Südfrankreich statt. Es gedieh dort nicht bloß Handel und Industrie, sondern auch Künste und Wissenschaften fanden ihre Pflege. Milet hatte die geistige und wirtschaftliche Führung in Ionien, es war das Venedig der Antike, bis sie 494 v. u. Ztr. in der Schlacht bei Lade durch die Perser zum Trümmerhaufen gemacht wurde. Es hat sich von dieser Katastrophe nie mehr erholt. Die überlebenden Milesier wurden an den Tigris deportiert. In Ionien entstehen auch die literarischen Werke (Epen) des *Homer*[66]. Gestorben ist er auf der Insel Ios. Es ist bei den Literaturforschern heute noch ein Rätsel, ob *Homer* die Odyssee selbst geschrieben hat. Unter den Ioniern befanden sich einige der hervorragendsten vorsokratischen Denker. *Thales* eigene Lebenszeit wird dadurch bestimmt, daß er die Sonnenfinsternis vom 28. 5. 585 v. u. Ztr. vorausgesagte. Aufgrund babylonischer Schaltzyklen konnte er sagen, diese müsse vor der Sommersonnenwende jenes Jahres eintreten. „Der Tag werde zur falschen Stunde plötzlich zur Nacht werden.“ *Thales* lebte somit etwa 600 vor der Zeitrechnung. Eine Schrift von *Thales* ist nicht überliefert.

Es ist bei vielen der besprochenen Naturphilosophen teilweise unmöglich, ihr Leben und ihr Werk[67] darzustellen. Damals fing man überhaupt erst an, Geschichte zu schreiben. Die Menschen hatten begonnen, wirklich bedeutende Ereignisse aufzuzeichnen. Eine Art Biographie setzte erst wesentlich später ein, als die Schüler *Platons*, *Aristoteles*, *Epikurs* usw. sich daran machten, die Lebensgeschichte ihrer Meister zu klären und schriftlich festzuhalten. Jedoch eine Biographie im heutigen Sinne -

die vollständige Beschreibung eines Lebenslaufes Jahr für Jahr mit Daten und Urkunden - wurde in der Antike nie versucht. Antike Lebensbeschreibungen stellen in der Regel einige wenige große Taten heraus, einige bedeutende Aussprüche oder Reden. Sie konzentrierten sich auf die letzten Jahre ihres Helden oder oft nur auf seinen Tod. Der Zeitpunkt des Todes war bei außergewöhnlichen Menschen der Antike bekannt. Der Mensch war dann berühmt, und sein Tod ein denkwürdiges Ereignis. Kein großer Grieche hat je Erinnerungen niedergeschrieben, die eine überwundene Epoche vor seinem geistigen Auge fixiert hätte. Für den antiken Menschen gab es kein Bild der werdenden Welt. Eine Biographie und Autobiographie ist erst später während der christlichen Entwicklung zu einem neuen Verständnis des Individuums und seines Verhältnisses zum Kosmos entstanden.

Thales erweiterte durch Handelsreisen nach Ägypten[68], Babylonien und viele kleinasiatische Küstenstädte sein Wissen und brachte von dort vielfältige Kenntnisse und Methoden der alten Astronomie und Mathematik mit. Nach alten Berichten soll er auch bei den Priestern des *Zoroaster*[69] in die Lehre gegangen sein. Das erworbene Wissen begann er aber erst zu verarbeiten, nachdem er sich vom Handel zurückgezogen hatte. Besonders interessiert war er an geometrischen Problemen. Er drang mit seiner Denkweise über die empirische Geometrie der Ägypter und Babylonier hinaus zu mathematischen Beweisen und allgemeinen Theoremen vor. Er fragte nicht nur, wie es gemacht wird, sondern auch nach dem Warum. Er war als politischer Ratgeber (auch Staatsmann) bekannt und zeichnete sich durch praktische Lebensweisheit und staatsmännische Klugheit aus.

Thales glaubt, wie viele seiner Zeit, daß der einzige Ur-Grund, die Ur-Sache, der Ur-Stoff und die Ur-Kraft aller Dinge - arche, wie es griechisch heißt - im Wesen des Stofflichen liege. Für ihn war das Stoffliche das Urelement oder der Urgrund alles Bestehenden, woraus alles ist, was existiert, also das sogenannte Seiende, woraus es als erstes besteht, in das es am Ende wieder vergeht, indem es aber seiner Substanz nach erhalten bleibt und sich in seinen Zuständen wandeln kann.

Die lateinische Übersetzung des griechischen Wortes arche, principium, hat sich als Fachausdruck bis heute erhalten. Wir sprechen auch heute noch von den Prinzipien der Physik und meinen Sätze von weitreichender allgemeiner Gültigkeit, oder wir bezeichnen zum Beispiel den Sauerstoff als das Prinzip aller Oxidationsvorgänge. Beide Male halten wir damit im wissenschaftlichen Sprachgebrauch die Erinnerung an einen Gedanken wach, den vor zweieinhalb Jahrtausenden die milesischen Naturphilosophen aussprachen.

Thales nahm an, daß dieser Urgrund weder neu entsteht noch gänzlich vergehen könne. Denn eine gewisse Natursubstanz müsse bestehen, entweder als Einheit oder als Mehrheit, aus der die übrigen Dinge entstehen. Dieser Urgrund war für ihn das Wasser. Nicht jedoch im heutigen Sinne als chemische Verbindung H_2O. Aber als Ursprung der lebendigen Natur, denn „woraus ein jedes seinen Ursprung nimmt, aus dem wird es natürlicherweise auch erhalten". „Aus dem Wasser ist alles und in Wasser kehrt alles zurück", meint *Thales*. Man liest gelegentlich, daß er gesagt haben solle, die Erde schwimme auf dem Wasser. Er entnimmt diese Meinung wahrscheinlich der Beobachtung, daß die Nahrung aller Wesen feucht ist. Außerdem denkt er dabei an die Beobachtung, daß der Same seiner Natur nach feucht ist. Das Wasser aber ist für das Feuchte der natürliche Urgrund. Bekannt geworden ist dies durch schriftlich niedergelegte Auseinandersetzungen des griechischen Philosophen *Aristoteles* mit den Schriften oder Lehrmeinungen *Thales*, denn Lehren von *Thales* als eigene schriftliche Aufzeichnungen sind nicht überliefert. *Thales* hat eine Schrift mit dem sehr allgemeinen Buchtitel: „Über die Natur" verfaßt, die nicht mehr vorhanden ist. Der Buchtitel wurde jedoch zum vielfach übernommenen Titel naturphilosophischer Betrachtungen. Was man heute von den sogenannten Vorsokratikern weiß[70], ist von *Apollodor*[71] (oder durch Auseinandersetzung mit ihnen von *Aristoteles*) zusammengetragen worden. Dieses Buch von *Apollodor* ist ebenfalls verlorengegangen. Man weiß nur durch Zitate anderer vom Buch von *Apollodor*. Die Lehren des *Thales* und die der Vorsokratiker sind daher nur sehr trümmerhaft überliefert.

Eudemos von Rhodos (4. Jahrhundert v. u. Ztr.) hat eine Geschichte der Geometrie geschrieben. Sie ist verlorengegangen. Es sind aber einige geometrische Entdeckungen bekannt, die *Eudemos* dem *Thales* zugeschrieben haben soll.

Man rechnet heute folgende geometrische Entdeckungen Thales an:

1. Die Winkelsumme im Dreieck beträgt zwei Rechte.
2. Dreiecke im Halbkreis haben einen rechten Winkel an der Spitze.
3. Die Basiswinkel eines gleichschenkligen Dreiecks sind gleich.
4. Die gegenüberliegenden Winkel sich schneidender Geraden sind gleich.
5. Stimmen zwei Dreiecke in zwei entsprechenden Winkeln und einer Seite überein, so stimmen sie in jeder Beziehung überein.
6. Ein Kreis wird durch den Durchmesser in zwei gleichgroße Hälften geteilt.

7. Die Scheitelpunkte aller rechten Winkel über einer Geraden liegen auf einem Halbkreis (*Thales*kreis). (Satz von *Thales)*

Es wird berichtet, daß *Thales* den Göttern zum Dank ein Rind geopfert hat, als er die Einsicht gewann, daß die einem Kreis einbeschriebenen Dreiecke über dem Durchmesser rechtwinklig sind. Anwenden konnte er seine geometrischen Überlegungen auf einer Reise durch Ägypten, das damals als das Land der freien Lebensart und Hort der Wissenschaften galt. Bei der Besichtigung der Pyramiden ermittelte er ihre Höhe durch Messung der Schattenlänge bei einem bestimmten Sonnenstand. Den Winkel des Sonnenstandes berechnete er aus der Schattenlänge seines eigenen Körpers oder eines Stockes.

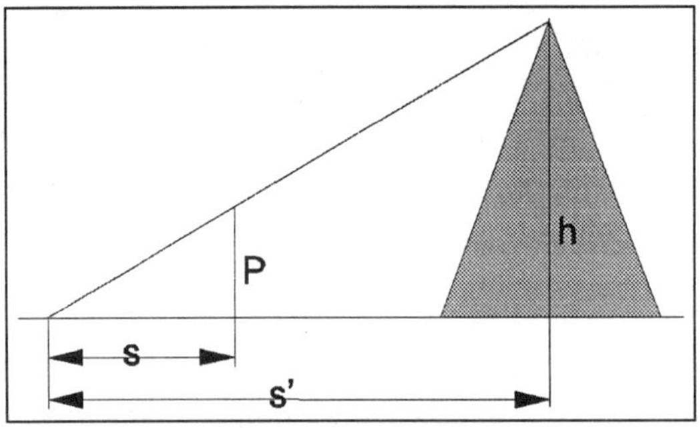

In nebenstehender Zeichnung erkennt man, daß die Größe der Person *P* sich zu seiner Schattenlänge *s* verhält, wie die Höhe der Pyramide *h* zu der Schattenlänge der Pyramide *s'*.

In einem Text von *Plutarch*[72] heißt es unter der Überschrift „*Niloxenos* spricht mit *Thales* über den König *Amasis*": „Obwohl er dich auch um anderer Dinge willen bewundert, so schätzt er doch über alles die Messung der Pyramiden, daß du nämlich ohne alle Mühe und ohne ein Instrument zu benutzen, indem du nur den Stock in den Erdpunkt des Schattens steckst, den die Pyramide wirft, aus den durch die Berührung des Sonnenstrahls entstehenden zwei Dreiecken zeigst, daß der eine Schatten zum anderen dasselbe Verhältnis hat wie die Pyramide zum Stock." Auf dieselbe Art konnte er die Entfernung eines Schiffes vom Ufer finden. Er mußte nur durch einen Stab am Ufer feststellen, wie hoch ihm der Mast des Schiffes erschien. Er kannte damit die scheinbare und die wirkliche Höhe des Mastes, die ihm bekannt sein mußte, und die Entfernung des Beobachters vom Stab. Aus der Ähnlichkeit der beiden rechtwinkligen Dreiecke konnte er die Entfernung des Schiffes vom Ufer bestimmen.

Damit hat *Thales* die Theorie aufgestellt, daß Größen ins Unendliche ausgedehnt oder verringert werden können und ihr Verhältnis dennoch erhalten bleibt. Er hat damit die Invarianz einer Form bei Variation der Größe festgestellt.

Heraklit hat über *Thales* als von dem ersten Astronomen gesprochen. Das Erdbeben deutete *Thales* als Bewegung des Meeres, auf dem die Erde als flache Scheibe schwimme, nicht aber als eine Wirkung des Erderschütterers (aber auch Gottes des Meeres!) *Poseidon*! Zur Himmelsbeobachtung ist *Thales* in einen Brunnenschacht gestiegen. Dadurch wurde wegen der langen Röhre nur ein ganz kleiner Ausschnitt des Himmels sichtbar und störendes Seitenlicht abgeschirmt. *Thales* konnte so selbst geringfügige Bewegungen der Sterne erkennen und messen. Diese Beobachtungsart[73] führte zu einer Legende, die auf uns gekommen ist. *Thales* richtete zur Beobachtung der Sterne den Blick nach oben und soll dabei in den Brunnen gefallen sein. Eine witzige Magd soll ihn verspottet haben, „daß er, was am Himmel wäre, wohl strebte zu erfahren, was aber vor ihm läge und zu seinen Füßen, ihm unbekannt bliebe." *Thales* soll ein Traktat über die nautische Astronomie geschrieben haben. Dabei wird das Sternbild des Kleinen Bären mit dem Polarstern als Wegweiser nach Norden angegeben. Wie *Diogenes von Laertius* berichtet, entdeckte *Thales*, daß das Verhältnis des Sonnendurchmessers zum Sonnenkreis dasselbe ist wie das des Monddurchmessers zum Mondkreis. Er fand den annähernd richtigen Wert von 1 : 720.

Thales werden ebenfalls Hypothesen über die Passatwinde (Etesien) und die Nilschwelle[74] zugeschrieben. Er meinte, daß die im Hochsommer wehenden Winde die Ursache für die Nilschwelle sind. Diese Winde stauen die Strömung und hindern damit das Wasser wie sonst ins Meer zu fließen. Erst *Anaximander* fand die richtige Erklärung mit Hilfe der Schneeschmelze. Von *Thales* wird berichtet, daß er die Reibungselektrizität[75] am Bernstein entdeckte. Der griechische Name für Bernstein ist elektron, der schon seit Mitte des 2. Jahrtausends v. u. Ztr. durch die Phönizier auf dem Seewege nach Ägypten und spätestens seit dem 4. Jahrhundert v. u. Ztr. über die »Bernsteinstraße« auch auf dem Landweg von der Ostsee zum Mittelmeer gelangte, wie *Klaus Bartels* schreibt. In die Wissenschaften eingeführt wurde um 1600 der Begriff »elektrisch« von dem englischen Arzt *W. Gilbert* (1540 bis 1603).

Alten Berichten zu Folge soll *Thales* sich auch als Ingenieur betätigt haben. Ihm gelang es 546 v. u. Ztr. das lydische Heer ohne Brücken über den Fluß Halys zu bringen, indem er durch einen halbmondförmig, im Rücken des Heeres gezogenen, Kanal die Hälfte des Wassers ableitete und somit anstelle des tiefen Stromes eine doppelte Furt herstellte.

Auf dem Grabstein *Thales*, des Vaters der Geometrie, konnte man folgende Inschrift lesen: „Klein ist das Grabmal des *Thales*, gewiß, doch erwäge des großen Denkers Weltruhm, der weit wie der Himmel sich dehnt."

Von *Diogenes Laertius*[76] ist folgender Dialog überliefert. *Thales* antwortete auf die Fragen, was am schwersten von allen Dingen ist: „Sich selbst zu erkennen", was am leichtesten sei: „Anderen Rat zu geben", was Gott sei: „Das, welches weder Anfang noch Ende hat" und wie man vollkommen tugendhaft leben könne: „Indem wir niemals das tun, was wir an anderen verurteilen".

Anaximander

Anaximander, geboren nach der Überlieferung 610 und gestorben 545 v. u. Ztr., war Schüler des 15 Jahre älteren *Thales* und stammt ebenfalls aus Milet. *Anaximander* war der größte Geist dieser Zeit und einer der führenden Denker der Menschheit. Er gilt heute als der eigentliche Begründer der Naturwissenschaften, der Naturphilosophie und der Philosophie ganz allgemein. Er war auch für sein griechisches Volk tätig. So führte er die Auswanderer an, die Apollonia, die Küstenstadt in Illyrien am Fluß Aoos, am Schwarzen Meer gründeten.

Apollodor fand 400 Jahre nach *Anaximanders* Tod in einer Bibliothek ein Werk von *Anaximander*, wie er selbst berichtet. *Anaximanders* Schrift hatte nicht nur wegen ihres Inhalts schon zu seiner Zeit Aufsehen erregt, sondern auch wegen ihrer Form. Er hatte sie nämlich in Prosa verfaßt. Das war ein demonstrativer Bruch mit der Tradition der Mythen und Göttergesänge. Die verslose Darbietung stellte eine neuartige, eine prosaische Weltdeutung dar.

Anaximander hat als Schüler, Anhänger und Nachfolger *Thales* als Urgrund und Urelement der Dinge das Unbegrenzte, Unbestimmte, Unbestimmbare, Grenzenlose (Apeiron) angesehen. Als erster hat *Anaximander* diesen Begriff für den Urgrund gebraucht. Aber er hat weder das Wasser noch ein anderes der so genannten Elemente als Urgrund angesehen, sondern eine gewisse andere unendliche Naturwesenheit. Aus ihr sind der Himmel und die in ihm befindlichen Welten entstanden. Dieses Unbegrenzte dachte er sich als das jenseits aller Bestimmtheit (allem Bekannten) liegende, aus dem alles Seiende entsteht. Aus diesem Ursprung entstehen unzählige Welten. Erhalten ist aus dieser Zeit ein Fragment, das als der ÄLTESTE SATZ DER ABENDLÄNDISCHEN PHILOSOPHIE gilt. Die in diesem Fragment genannten seienden Dinge sind die hohen göttlichen Mächte ERDE, MEER, LUFT UND LEUCHTEN. Der Ablauf der Welt vollzieht sich durch das mit Gewalttätigkeit verbundene Gegeneinanderwirken dieser Mächte. *Anaximander* läßt die Entstehung der Dinge nicht infolge einer Wesensveränderung des Urelementes geschehen, sondern infolge einer Aussonderung der gegensätzlichen Stoffe mittels der Bewegung. Bei der Entstehung dieser Welt habe sich durch die ewige Reibungskraft des Warmen und Kalten leuchtende Luft und feuchte Erde abgeschieden. Es hat sich um die Luftschicht der Erde eine Lichtsphäre gelegt, wie die Rinde um den Baum. Als diese abgerissen sei und sich zu Kreisen zusammengeschlossen habe, seien Sonne, Mond und Sterne aufgetreten. Die Erde denkt er sich im Weltraum in schwebender Lage befindend und zwar im Mittelpunkt der Welt. Die Erde wird durch den gleich weiten Abstand von den Rändern der Welt im Gleichgewicht gehalten, und es gäbe nichts, daß sie daraus verdrängen könnte. Die Idee, daß die Erde frei im Raum schwebt und dennoch an ihrem Platz bleibt, könnte als Vorläufer der *Newton*schen Theorie der nichtmateriellen und nicht sichtbaren Gravitationskräfte (Fernwirkungskräfte) angesehen werden. Erst viel später, 400 n. u. Ztr., hat der griechische Philosoph *Ambrosius Theodosius Macrobios* diese Vorstellungen erweitert. Die kugelförmige Erde schwebt inmitten des Weltalls, getragen und gehalten von der ausgewogenen Verteilung der Schwerekräfte im Kosmos.

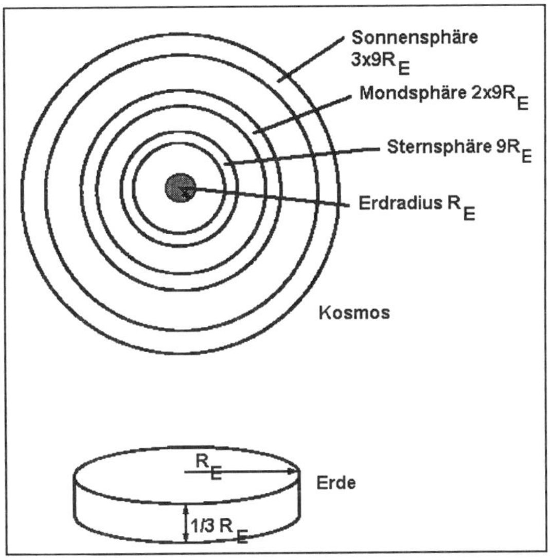

Anaximanders Verlangen nach Schönheit des Regelmäßigen war so groß, daß er die Welt ganz auf die »heilige Dreizahl«[77] und das Vielfache von ihr aufgebaut hat. In 3 x 3 = 9 Erdradien[78] Entfernung vom Mittelpunkt kreist die Sternen-, in 2 x 9 Erdradien die Mond- und in 3 x 9 Erdradien die Sonnensphäre. Die einzelnen Sphären sind wiederum je einen Erdradius breit. In den Sphären befindet sich Feuer, das aus Löchern heraustritt, die uns als Gestirne erscheinen. Jenseits der Sphären ist dann der »unendliche« ungeformte Stoff. Auch die

Einzelsphären hat *Anaximander* Kosmoi genannt, und das ganze bezeichnet er zusammenfassend als den einen Kosmos. Durch *Anaximander* ist die Übertragung des Wortes »Kosmos« von Einzeldingen auf das gesamte Universum erfolgt.[79] Der neue Begriff ist dann durch *Christian Wolff* (1679 bis 1754) in die Sprache und das Denken der europäischen Menschheit eingeführt worden und erfuhr eine Wiederaufwertung durch das Hauptwerk *Alexander von Humboldts* (1769 bis 1859), dem »Kosmos«. *Anaximanders* Konstruktion des Kosmos war die Welt als ein vollendeter Kugelbau. Die Vorstellung eines Kugelbaues mit der Erde als seinen Mittelpunkt führte später bei *Ptolemaios* zu den Kreisbahnen der Gestirne um die Erde herum. Diese Konstruktion des Kosmos macht *Anaximander* zu einem Begründer der Kugelschalentheorie (Sphärentheorie) des Himmels. Er hat damit den Weg geebnet für die Theorien von *Aristarch von Samos, Platon, Aristoteles, Kopernikus, Kepler* und *Galilei.* Die Erde hat die Gestalt eines Zylinders (Kreisquerschnitt), dessen Höhe ein Drittel ihrer Breite ist. Ursprünglich war die Erde ganz von Wasser bedeckt; d.h., Erde und Meer waren noch nicht getrennt. Ein Teil des Wassers ist dann von der Sonne weggetrocknet. *Anaximander* war der erste Grieche, der die Schiefe der Ekliptik[80] (Finsternislinie) bekannt gab. Die Sonne beschreibt danach zwischen den Sternen einen schiefen Kreis.

Anaximander hat man lange als den Begründer der wissenschaftlichen Astronomie bezeichnet. Jetzt weiß man, daß bereits im 3. Jahrtausend v. u. Ztr. im Zweistromland Babylon die Chaldäer astronomischen Erkenntnisse besaßen, die weit über das Wissen der griechischen Antike hinausgehen. Sie besaßen diese Kenntnisse als Geheimwissen. Sie waren über Jahrtausende verschollen und konnten erst in unserer Zeit wieder durch die wissenschaftliche Interpretation des Gilgamesch-Epos von *W. Papke* als astronomisch zu deutende Vorgänge nachvollzogen werden. Noch früher sind die astronomischen Kenntnisse der alten Ägypter anzusetzen, wie der englische Wissenschaftler *R. Bauval* bei der Interpretation der Bedeutung der ägyptischen Pyramiden feststellen konnte.

Anaximander lehrt: „Anfang und Ursprung der seienden Dinge ist das apeiron, woraus aber das Werden ist den seienden Dingen, in das hinein geschieht auch ihr Vergehen nach der Schuldigkeit; denn sie zahlen einander gerechte Strafe und Buße für ihre Ungerechtigkeit nach der Zeit Ordnung." Damit ist er der Meinung, daß alle Dinge in den Urstoff, aus dem sie entstehen, wieder zurückkehren müssen, um Buße zu tun und Strafe zu zahlen für ihre Ungerechtigkeit nach der Ordnung der Zeit. Eine entscheidende Rolle spielt hier der Gegensatz von Sein und Werden. Der unveränderliche, unendliche und undifferenzierte Grundstoff (apeiron) nimmt durch das Werden verschiedenartige Formen an. Dieser Prozeß des Werdens bedeutet für *Anaximander* eine Verschlechterung des unendlichen Seins, ein Fluch, der wieder gesühnt wird durch die Rückkehr in das undifferenzierte Sein. Der hier angesprochene Streit der Gegensätze ist der zwischen Feuer und Wasser, feucht und trocken, kalt und warm u.s.w. „Der vorübergehende Sieg des einen über den anderen ist die Ungerechtigkeit, für die schließlich »in der Ordnung der Zeit« Sühne geleistet werden muß“ schreibt *Werner Heisenberg*. Hier werden ganze, verschollene Mythoskomplexe sichtbar: Wo nicht das Leben, gilt der Tod als Strafe. *Ernst Bloch*[81] setzt sich mit diesem Thema: „Urschuld und die Geschichte als Buße“, angeregt durch *Anaximander*, auseinander. Weiterhin wird mit diesem Zitat das erste Mal in der Naturphilosophie von Gesetzen gesprochen, die für die Natur »gelten«. Bislang gab es solche Gesetze nicht, da Götterwillkür herrschte.

Anaximander war jedoch nicht nur Astronom, sondern auch Meteorologe und Geograph. Er hat als erster einen Himmelsglobus angefertigt, indem seine Berechnungen anschaulich gemacht wurden. Außerdem hat er als erster »gewagt«, ein Bild der bewohnten Erde (und verbessert von *Hekataios* von Milet – Historiker und Geograf, schrieb das älteste griechische Geschichtswerk „Genealogien“ -, Ende des 6. Jahrhunderts v. u. Ztr., durch einen gezeichneten und kommentierten Umkreis der Erde, gedacht als Scheibe) auf eine Tafel zu zeichnen. Es war eine bronzene Scheibe, auf der die Umrisse der Länder, die Meere und die Flüsse eingegraben waren. Das vom »Okeanos« umflossene Festland teilt sich in zwei identische Hälften, Asien und Europa. Über einen Erdglobus weiß man von dem *Homer*erklärer *Krates von Mallos* (2. Jahrhundert v. u. Ztr.). Er hat auf einem Globus die Irrfahrten des *Odysseus* demonstriert. Die Verteilung der Länder und Meere darauf war jedoch rein spekulativ und phantastisch. *Ptolemaios* gibt im ersten Buch seiner »Geografie« nur allgemeine Hinweise zur Anlage des Gradnetzes auf einem solchen Erdglobus. Es ist jedoch nicht bekannt, ob es daraufhin zu einer praktischen Anwendung kam. Der erste Erdglobus ist von dem genialsten Gelehrten des islamischen Mittelalters, Astronomen, Mathematiker und Naturphilosophen *Al-Biruni*[82] gebaut worden. Beschrieben ist der Erdglobus in der »Geodäsie« *Al-Birunis*. Ebenfalls hat *Anaximander* als erster den Gnomon[83] (Schattenstift) erfunden und ihn bei der Sonnenuhr in Sparta aufgestellt. Meteorologisch beschreibt *Anaximander* Donner und Blitz von Winden erzeugt: „Wenn sich der in eine dicke Wolke eingeschlossene Wind gewaltsam befreit, sprengt er die Wolke mit Getöse (Donner), und der Blitz ist die das Auseinanderreißen begleitende Lichterscheinung, die sich vom Dunkel der Wolke grell abhebt.“ Der Wind wird als Luftbewegung verstanden, hervorgerufen durch die Sonne, die feinste Teilchen in Bewegung setzt. Der Regen ist die von der Sonne gezogene Feuchtigkeit, die wieder auf die Erde herunterfällt.

In einer einfachen Abstammungslehre hat *Anaximander* für die Entstehung der Lebewesen als erster gewisse Entwicklungsperioden angenommen. Unter dem Einfluß des Feuers wurden Teile der Erde ausgetrocknet und von dem sie umgebenden Wasser getrennt. Während dieses Vorganges entsteht zum ersten Mal Leben in dem warmen Lehm oder Schlamm. Das Leben entsteht in der Feuchtigkeit, auf welche Wärme einwirkt. Die ersten Tiere waren daher fischähnliche und von einer stacheligen oder schuppigen Hülle umgebene Lebewesen. Aus ihnen entwickelten sich sämtliche übrigen Landtiere einschließlich des Menschen, der aus einer Art Fisch hervorgegangen ist. Er ist viel später entstanden, „weil andere Lebewesen ihren Unterhalt durch sich selbst finden, allein der Mensch dagegen bedürfe einer lange währenden Bemutterung." Diese erstaunliche Naturphilosophie des *Anaximander* trägt unzweifelhaft entwicklungsgeschichtliche, um nicht zu sagen, *Darwinsche* Züge.[84]

Durch die Verbindung seiner naturphilosophischen Spekulationen mit Beobachtungen der medizinischen Praxis wies *Anaximander* den Weg zur biologischen Forschung, die mit dem süditalienischen Arzt *Alkmaion von Kroton* (um 500 v. u. Ztr.) beginnt.

Die Lehren des *Anaximander* waren, so nimmt man an, in seinem verlorengegangenen Werk mit dem Titel: „Berichte über die physische Natur der Dinge" dargestellt.

Anaximenes

Der ebenfalls aus Milet stammende *Anaximenes* war Sohn des *Eurystratos*, eines Anhängers des *Anaximanders*. *Anaximenes* (gestorben nach der Überlieferung 528/5 v. u. Ztr) hat uns keine zusammenhängende Weltentstehungslehre überliefert. Er hat einen neuen Stoff mit der Bezeichnung Urstoff eingeführt. Er gab diesem Urstoff den Namen Äther (aër), also Luft. Er verstand aber die Luft als lebendigen Ursprung, nicht jedoch als Urstoff ϑder als Element. Auf die Frage, was Ursprung und Wesen der Welt ist, in was die Dinge sich umsetzen, aus was sie kommen, in was sie zurückkehren, antwortet *Anaximenes*: die Luft. *Anaximenes* hat als erster aus einem philosophischen Begriff, demjenigen der Bewegung des unbegrenzten Urgrundes, eine brauchbare physikalische Theorie im Prinzip der Verdichtung und Verdünnung gefunden. Diese gab später die physikalische Grundlage für technische Entwicklungen. So erklärte er das Entstehen der seienden Dinge durch Verdichtung und Verdünnung der Luft. Durch Verdünnung werde sie zu Feuer. Zu Winden kommt es, wenn die Luft sich verdichtet. Zusammengedrängt und noch mehr verdichtet, wird sie zu Wolken und wandelt sich in Wasser um. Hagel entsteht, wenn das alles mehr Feuchtigkeit enthält und gefriert. Der Blitz entsteht, wenn die Wolken durch die Macht der Luftströmungen auseinandergerissen werden. Ein feuriger Strahl, der Regenbogen, entsteht, wenn die Sonnenstrahlen auf zusammengepreßte Luftmassen treffen. Ein Erdbeben entwickelt sich, wenn die Erde infolge Erwärmung und Abkühlung stärkere Veränderungen erleidet.

Im 5. Jahrhundert u. Ztr. erinnert ein Schüler des *Anaximenes*, *Diogenes von Apollonia*, an die fast vergessene Lehre des *Anaximenes*. Er ordnete besonders die Seele der Luft zu. Die gleiche Luft, der gleiche göttliche Äther, in den sie sich im Tod wieder hinein begibt, in den sie zurückflutet (Luft gleich Äther). Ein kleiner Teil dieses Seelenstoffes wird in jedem Tier- und Menschenkörper gefangengehalten und bildet dessen Seele. Unsere Seele, behauptet *Diogenes von Apollonia*, ist Luft, sie ist heißer als die uns umgebende Luft, obwohl viel kälter als die Luft in der Nähe der Sonne.

Das Wesen der Luft ist nach *Anaximenes* folgendes: So lange sie ganz gleichmäßig verteilt ist, bleibt sie unsichtbar. Sie wird aber erkennbar durch Kälte und Wärme sowie durch Feuchtigkeit und wenn sie in Bewegung ist. Sie ist ewig in Bewegung. Denn was sich umwandelt, kann sich nicht verändern, ohne daß es in Bewegung gerät.

Die Erde ist flach wie eine Platte und wird von der Luft getragen und vom Halbrund des Firmamentes überwölbt. Die Sterne sind wie Nägel an der eisartigen Himmelsschale befestigt[85]. Ihre Natur ist feurig, und sie sind aus Dampf entstanden, der sich von der Erde erhob und durch Verdünnung zu Feuer wurde. Die Bewegung der Sonne und der Gestirne geht nicht unterhalb der Erde durch, sondern um sie herum. Das Verschwinden der Sonne am Abend erklärt er durch höhere Teile der Erde. Er hat als erster behauptet, daß der Mond sein Licht von der Sonne bekommt! Auf *Anaximenes* geht die Unterscheidung zwischen Fix-Stern und Wandel-Stern (für die Planeten) zurück. Er war voll fruchtbarer physikalischer Ideen. Von *Anaximander* wird behauptet, er habe den Begriff des Unendlichen in die Wissenschaft (Mathematik) eingeführt.

Drei neue Denkweisen

In diesem kurzen Überblick hat man einiges über die Ideen der drei bekannten Vorsokratiker gehört. Man wird diese merkwürdigen Hypothesen sicher als ziemlich abwegig empfunden haben und sich fragen, warum nennt man wohl diese Epoche die Geburt der Wissenschaft, die ionische Aufklärung, und *Thales von Milet* den ersten Naturforscher der Welt? Der Begriff der Aufklärung ist hier angebracht, weil eine der Hauptmethoden der Aufklärung die Naturalisierung des nur scheinbar Übernatürlichen ist. Diese Reduzierung des vermeintlich Übernatürlichen auf das Natürliche war der Anfang der Naturwissenschaften. *Kant* hat Ende des 18. Jahrhunderts die Frage: Was ist Aufklärung? beantwortet mit: „Aufklärung ist der Ausgang des Menschen aus seiner selbst verschuldeten Unmündigkeit. Habe Mut, dich deines eigenen Verstandes zu bedienen! ist also der Wahlspruch der Aufklärung. Unmündigkeit ist das Unvermögen, sich seines eigenen Verstandes ohne Anleitung eines anderen zu bedienen. Selbstverschuldet ist diese Unmündigkeit, wenn die Ursache dieser Unmündigkeit nicht am Mangel des Verstandes, sondern der Entschließung und des Mutes liegt, sich seiner ohne Leitung eines anderen zu bedienen."

Diese drei Naturphilosophen waren von dem großen Gedanken beseelt, daß die Welt, die sie umgab, verstanden werden kann. Man muß sich nur die Mühe machen, sie richtig zu beobachten. Der große Gedanke bestand auch darin, daß die Welt nicht Tummelplatz von Göttern, Geistern und Dämonen ist, die nach momentaner Laune mehr oder weniger willkürlich handeln. Götter, die von Leidenschaft, Haß, Liebe und Rachsucht angetrieben, aber durch fromme Opfergaben der Menschen gnädig gestimmt werden können. Diese Männer aus Milet hatten sich vom Aberglauben[86] befreit. Sie betrachteten die Welt als einen recht komplizierten Mechanismus, der nach ewigen, ihm innewohnenden Gesetzen abläuft. Diesen Mechanismus wollten sie kennenlernen. Diese Männer haben entdeckt, daß man durch Denken Naturgesetze finden kann, die auch verständlich sind. Das Denken kann die Erfahrung weiterführen und vertiefen. Es kann der Wirklichkeit Ordnung und Strukturen abgewinnen, die nicht unmittelbar vor Augen liegen. Das aber ist die Grundeinstellung der Naturwissenschaft bis auf den heutigen Tag!

Diese Denkweise ist den heutigen Menschen selbstverständlich geworden. Wir vergessen, daß sie erst Jemand ersinnen und zum Arbeitsprogramm machen mußte. Der Antrieb dabei ist die Neugierde. Das erste Erfordernis für einen Naturforscher ist, daß er neugierig sei. Er muß fähig sein, sich zu wundern und versessen sein aufs Herausfinden.

Das ist das ERSTE außerordentlich wichtige NEUE, ganz unabhängig von den Vorzügen oder Mängeln der wirklich erreichten Aufklärung. Die Babylonier und Assyrer wußten vor den Milesiern natürlich eine Menge über die Gesetzmäßigkeiten der Gestirnsbahnen. Die Phöniker beschäftigten sich mit der nautischen Astronomie. Sie konnten sich nachts auf hoher See mittels Sternbilder orientieren. Aber alle diese sahen ihr Wissen als religiöse Geheimnisse oder praktische Verhaltensweisen an und waren weit davon entfernt, nach natürlichen Erklärungen zu suchen. Sie waren nicht in der Lage, eine erschöpfende Beschreibung der Welt durch solche Gesetzmäßigkeiten ins Auge zu fassen.

Das ZWEITE NEUE von fast gleich großer Bedeutung ist die Erkenntnis, daß alle Materie, aus der die Welt besteht, einen gemeinsamen eigentlichen Grundstoff besitzt. Sie nennen ihn das Urelement oder das Urding. Es war der erste Anlauf zum Verstehen der Welt. Bei *Thales* war es das Wasser; d.h. das Flüssige oder Feuchte im allgemeinen. Wenn *Thales* den Urstoff, aus dem alles besteht, im Flüssigen sah, zeigt dies, daß der physikalische Aggregatzustand (fest, flüssig, gasförmig) ein sekundäres, nicht so wesentliches Merkmal sei. Nach *Thales* schwimmt das Land auf dem Wasser, wie ein Stück Holz. Das erinnert an die moderne Theorie der Isostasie, nach der die Kontinente in einer Flüssigkeit schwimmen, nicht gerade im Ozean, sondern in einer schweren Schmelze darunter (Theorie der Plattentektonik oder globalen Tektonik nach *Alfred Wegener*, zu Beginn des 20. Jahrhunderts).

Der 20 Jahre jüngere Schüler und Mitarbeiter *Anaximander* verbesserte *Thales*. Er wollte den Baustoff der Welt nicht irgendeinem uns bekannten Stoff zurechnen. *Anaximander* gab ihm einen besonderen Namen, das Unbegrenzte. Im Altertum wurde von diesem interessanten Ausdruck viel Aufhebens gemacht, als wäre dieser Name mehr als ein neu erfundener. Die seienden Dinge sind für ihn Erde, Meer, Luft und Leuchten.

Das DRITTE NEUE in der Entwicklung verdanken wir *Anaximenes*. Er erkannte als die augenfälligsten Umwandlungen der Materie die Verdünnung und die Verdichtung. Jeder Stoff kann durch geeignete Behandlung in den festen, flüssigen oder gasförmigen Zustand überführt werden. Als Grundsubstanz bezeichnet er die Luft. Die Meinung, daß durch fortschreitende Verdichtung der Luft Nebel, Wolken, Wasser und die feste Erde entstehen, ist so sachgemäß und zutreffend, wie sie bei den beschränkten Kenntnissen und Begriffen der damaligen Zeit nur formuliert werden konnten. Diese Art der Erklärung, durch Verdichtung zum festen Stoff zu kommen, entspricht etwa unserer Denkweise. In der Physik kennt man die kinetische Gastheorie. Sie beschäftigt sich mit dem Verhalten eines Systems, bestehend aus einzelnen Atomen oder Molekülen. Bei den komplizierteren flüssigen und festen Zuständen betrachtet man molekulare Anziehungskräfte. In der kinetischen Gastheorie spielen sie noch keine, in einem kristallinen Zustand jedoch eine wesentliche Rolle. Erstaunlich ist bei *Anaximenes* die richtige Interpretation konkreter Tatsachen. Er erläutert den Unterschied zwischen Hagel und Schnee: Hagel gebe es, wenn aus den Wolken tropfendes Wasser gefriert. Schnee, wenn feuchte Wolken selbst in den festen Zustand übergehen. Ein modernes Lehrbuch der Meteorologie sagt uns ziemlich dasselbe. Die Sterne spenden uns, sagt er, deshalb keine Wärme, weil sie so weit entfernt sind.

Die Mileser, wie man *Thales*, *Anaximander* und *Anaximenes* nannte, weil sie aus Milet kommen, hielten alle Materie für belebt. Die Eigenschaft des Bernsteins, wenn es durch Reibung elektrisch wird, oder der Stein, wenn er Eisen bewegte (weil magnetisch), soll *Thales* bewogen haben, auch dem Unbelebten eine Seele zuzuschreiben. Das Weltall hielt er zwar für belebt und voll von Göttern[87], jedoch bestimmen Götter nicht den Ablauf des Naturgeschehens.

Im späten Altertum wurde ein Name für diese Schule der Milesier erfunden, man nannte sie die Hylozoisten[88]. Die Ansichten der Milesier fand zu damaliger Zeit nicht immer Anerkennung. *Platon* und *Aristoteles* haben später eine Definition für das Lebende aufgestellt. Es ist alles, was sich selbst bewegt, wie Pflanzen, Tiere, der Mensch, Sonne, Mond und die Planeten. Es gibt einige modernere Anschauungen, die den Vorstellungen der Milesier sehr nahe kommen. So befaßte sich *Gustav Theodor Fechner*[89] mit Ideen über die Seele der Pflanzen, der Planeten und des gesamten Planetensystems. Der englische Neurophysiologe und Nobelpreisträger Sir *Charles Sherrington* schreibt 1938: „Früher bestand die Schwierigkeit, zwischen Belebtem und Unbelebtem eine Grenze zu ziehen. Die heutige Denkweise zeigt klar, es gibt keine Grenze!“ Heute kennt man jedoch einen sehr klaren Unterschied zwischen belebter und unbelebter Materie. Es bestand längere Zeit die Unklarheit, sind Viren Lebewesen oder tote Materie? Man konnte feststellen, daß Viren keinen

Stoffwechsel haben und sich auch nicht fortpflanzen (Zellteilung) können. Sie dringen in lebende Zellen ein und zerstören sie dadurch, daß sie der Zelle ihren Code aufzwingen, weitere Viren zu erzeugen. Für eine lebende Materie gelten heute drei Kriterien: Stoffwechsel, Zellteilung oder Selbstvermehrung und Mutation!

Die Ansicht der Milesier, daß die Menschen aus dem Wasser kommen, ist keineswegs so abwegig. Diese Vorstellung deckt sich auffallend mit modernen Forschungsergebnissen.

Der österreichische Philosoph *Karl Popper* (1902 bis 1994) erklärt sich die Entwicklung der Naturphilosophie und einer Naturwissenschaft in der griechischen Antike durch eine neu entstandene Tradition der kritischen Diskussion. In den griechischen Philosophenschulen - mit Ausnahme vielleicht der *Pythagoräer* und später der *Epikureer* - ist etwas Neues entstanden. In den üblichen Philosophenschulen ist die Lehre des Meisters gewissermaßen dogmatisch vorgetragen und von den Schülern gelernt worden. Abweichungen waren eher unerwünscht und als Ketzerei verdammt. Im Gegensatz dazu war es in den griechischen Philosophenschulen üblich, daß offene Kritik geäußert wurde und kritische Debatten zwischen Schüler und Meister sogar erwünscht waren. *Popper* meint: „Es ist die Geschichte einer kritischen Debatte, einer rationalen Diskussion. Neue Ideen kommen zur Sprache, und sie verdanken ihren Ursprung der offenen Kritik. Verborgene Änderungen von Dogmen gibt es, wenn überhaupt, nur wenige. Und statt Anonymität finden wir eine Geschichte der Ideen und ihrer Urheber.“ *Popper* meint, daß diese kritische und rationalistische Tradition nur einmal erfunden wurde. Sie ging zwei oder drei Jahrhunderte später wieder verloren. Der Grund dafür ist nach *Popper* das Aufkommen der *Aristotelischen* Lehre von der Episteme, der Lehre vom sicheren und beweisbaren Wissen (einer Weiterentwicklung der *Eleatischen*[90] und *Heraklitischen* Unterscheidung zwischen sicherer Wahrheit und bloßer Spekulation). Erst am Ende des Mittelalters wurde die kritische oder rationalistische Tradition wiedergefunden und bewußt wiederbelebt, insbesondere von *Galileo Galilei* (1564 bis 1642 u. Ztr.).

Erste Zusammenfassung

Die drei milesischen Philosophen *Thales*, *Anaximander* und *Anaximenes* versuchen die Frage nach der Natur der Dinge zu beantworten. Unabhängig von den Vorzügen oder Mängeln der wirklich erreichten Aufklärung, wurden drei außerordentlich wichtige Erkenntnisse gewonnen:

1. Die Welt ist eine Einheit; sie kann verstanden werden. Es gibt ein Weltgesetz.
2. Alle Materie, aus der die Welt besteht, besitzt einen gemeinsamen eigentlichen Grundstoff.[91]
3. Jeder Stoff kann durch geeignete Behandlung in den festen, flüssigen oder gasförmigen überführt werden.

Man nannte diese milesischen Naturphilosophen »Physikoi« Physiker und die von ihnen geschaffene physike philosophia, Naturwissenschaft, sie ist die älteste aller Wissenschaften überhaupt. Diese Naturphilosophen waren fasziniert von der Frage, ob man hinter der unübersehbaren Mannigfaltigkeit der Erscheinungen einen Ordnungsparameter finden könne. Nach ihm könnte sich die Entstehung, Entwicklung und Aufrechterhaltung sowie Stabilität der Naturobjekte erklären lassen.

Der Wissenschaftshistoriker *W. Saltzer* hat diese Entwicklung durch drei Postulate[92] gekennzeichnet:

1. Das Unabhängigkeitspostulat:
   Es gibt ein Naturgeschehen, eine Objektwelt, die unabhängig von den transzendenten Mächten vorhanden ist.
2. Das Verstehbarkeitspostulat:
   Diese objektive Natur besitzt eine für Menschen verstehbare Gesetzesstruktur, und Erkenntnisse der gesetzesartigen Zusammenhänge sind ohne Rekurs (Rückgriff auf etwas) auf übernatürliche Erkenntnisquellen, ohne Offenbarung und ohne Kontakt mit den Göttern möglich.
3. Das Reduktionspostulat:
   Die Vielheit der Erscheinungen läßt sich auf die innere Bewegung eines materialen Substrates (Unterlage, Grundlage) zurückführen, das unter der Wirkung von Kräften verschiedene Formen annehmen kann.

Die beiden Einzelgänger des 5. Jahrhunderts v. u. Ztr.:

Xenophanes und Heraklit

Xenophanes und *Heraklit* gehören nicht zu den »Gründungsvätern« (nach Pichot) der griechischen Naturphilosphie, sie lebten jedoch im 5. Jahrhundert v. u. Ztr. wie *Thales*, *Anaximander*, *Anaximenes* und die ersten *Pythagoräer*. Der Einzelgänger *Xenophanes* war mehr Dichter als Naturphilosoph. Er hinterließ mit seiner kritischen Betrachtung ein moralisch-theologisches Werk. *Heraklit* macht den Eindruck eines Einzelgängers, der wegen seiner Einzigartigkeit keiner Schule des Denkens zugeordnet werden kann. Unbestreitbar übte er als Philosoph einen großen Einfluß aus. Seine naturphilosophischen Betrachtungen haben nicht viel Neues gebracht.

Xenophanes

In Ionien lebte der Dichter *Xenophanes* (um 565 bis um 470 v. u. Ztr.). Er wurde vertrieben und durchzog die griechischen Lande, Süditalien und Sizilien. *Xenophanes* setzte seine Lehre in griechische Verse. Bekannt ist aus seiner Lehre, daß alles, was wächst und wird, Erde und Wasser ist. Der Ursprung des Lebenden ist Wasser und Erde. Als den letzten Ursprung alles Seienden überhaupt nennt er die Erde. Die Gestirne sind glühende Wolken, die sich aus dem Dunst des Meeres zusammenballen. Die Sonne entzündet sich jeden Tag im Osten neu und erlischt im Westen. Von den Sternen hat er gesagt, daß sie sich in der Nacht wie Kohlen entzünden und mit beginnendem Tag wieder verlöschen. Er lehrte, daß das All eines sei und sich immer gleich bleibe. Es sei kugelförmig und begrenzt, nicht entstanden und ewig. Dieses All-Eine ist ein kugelförmiger Gott, ganz ewiger Geist und Weisheit.

Neben dieser Kosmologie war es vor allem die Theologie, mit der sich *Xenophanes* beschäftigte und die ihn berühmt gemacht hat. Die herkömmlichen Gottesvorstellungen wurden radikal verworfen. Sich die Götter in Menschengestalt zu denken, ist ein primitiver Irrtum. Völker und Rassen haben sich ihre ganz verschiedenen Göttervorstellungen nach dem eigenen Bild selbst geschaffen.[93] Geformt wurden sie nach dem Bild der Großen, Reichen und Mächtigen, der Starken und Einflußreichen unter den Menschen. Damals wie heute waren diese Vorbilder Menschen, die es sich, gestützt auf ihre Macht und ihren Reichtum, leisten konnten, das Gesetz zu umgehen. *Xenophanes* sagt, daß es in Wahrheit nicht viele Götter gibt, sondern nur einen. Der ist an Gestalt und Geist dem Menschen aber nicht ähnlich. Er ist ungeworden - hat also keinen Anfang - , ewig und verharrt ständig unbewegt. Das Wesen dieses Gottes ist es, ganz Sehen, ganz Denken, ganz Hören zu sein.

Besonders eindrucksvoll ist folgendes Fragment:

„Und das Wahre (Genaue) jedoch erblickt kein Mensch und es wird auch nie jemand sein, der das Wahre weiß in bezug auf die Götter und alle Dinge, die ich nur immer erwähne; denn selbst wenn es einem im höchsten Maße gelänge, ein Vollendetes auszusprechen, so hat er selbst trotzdem kein Wissen davon: Schein haftet an allem!"

Hier wird zum ersten Mal eine kritische Theorie des Erkennens formuliert. *Xenophanes* überträgt die skeptische Grundhaltung im Erkenntnisprozeß auf die Theologie.

Popper beruft sich auf dieses Fragment des fehlbaren, hypothetischen Charakters unseres Wissens einerseits und der graduellen Verbesserung unseres Kenntnisstandes andererseits. Er sieht darin seine eigene Position charakterisiert. Die letzte Zeile: „Schein haftet an allem!" macht sich *Popper* zu eigen durch die Übersetzung: „Denn alles ist nur Vermutung!" *Kanitscheider* schreibt dazu: „Selbst wenn wir einmal Wahrheit besäßen, würden wir dies nicht mit Sicherheit wissen. ...Jeder, der sich über das Verhältnis von Theologie und Wissenschaft Gedanken macht, sollte bei *Xenophanes'* Erkenntniskritik beginnen."

Die Abgrenzung zur Religion formuliert *Xenophanes* folgendermaßen:

„Diesen Kosmos, denselben aller, schuf weder irgendein Gott noch irgendein Mensch, sondern er war, ist und wird immer sein, ein immer brennendes Feuer, das nach Maßen entflammt und erlischt."

Epikur ist der Meinung: „Gottlos ist nicht der, der die Götter der Massen abschafft, sondern der, der den Göttern die Vorstellungen der Masse anhängt, denn die Aussagen der Masse über die Götter sind keine wahren Begriffe, sondern falsche Mutmaßungen. Dabei werden die größten Schädigungen und Förderungen von den Göttern hergeleitet, denn da die Masse immer nur mit ihren eigenen Tugenden vertraut ist, akzeptiert sie nur die Gleichartigen, während sie alles, was nicht derart ist, für unangemessen hält."

Der griechische Historiker und Philosoph *Polybios von Megalopolis* (ca. 200 bis 120 v. u. Ztr.) schreibt: „Da nun aber die Menge stets leichtfertigen Wesens, voll ungesetzlicher Neigungen, vernunftwidriger Zornwütigkeit und ungehemmter Leidenschaft ist, so bleibt, um sie zu bändigen, nichts anderes übrig, als sie mit der Angst vor einem unbekannten Jenseits und ähnlichen, ebenfalls furchteinflößenden Vorstellungen zu schrecken. Darum scheinen mir auch die Alten den Glauben an die Götterwelt und das Totenreich nicht grundlos und ohne Berechnung in Umlauf gebracht zu haben."

Kepler sagt: „In der Theologie gilt das Gewicht der Autorität, in der Philosophie aber das der Vernunftsgründe."

Max Born prägte den Satz: „Ist doch der Glaube an eine einzige Wahrheit und deren Besitzer zu sein, die tiefste Wurzel allen Übels auf der Welt."

Der US-amerikanische Wissenschaftler, lebt in Kalifornien, *G. Zukav* schreibt: „Religion wurde zur Angelegenheit des Herzens und Wissenschaft zu einer Angelegenheit des Verstandes. Dieser bedauerliche Zustand läßt nicht die Tatsache außer acht, daß, in physiologischer Hinsicht, das eine ohne das andere nicht existieren kann. Jeder braucht beides. Herz und Verstand sind nur zwei verschiedene Aspekte von uns." Polarität ist überall im Kosmos.

S. M. Markus stellt die Frage: „Gibt es zwischen Glaube und Wissenschaft überhaupt eine Verständigung und wenn ja, welche? Drei Antworten sind möglich:

1. Eine Verständigung ist unmöglich, weil beide das gleiche Objekt Welt und Mensch erklären wollen und dank der Verschiedenheit der Methoden zu entgegengesetzten Ergebnissen gelangen.
2. Eine Verständigung ist unmöglich, weil Gegenstand der Naturwissenschaft die experimentell meßbare Welt ist, Gegenstand der Religion aber der grundsätzlich nicht meßbare Sinn der menschlichen Existenz.

...Der Physiker kann als Mensch gläubig sein, als Physiker kann er es nicht.

3. Eine Verständigung ist möglich, weil die Physik selbst den Glauben zu ihrer Voraussetzung hat."

Max Planck erklärt: „Für den gläubigen Menschen steht Gott am Anfang, für den Wissenschaftler am Ende aller seiner Überlegungen."

Papst *Johannes Paul II.* sagt zur Hundertjahrfeier der Geburt *Albert Einsteins*: „Die Wissenschaft ohne die Religion ist lahm. Die Religion ohne die Wissenschaft ist blind."

In seiner Enzyklika „Glaube und Vernunft" (1998) meint Papst *Johannes Paul* II., daß eine pragmatisch orientierte Forschung ohne Bezug zu den »letzten Sinnfragen« sich »in einen potentiellen Zerstörer des Menschengeschlechts verwandeln« könne. Er kritisiert, daß das moderne Denken der Wissenschaft und Philosophen »auf dem Zweifel« beruhe und die Offenbarung nicht erkenne.

Oswald Spengler schreibt: „Es gibt keine Naturwissenschaft ohne eine vorausgegangene Religion."

In diesem Zusammenhang ist es sicher interessant, das vom englischen Schriftsteller *Oscar Wilde* aufgestellte Paradoxon zu erwähnen: „Die Wissenschaft ist die Geschichte gestorbener Religionen!"

Eine weitere Bemerkung dazu ist das berühmte Wort von *Whitehead*[94]: „Religion das ist, was der einzelne mit seiner Einsamkeit anfängt."

Eine interessante Ansicht vertritt nach *Ernest Gellner* der französische Philosoph jüdischen Glaubens *Emile Durkheim* (1858 bis 1917): „..daß das, was uns zu menschlichen und gesellschaftlichen Wesen macht, unsere Fähigkeit ist, uns zwanghaften Begriffen zu unterwerfen, und die Theorie, daß der Zwang durch das Ritual eingeflößt werde und daß das Ritual der Kern der Religion sei. In diesem Sinne war es einzig die Religion, die uns zu menschlichen Wesen machte."

Der deutsche Philosoph *Friedrich Nietzsche*, als Vorkämpfer für eine neue Philosophie ohne Teleologie in Religion und Philosophie (siehe *Aristoteles*), schreibt: „Wenn man das Schwergewicht des Lebens nicht ins Leben, sondern ins Jenseits verlegt – ins Nichts –, so hat man dem Leben überhaupt das Schwergewicht genommen."

Karl Marx schreibt. „Die Religion ist der Seufzer der bedrängten Kreatur, das Gemüt einer herzlosen Welt, wie sie der Geist geistloser Zustände ist. Sie ist das Opium DES Volkes."

Ernst R. Sandvoss schreibt 1996: „In der Religion bemüht sich der Mensch, eine Beziehung zur Überwelt, einer ihm weitgehend unbekannten Dimension der Wirklichkeit, herzustellen, die Beziehung mit Leben zu erfüllen und in ein Gleichgewicht mit seiner Lebenswelt, mit seiner Um-, Mit-, und Innenwelt, zu bringen.“

Der US-amerikanische Mathematiker *John L. Casti* (geboren 1943) bemerkt: „Wissenschaft und Religion beleuchten beide dieselbe »Wirklichkeit« (was immer das sein mag), aber aus unterschiedlichen Perspektiven.“

Xenophanes hat die mythologischen Vorstellungen seiner Zeit einer harten Kritik unterzogen. Er predigte nur einen einzigen, aber übermenschlichen Gott. Auch er war der griechische Naturphilosoph, der das Ein-Gott-Modell propagierte. Der deutsche Historiker *Ulrich von Wilamowitz-Moellendorff* meint, daß *Xenophanes* den einzigen wirklichen Monotheismus vertritt, den es je auf Erden gegeben hat.

Heraklit

Herakleitos aus Ephesos, genannt *Heraklit*, war ein wenig jünger als *Xenophanes*. Sein Lehrer war *Anaximander*. *Heraklit* wurde etwa 544 v. u. Ztr. geboren, war von königlichem Geschlecht und ist mit etwa 60 Jahren gestorben. Er entstammt dem vornehmen Geschlecht von Ephesos. Diesem Geschlecht entstammte auch der Gründer von Ephesos, neben Milet die mächtigste Handelsstadt Kleinasiens. *Heraklit* kannte wahrscheinlich die Schriften des *Xenophanes* und war von ihm und den älteren Ioniern beeinflußt.

Die Lehre des *Heraklit* hat eine einsame, schwer verständliche Größe. In unausschöpflichen Sätzen, die er geschrieben hat, ist von dem Gesetz (logos) die Rede, das ständig wirksam ist und gemäß dem alles geschieht. Dieses Gesetz ist nicht nur erkannt und ausgesprochen, es ist auch das Gemeinsame, auf das man täglich stößt und mit dem man täglich umgeht. Dennoch verstehen die Menschen es nicht, und es scheint ihnen fremd. Es ist die Gesetzlichkeit der Natur, es ist das Weltgesetz, nach dem alles geschieht. Dieser von *Heraklit* eingeführte Begriff »Logos« wurde zum zentralen Begriff der stoischen Philosophie und ist auch in das *Johannes*-Evangelium des Christentums eingeflossen.

Heraklit wollte keinen als seinen Lehrer anerkennen: „Ich erforsche mich selbst!“, „Die Grenzen der Seele kannst du schreitend nicht ausfindig machen, auch wenn du jeden möglichen Weg gehst, so tiefen Sinn hat sie.“ „Die Seele hat einen Grund, der sich selbst vermehrt.“ Das ist der Anfang der Psychologie[95] (somit kann man *Heraklit* als den größten Psychologen der griechischen Antike bezeichnen), und Umfassenderes ist über die Menschenseele in damaliger Zeit nicht ausgesagt worden. Es sei denn, man betrachtet die Darstellungen der Menschen in den Tragödien des *Euripides*. Er ging den psychologischen Triebfedern aller Handlungen nach, besonders was die erschlossenen Leidenschaften und die Echtheit der Darstellung angeht. Später hat der Athener Politiker, Redelehrer und Philosoph *Antiphon* (geboren 480 v. u. Ztr.), der sich auch mit der Quadratur des Kreises und der Berechnung der Zahl π beschäftigt hat, das erste Buch über Psychotherapie, die »Techne der Trauerlosigkeit«, geschrieben. In diesem werden Meditationspraktiken erläutert. Außerdem prägte er das erste Mal den Begriff »dósis pharmáku« (Dosis eines Heilmittels).

Der Strom des Werdens ist ein wichtiges Symbol *Heraklits*: „Wir hören den Strom des Lebens rauschen.“ Die Lehre vom ewigen Fluß der Dinge hat sich dem Gedächtnis der Menschen als die *Heraklitische* Lehre eingeprägt: Immer ist alles im Fluß (panta rhei).“[96]

Heraklits Lehre ist die erste Metaphysik[97]. Sie will die intuitive[98] Erfassung des Wesens der Welt sein: „Man muß auf die Natur hinhorchen.“

Heraklit erklärte: „Der Mensch sei von Natur aus vernunftlos; nur das Umgebende sei mit Denkvermögen ausgestattet. Diesen göttlichen Logos ziehen wir durch die Atmung ein, und so werden wir denkfähig, im Schlaf unbewußt, im Wachen dagegen mit Bewußtsein. Wenn sich im Schlaf die Öffnungen unserer Sinnesorgane schließen, wird der Nous[99] von der Verbindung mit dem Umgebenden getrennt; nur die Vermittlung durch die Atmung bleibt bestehen wie eine Wurzel im Erdreich. Infolge dieser Trennung verliert er die Gedächtniskraft, die er vorher besaß. Im Wachen aber lehnt er sich wieder durch die Öffnungen der Sinnesorgane - wie durch irgendwelche Türchen - hinaus und tritt so mit dem Umgebenden wieder in Verbindung, aus dem er sein Denkvermögen hereinzieht.“

Sein naturwissenschaftliches Weltbild folgt der ionischen Aufklärung der Milesier. Die von *Anaximander* formulierte Bewegung und der daraus hervorgehende Kampf der stofflichen Gegensatzpaare (das Warme und das Kalte, die leuchtende Luft und die feuchte Erde) wird bei *Heraklit* zum eigentlichen Wesen der Dinge. Er bezeichnet den ständig sich in Wirksamkeit befindenden Ursprung mit »Feuer«[100]. Damit ist *Heraklit* der er-

ste Vertreter der modernen »big bang«[101] - (oder Urknall) Theorie der Entstehung der Welt. Von einem Urstoff - wie z. B. bei *Thales*, *Anaximander* und *Anaximenes* - kann dabei keine Rede sein! Die Beziehung der seienden Dinge untereinander betrachtet *Heraklit* als die der Verwechslung, des Austausches. Alles Seiende ist Austausch, sagt er. Es ist der Gegensatz zu Feuer, oder es ist Feuer. Das sich ewig wandelnde Wesen findet seinen Ausdruck am ehesten im Feuer. Es verzehrt sich ständig und erzeugt in dieser Auflösung die Dinge der Natur. Das Feuer führt schließlich im Weltbrand wieder zur Harmonie, zum Frieden zurück. *Heraklit* sagt von der gegenwärtigen Welt, daß sie war und ist und sein wird als ewig lebendiges Feuer, das in Maßen erglimmt und in Maßen verlöscht. Als das mächtigste Gegeneinandertreiben bezeichnet er Gott. Für *Heraklit* war die dynamisch bewegte Welt, sofern sie wirklich war, strengen Gesetzen unterworfen.
Im Fragment 67 heißt es:

„Gott ist Tag - Nacht, Winter - Sommer, Krieg - Frieden, Sattheit - Hunger. Gott wandelt sich aber wie das Feuer, das mit Räucherwerk (Rauchstäbchen) vermengt wird, und nach dem Duft eines solchen heißt."

Im Fragment 86 heißt es:

„Das Meiste des Göttlichen entzieht sich der Erkenntnis aus Mangel an Zutrauen."

Das ist nach *Heraklit* das Wesen der Welt. Daraus entstanden ist, ähnlich wie bei *Anaximander* und *Xenophanes*, die *heraklitische* Kosmologie. Den Anfang macht zuerst die metaphysische Wende vom Feuer zum Meer, worauf dann aus dem Meer alles Seiende wird.
Fragment 53:

„Krieg ist Vater Aller, König Aller. Die einen erweist er als Götter, die anderen als Menschen, die einen macht er zu Sklaven, die anderen zu Freien."

Heraklit preist in diesem Ausspruch nicht etwa den Krieg der Soldaten. Er spricht im Bilde. *Heraklit* meint damit den ewigen Widerstreit der Gedanken, den Kampf der Meinungen und den unaufhörlichen Widerspruch des voranschreitenden Lebens gegen den beharrenden Tod. Das ist genau das Gegenteil von dem, was die Verderber aller Zeitalter aus diesem Zitat gemacht haben.
Im Fragment 87 heißt es:

„Ein blöder Mensch pflegt bei jedem Wort erschreckt dazustehen."

Heraklit sagt: „Für die Gebildeten ist die Bildung ihre zweite Sonne."

„Man muß sehr viel Erde umgraben, um ein wenig Gold zu finden" meint *Heraklit.*

Die Gegensatzpaare *Heraklits* treten auch bei *Goethe* auf und heißen Polarität. Diese Polarität ist bei *Goethe* eine Hauptvokabel der allgemeinen Natursprache! In seinem Buch über die Farbenlehre sagt er:

„Die Elemente der Natursprache, so verwickelt sie erscheinen mag, bleiben immer dieselben. Mit seinem Gewicht und Gegengewicht wägt sich die Natur hin und her, und so entsteht ein Hüben und Drüben, ein Oben und Unten, ein Zuvor und Hernach, wodurch alle Erscheinungen bedingt werden. Diese allgemeinen Bewegungen und Bestimmungen werden wir auf die verschiedenste Weise gewahr, bald als einfaches Abstoßen oder Anziehen, bald als aufblinkendes und verschwindendes Licht, als Bewegung der Luft, als Erschütterung der Körper, als Säuerung und als Entsäuerung, jedoch als verbindend und trennend. Man hat ein Mehr und Weniger, ein Wirken und Widerstreben, ein Tun und Leiden, ein Vordringendes und Zurückhaltendes, ein Heftiges, ein Mäßigendes, ein Männliches, ein Weibliches überall bemerkt."

In den Maximen und Reflexionen spricht *Goethe*:

„Grundeigenschaften der lebendigen Einheit: Sich zu trennen, sich zu vereinen, sich im allgemeinen zu ergehen, im Besonderen zu verharren, sich zu verwandeln, sich zu spezifizieren, und wie das Lebendige unter tausend Bedingungen sich dartun mag, hervorzutreten und zu verschwinden, zu verfestigen und zu schmelzen, zu erstarren und zu fließen, sich auszudehnen und sich zusammenzuziehen. Entstehen und Vergehen, Schaffen und Vernichten, Geburt und Tod, Freud und Leid, alles wirkt durcheinander, im gleichen Sinne und gleichem Maße; deswegen denn auch das Besonderste, das sich ereignet, immer als Bild und Gleichnis des allgemeinsten Auftritts!"

Diese *heraklitische* Betrachtungsweise hat etwas Bestechendes, denn wir leben in der Tat in einer Welt der Gegensätze oder Polaritäten, wie *Goethe* meint. Denken wir an die positive und negative Elektrizität, Nord- und Südpol des Magnetismus, Säure und Lauge in der Chemie, an Oben und Unten, Vorn und Hinten, an Heiß und Kalt, an Hell und Dunkel, an Materie und Antimaterie, aber auch sterblich - unsterblich. Man kann sagen: Nur die Spannung zwischen den Gegensätzen hält den Betrieb der Welt aufrecht! Ohne Spannung kein elektrischer Strom, ohne chemische Affinität keine chemische Reaktion, ohne Höhenunterschied keine Umwandlung von potentieller in kinetische Energie. Das wärmehaltigste Reservoir, und seien es tropische Meere, kann ohne Kühler als entgegengesetztes Kältereservoir nicht arbeiten[102]. Das läßt sich bis ins Unendliche über die Naturwissenschaft hinausführen. Tag und Nacht, Einatmen und Ausatmen, Leib und Seele, Jung und Alt, Gott und Teufel - immer polar zugeordnete Paare. Nie darf man jedoch mit den Polen eine Bewertung verbinden. *Heraklits* Weg nach oben und Weg nach unten haben gleiches Recht. Man darf keinem den Vorrang zubilligen. Eine ungerechtfertigte Überbetonung des einen Poles findet man häufig bei Philosophen, Politikern und Religionen. Polare Paare sind zu allen Zeiten und bei allen Völkern als solche anerkannt und in Mythen und Symbolen dargestellt worden; z. B. in den deutschen Mythen: Wotan - Loki und im Christentum: Gott - Teufel.

Zur Astronomie hat *Heraklit* wenig Gewinnbringendes gesagt. Bekannt ist seine Vorstellung, daß die Sonne sich täglich im Westen auflöst und morgens neu im Osten bildet: „Die Sonne ist neu an jedem Tag." Die Erde stellte er sich im Zentrum der Welt auf festem Erdreich ruhend vor.

Die beiden Zeitgenossen Empedokles und Anaxagoras

Bedeutende Wissenschaftler der nächsten Generation, also des 4. Jahrhunderts v. u. Ztr., waren *Empedokles* und *Anaxagoras*. Während *Empedokles* mit seinen naturwissenschaftlichen Thesen die Zeit über *Aristoteles* hinaus bis zur Renaissance beeinflußte, spielten *Anaxagoras* Vorstellungen für die Entwicklung einer Naturwissenchaft eine geringere Rolle.

Empedokles

In Akragas (römisch Agrigentum), einer Stadt auf Sizilien, sie gehörte zu den Zentren der westgriechischen Kultur, lebte ca. 490 bis 430 v. u. Ztr. *Empedokles.* Agrigent stand in dieser Zeit in zunehmender Blüte. Die Produkte des fruchtbaren sizilianischen Bodens wurden besonders nach Karthago[103] exportiert. Das seegewaltige Karthago war eine Republik semitischen Ursprungs und lag gerade 20 km von der Westspitze Siziliens entfernt an der Nordküste Afrikas. Die Einwohnerzahl Agrigents mit Fremden soll zur Zeit *Empedokles* 200 000 gewesen sein. *Empedokles* entstammt einer reichen und angesehenen sizilianischen Familie, die sich in der demokratischen Partei Agrigents hervortat. Er war als Arzt, Dichter, Gelehrter, Hygieniker, Magier, Politiker, Scharlatan und Wundertäter die farbigste Persönlichkeit der antiken Philosophie.

Meton, der Vater des *Empedokles,* hat wohl bei der Einführung einer demokratischen Verfassung 470 v. u. Ztr. mitgewirkt. *Empedokles* selbst soll später der demokratischen Sache zum Siege gegen tyrannische Bestrebungen verholfen haben. Die ihm angebotene Königswürde hat er verschmäht. Als Arzt, Naturforscher und Heiland, der sich selbst magische Kräfte zuschrieb, durchzog er hoch geehrt die griechischen Städte Unteritaliens und Siziliens. Seine Wirkung auf die Menschen war tief. Er soll die Stadt Selinunt von der Malaria befreit haben, indem er die umgebenden Sumpfwasser durch Kanalisierung beseitigte. Nach anderen Quellen soll Empedokles frisches Wasser aus umliegenden Flüssen in ein stagnierenden Fluß geleitet haben, der die Stadt verseuchte. Die Bewohner dieser Stadt verehrten ihn wie einen Gott. *Empedokles* soll in dem Krater des Aetna seinen Tod gefunden haben. Andere Legenden behaupten, daß er in den Himmel aufgefahren sei.

Als ein Schüler der *Pythagoräer* ist *Empedokles* von ihren Gedanken tief beeinflußt worden. *Empedokles* setzt seine Lehre in epische Verse. Seine Kosmologie kennt kein Entstehen und Vergehen, sondern nur Mischung. Denn aus dem, was nicht ist, kann auch nichts werden. *Empedokles* spricht nicht von Urstoffen. Denn er kennt nicht einen wirklichseienden Ursprung, sondern vier Wurzeln jedes Daseins: Feuer, Wasser, Erde und Luft[104]. In späterer Zeit spricht man von den sogenannten VIER ELEMENTEN.

Die *Empedokleische* Theorie war von größter Wirksamkeit. *Empedokles* ist als der fruchtbarste und ideenreichste vorsokratische Denker bekannt. Seine Annahme einer Vierzahl von Grundstoffen, die zugleich Träger der vier Grundqualitäten warm, kalt, trocken und feucht sind, haben eine beherrschende Wirkung ausgeübt. Sie beeinflußte die Physik, Medizin und ganz allgemein die Naturphilosophie *Platons* und *Aristoteles* und über das Mittelalter hinaus bis ins 17. Jahrhundert, ja sogar auch das esoterische Weltbild bis in unsere Zeit. Die heutige Naturwissenschaft erkennt zwar die *Empedokleischen* Elemente als solche nicht an. Der Begriff ELEMENT jedoch als eines von vielen gleichberechtigten Grundstoffen geht auf *Empedokles* zurück.

Aus dem Zusammenwachsen dieser Wurzeln, also der vier Elemente, entstehen alle Wesenheiten und wachsen wieder auseinander. *Empedokles* hat es sogar gewagt, bestimmte Element-Verhältniszahlen für die Zusammensetzung einzelner Körperteile anzugeben. Z. B. bestehen die Knochen aus vier Teilen Feuer + zwei Teile Erde + zwei Teile Wasser, die Nerven zu einem Teil aus Feuer und zu zwei Teilen aus Wasser, und das Fleisch ist zu gleichen Teilen aus den vier Wurzeln zusammengesetzt. Hier kann man den Anfang der Chemie erkennen.

Die Vierelementenlehre wurde schon früh weiter ausgebaut. Sie erscheint später als selbstverständliche Gegebenheit auch in *Platons* Werk *Timaios*, das eine dichterische Darstellung *Pythagoräischer* Weltansicht ist. In diesem Werk werden die vier regelmäßigen Körper den vier Elementen zugeordnet: das Tetraeder (Vierflächner) dem Feuer, das Oktaeder (Achtflächner) der Luft, das Ikosaeder (Zwanzigflächner) dem

Wasser und der Kubus (Sechsflächner) der Erde. Vielleicht stammt auch bereits von *Empedokles,* zu mindestens in den Grundzügen, sicher jedoch aber von seinem Schüler *Philistion*, die Lehre von den vier Säften oder Temperamenten: Sanguiniker (Luft), Phlegmatiker (Wasser), Melancholiker (Erde) und Choleriker (Feuer). Unter den vier Säften[105] verstand man Blut, Schleim, gelbe Galle und schwarze Galle. Die vier Symboltiere der christlichen Evangelisten: den Löwen des *Markus*, den Stier des *Lukas*, den Adler des *Johannes* und den Engel des *Matthäus*. Den vier Temperamenten entsprechen vier Elementargeister: Kobolde entsprechen der Erde, Sylphen der Luft, Salamander dem Feuer und Undinen dem Wasser. Die vier Fakultäten an mittelalterlichen Universitäten: Theologie, Jurisprudenz, Medizin und die Fakultät der Artisten (die sieben freien Künste, siehe auch Anmerkung 192). Die Viertelung in der Jahreseinteilung (Frühling, Sommer, Herbst und Winter) wird auch darauf zurückgeführt, ebenfalls die vier Himmelsrichtungen. Den Elementen sind vier Grundfarben zugeordnet worden, Weiß (Feuer), Schwarz (Wasser), Rot (Luft) und Gelb (Erde). Noch im frühen Mittelalter waren sie die sogenannten heraldischen Farben[106]. Die Vier ist freimaurerisch noch heute das Zeichen zur Öffnung der Loge. Ebenfalls gibt es im esoterischen Bereich bis zur heutigen Zeit die vier Elemente, so zum Beispiel bei den Tarotkarten. *Platon* hat die vier Tugenden eingeführt: Besonnenheit, Gerechtigkeit, Klugheit und Tapferkeit. Bestimmte Qualitäten ordnete *Aristoteles* den vier Elementen zu. Die Erde symbolisierte kalt und trocken, das Wasser kalt und feucht, die Luft warm und feucht und das Feuer warm und trocken. Die Vierelementlehre des *Empedokles* hat *Aristoteles* auch zu seiner Lehre von den logischen Schlüssen (Syllogismen[107]) angeregt. Sie ist eine bedeutende und originelle Leistung des *Aristoteles.*[108] Sie offenbart die mathematische Struktur des logischen Schließens und ist der erste Schritt zur formalen Logik. Jedoch ist die Logik des *Aristoteles* unvollständig und auch unrichtig, wie *Bertrand Russel* erläutert hat. Daß *Aristoteles* die Unvollständigkeit und die Fehler seiner Logik nicht bemerkt hat, ja daß diese bis ins 19. Jahrhundert nicht bemerkt worden sind, scheint nach *Markus Fierz*[109] nicht zuletzt mit der suggestiven Kraft des vierfältigen Schemas zusammenzuhängen. Ebenfalls stammen von *Aristoteles* die vier Lebensformen: die betrachtende, die politische, die lustorientierte und die geldorientierte Lebensform. Das antike Bild, welches vom Mittelalter übernommen wurde, hat auch das Christentum beeinflußt. *M. Fierz* schreibt von den „Tetraden als Bild der Heilsordnung". So werden mit dem vierfältigen Schema auch die vier Evangelien in Verbindung gebracht. In der Darstellung der Apokalypse[110] begleiten vier Lebewesen - Stier, Löwe, Adler und Mensch - den Gotteswagen des Erlösers. Auch bei dem deutschen Dichter *Friedrich Schiller* erscheinen die vier Elemente: „Vier Elemente innig gesellt, bilden das Leben, bauen die Welt!“ Noch *Pierre-Josef Macquer* schreibt 1766 in seinem Chymischen Wörterbuch, daß man, „ohne einen Irrtum zu begehen, in der Chemie das Feuer, die Luft, das Wasser und die Erde als einfache Körper betrachten kann“. Erst der Chemiker *Antoine Laurent Lavoisier* (1743 bis 1794) konnte mit seinen gelungenen Experimenten endgültig die Vier-Elemente-Lehre widerlegen.

Im 1. Jahrhundert nach unserer Zeitrechnung ist von einem unbekannten Verfasser in seiner „Schrift von der Welt“ ein fünftes Element hinzugekommen: „Aus diesen fünf Elementen, die in fünf Schichten kugelförmig gelagert sind, indem immer das Kleinere von dem Größeren umschlossen wird (die Erde vom Wasser, das Wasser von der Luft, die Luft vom Feuer, das Feuer vom Äther), ist das gesamte Weltall zusammengesetzt. Die ganze obere Sphäre nimmt der Wohnsitz der Götter ein, die untere dagegen ist die Stätte des Eintagswesens.“ Die „Schrift von der Welt“ stützt sich auf *Poseidonios* (131 bis 51 v. u. Ztr.), den größten Naturforscher und Philosophen im letzten Jahrhundert vor unserer Zeitrechnung.

Die wirkenden Kräfte[111], welche die Urstoffe bewegen, sind bei *Empedokles* die *Heraklitischen* Gegensatzpaare Liebe und Haß, Eintracht und Zwietracht. Diese Mächte wirken nicht nur an den Urstoffen, sondern analog auch bei dem Zusammentreffen der Wesenheiten. *Empedokles* kennt vier Perioden: die erste Periode, in der nur Haß, nur Entzweiung, nur Trennung ist; die zweite, in der der Haß die Liebe überwiegt; die dritte, in der mehr Liebe als Haß ist; und die vierte, künftige, das kommende Goldene Zeitalter, in der nur Liebe ist. Hier zeigt sich eine erste geschichtsphilosophische Vision. Das Prinzip der Mischung von Liebe und Haß bei *Empedokles* ist in der Naturwissenschaft noch heute gebräuchlich. Es ist das Prinzip von actio - reactio[112]. Von *Empedokles* sind physikalische Experimente bekannt, die er mit dem Luftdruck an damals bekannten Geräten machte.

Wir erkennen, daß bei *Empedokles* neben den Elementen und Stoffen auch Kräfte auftreten. Wenn wir diese Kräfte als Energien ansehen, so ergibt sich bei *Empedokles* ein Weltbild bestehend aus Materie und Energie. Es ist kein sehr großer Schritt zur Vorstellung des heutigen Dualismus von Materie und Energie, von Teilchen und Welle und von Energiequant und Strahlung.

Die Elementenlehre des *Empedokles* hat nicht nur die damalige Zeit, sondern auch das Mittelalter bis zur Neuzeit tief beeinflußt. So schreibt der Physikochemiker *Hermann Walther Nernst* (1864 bis 1941) resignierend bei dem Versuch, die Verwandlungsprozesse der Substanz durch die in ihr wirkenden physikalischen Kräfte zu erklären: „Die Frage nach der Natur der Kräfte, welche bei der chemischen Vereinigung oder der Umsetzung der Stoffe ins Spiel treten, wurde schon früher aufgeworfen, als es eine wissenschaftliche Chemie gab. Bereits die griechischen Philosophen[113] sprachen von der Liebe und dem Haß der Atome als Ursache der stofflichen Veränderungen, und was die Erkenntnis über das Wesen der chemischen Kräfte anbelangt - viel weiter sind wir auch heute nicht gekommen. An der anthropomorphen[114] Anschauungsweise der Alten haben wir im Grunde genommen nur die Namen gewechselt, wenn wir die Ursache der chemischen Veränderungen in der wechselnden »Affinität« der Atome suchen."

Von *Empedokles* stammt eine Erklärung über die Sonnenfinsternis: „Der Mond deckt der Sonne die Strahlen ab, während er darüber hingeht, und verdunkelt von der Erde soviel, wie die Breite des glanzäugigen Mondes beträgt."

Ebenfalls hat *Empedokles* eine materialistische Auffassung des Lichtes entwickelt. Er sagt: „daß das Licht eine ausströmende Substanz wäre, die von der Sonne zuerst in die Zwischenregion zwischen Erde und Himmel eintrete und erst dann zu uns komme; daß uns aber eine solche Bewegung des Lichtes infolge ihrer Schnelligkeit verborgen bliebe."[115] Hier nimmt *Empedokles* eine endliche (!) Geschwindigkeit des Lichtes an.

Anaxagoras

Anaxagoras von Klazemonai in der Nähe des heutigen Smyrna in Ionien, 30 km westlich des heutigen Izmir, war der Lehrer des *Sokrates*, lebte von 499/98 bis 428/27 v. u. Ztr. und hat von etwa 460 bis 432 v. u. Ztr. in Athen gewohnt. Dort gehörte er zu dem aufgeklärten und skeptischen Kreis, der sich um die Mitte des fünften Jahrhunderts versammelt hatte. Dieser Kreis, zu dem auch die angefeindeten *Protagoras* und *Sophokles* gehörten, verkehrten in einem Athener Salon, der von der zweiten Frau des *Perikles*, *Aspasia*, gegründet wurde. In diesem Salon weilten später auch *Sokrates* und *Archimedes*. *Anaxagoras* hat in Athen die Philosophie eingeführt[116], nachdem es schon seit 150 oder 200 Jahren die großen Philosophen in Ionien und in Groß-Griechenland gegeben hatte. *Anaxagoras* stammte aus einer vornehmen Familie. Wegen seiner Freigeistigkeit spielte er dort eine bestaunte Rolle und war in höchsten Kreisen eine bekannte und anstößige Figur, was ihm in Athen zum Verhängnis wurde.

Es ist dabei zu berücksichtigen, daß die athenische Demokratie[117] auch eine Demokratie der freien Handwerker und des freien Kleinbürgertums war. Die Sklaven, es waren Männer und Frauen, die ihre Schulden nicht bezahlen konnten, die in Kriegsgefangenschaft gerieten oder auf einer Schiffsreise Piraten in die Hände gefallen waren - selbst *Platon* war vorübergehend Sklave - , gehörten jedoch nicht zur demokratischen Athener Gesellschaft. In Athen konnten sowohl die Arbeiter in den Bergwerken, ein Steinmetz, die Schutzleute wie auch jemand, den wir als höheren Beamten bezeichnen würden, Sklaven sein. *Aristoteles* formulierte die Meinung der freien Bürger folgendermaßen: „Das Herrschen und Dienen gehört nicht nur zu den notwendigen, sondern auch zu den nützlichen Dingen, und vieles ist gleich von seiner Entstehung an derart geschieden, daß das eine zum Herrschen, das andere zum Dienen bestimmt erscheint." Jedoch genoß ein Sklave in Athen erheblich mehr Menschenwürde als zum Beispiel ein Industriearbeiter im 19. Jahrhundert. Oft waren Sklaven und Freigelassene unter den berühmt gewordenen griechischen Künstlern und Schriftstellern zu finden. Diese Schicht war durchaus nicht ausgeschlossen vom Bildungsleben.[118] Sie kann nicht so unmenschlich vegetiert haben wie etwa die amerikanischen Negersklaven bis 1865. Der griechische Bauer hingegen wurde vollberechtigter, freier Bürger, ein Phänomen, das es in der Geschichte vor den Griechen nicht gegeben hat.

Anaxagoras rationale Naturerklärung schien die herkömmliche Göttervorstellung zu bedrohen. Er hat die Sonne statt für ein göttliches Wesen[119] für einen glühenden Klumpen (weißglühenden Stein), größer als die Halbinsel Peloponnes, gehalten, den Mond bestehend aus Erde und die Sterne aus feurigem Gestein. *Anaxagoras* glaubt, alle Himmelskörper seien aus demselben Stoff gemacht wie die Erde. Diese Überzeugung kam ihm, nachdem er einen Meteroiten untersucht hatte. Ihm wurde durch Anzeige des *Diopeithes*, berufsmäßiger Seher, für gottbegnadet gehaltener Wahrsager, Orakelausleger und Vertreter der traditionell gläubigen Bürgerschaft Athens, wegen Religionsfrevels der Prozeß gemacht. Man muß dabei berücksichtigen, daß die Athener seit dem Jahre 432 v. u. Ztr. schon das bloße Fernbleiben vom staatlichen Götterkultus - und nicht nur den schon immer strafbaren Religionsfrevel - durch ein Gesetz[120] mit der Todesstrafe bedrohten. Man unterscheidet noch nicht zwischen bloßer Mißachtung religiöser Bräuche und grundsätzlichem Atheismus. Diesen warf man bereits dann vor, wenn jemand die öffentlichen religiösen Gebräuche und Institutionen mißachtete und hinterfragte. Die Religion war Teil des Stadtstaates. Daran erkennt man, daß der gesellschaftliche Umwandlungsprozeß in den Kolonialstädten weiter fortgeschritten war als in der griechischen Metropole Athen selbst.

Dafür kann man zwei Gründe anführen. Einmal waren die mobilsten, mutigsten und fortschrittlichen Athener Bürger solche, die in die neu gegründeten Kolonialstädte zogen. Zurück blieben eher konservative und bodenständige Bürger, die der Tradition und Mythologie zugeneigt waren. Andererseits ist das Ideal der Aufklärung und der Demokratie in Athen von den Sophisten[121] propagiert worden. Die entstandene Demokratie war nach Auffassung dieser Sophisten ein freies Volk, hoch kultiviert und nach Weisheit strebend, selbst frei vom Aberglauben und Unterdrückung und stets bereit, anderen zur Freiheit zu verhelfen. Die große Masse des Volkes jedoch, die Bauern und Handwerker, waren in Wirklichkeit von der Weisheit der Sophisten nur an der Oberfläche berührt. Wenn sie auf ihren Höfen waren und der Zauber der sophistischen Weisheit von ihnen gewichen war, praktizierten sie wieder grausame alte Bauernmagie. Sie ließen sich vom Aberglauben schrecken, schlugen ihre Sklaven und Frauen und haßten die Fremden in einigen Kilometern Entfernung, genauso wie ihre Großväter in alten Zeiten.

Im Gefängnis von Athen soll *Anaxagoras* die erste Kreisquadratur gezeichnet haben. Er konnte mit Hilfe von Freunden[122] fliehen und starb später in Lampsakos, einer Stadt an der Meerenge des Hellespont[123]. Als Freunde ihn in Lampsakos bedauerten, weil er nun in der Fremde sterben müsse, erwiderte er gelassen, der Weg in die Unterwelt sei von überall her gleich weit.

Anaxagoras hatte auch noch viel später den Ruf als der Typus des reinen Wissenschaftlers. Seine Schriften galten als Weiterführung der Schriften des *Empedokles*, weil seine Lehre von *Empedokles* entscheidend bestimmt wurde. *Anaxagoras* hat mit seiner Nous-Lehre allem Materiellen ein geistiges Prinzip übergeordnet. »Denn er (Nous) ist das feinste aller Dinge und das reinste und er besitzt von allem alle Kenntnis und hat die größte Kraft. Und was Seele hat, die größeren wie die kleineren Wesen, über alle hat der Geist (Nous) die Herrschaft.« *Anaxagoras* These lautet demnach: „Der denkende Geist ist der Ordner des Alls." Damit war die Polarität zwischen Geist und Materie das erste Mal erkannt und zusätzlich eine Rangordnung postuliert: Erst Geist und dann Materie! *Walther Kranz*[124] schreibt: „*Anaxagoras* ist der erste prinzipielle Dualist: Er erkennt den Geist als das der Materie übergeordnete Prinzip, dem sie ihre Form, ihre Bewegung, ihr Leben verdankt." Nach *Anaxagoras* ist der ganze Kosmos vom Geist durchwaltet. Geistige Kräfte ordnen und umfassen die Materie und bilden eine zusammengehörende Einheit. *Anaxagoras* meint: „Da aber kam der Nous und schuf die Weltordnung. Und alles, was Seele hat, Großes und Kleines, über all dies hat der Nous Gewalt. Und wie alles werden sollte und wie alles war - was jetzt nicht mehr vorhanden ist - wie es jetzt ist, das alles ordnet der Geist an, auch diese Wirbelbewegung, welche die Sterne, Sonne und Mond vollführen, wie auch die Luft und der Äther." *Anaxagoras* ließ sich, wie auch seine Vorgänger, von rein rationalistischen Gedankengängen leiten. Den Aufbau der Welt, die Zusammensetzung der Dinge und die Veränderungen der Formen führte er allein auf die naturgesetzlichen Ursachen der Erscheinungen zurück. Dies kritisierten *Platon* und *Aristoteles*, weil er ihrer Meinung nach das teleologische Prinzip (s. *Aristoteles*) dabei mißachte. Nach *Anaxagoras* klumpt sich in der Mitte des Wirbels die Erde zusammen, wobei schwere Steine nach außen geschleudert werden und die Sterne bilden. Das Licht der Sterne erklärt sich *Anaxagoras* durch das Glühen ihrer Massen, die sich mit hoher Geschwindigkeit bewegen. Für *Anaxagoras* ist Seele und Geist das Prinzip der Bewegung und Ordnung und daher das Prinzip des Lebens. Er lehrte in einem Buch, daß die Vernunft (nous) alle Dinge ordnet und sie verursacht. Dieses Buch erklärt nach Meinung des Philosophen *Sokrates* die Welt als eine Maschine, die durch rein mechanische Ursachen angetrieben wird. *Sokrates*: „Und von dieser wunderbaren Hoffnung. ...fiel ich ganz herunter, als ich fortschritt im Lesen und sah, wie der Mann mit der Vernunft gar nicht anfängt und auch sonst gar nicht Gründe anführt, die sich beziehen auf das Anordnen der Dinge, dagegen aber allerlei Luft und Äther und Wasser vorschiebt und sonst vieles Wunderliches."

Mit der Hypothese eines souveränen, von der Materie getrennten Geistes als letzte Ursache der Ordnung der materiellen Welt und des Lebens war *Anaxagoras* der Vorläufer der für *Platon* und *Aristoteles* fundamentalen teleologischen Erklärung der Welt.

Den Analogieschluß zur Beweisführung innerhalb der wissenschaftlichen Forschung hat *Anaxagoras* eingeführt. Er bedeutet, von etwas Bekanntem auf etwas Unbekanntes zu schließen: „Die Erkenntnis der unsichtbaren Dinge liegt in den sichtbaren." Nach ihm wird der ganze Kosmos von einer sinnhaften Instanz, dem Geist, gelenkt.

Er hat sich das erste Mal des Beweises durch das Experiment bedient: „Gießt man tropfenweise weiß in schwarze Farbe oder umgekehrt, so kann das menschliche Auge die minimalen Farbänderungen, die doch stattfinden, nicht erkennen."

Anaxagoras versucht die Vielheit als seienden Ursprung zu denken: „Einerseits gibt es nämlich von dem Kleinen nicht das Kleinste, sondern ständig Kleineres. Von dem Großen gibt es aber auch ständig Größeres." Hier erkennt man eine Vorahnung des Prinzips der Differential- und Integralrechnung (sog. Differentialkalkül): Beliebig klein, aber nicht Null, beliebig groß, aber nicht unendlich. *Anaxagoras* hat die Vorstellung von den gleichteiligen Stoffteilchen, eine der Atomistik verwandte Stofflehre, die sogenannte Homöomerien-Hypothese[125], die erste Korpuskulartheorie, gewissermaßen als Vorläufer von *Leukipp* und *Demokrit*, entwickelt. Mit Nachdruck betonte er die Unzerstörbarkeit der Materie. Die Dinge können in ihre Stoffteilchen zerlegt werden und können wieder zusammenwachsen. Nichts kann jedoch geschaffen oder zerstört werden.

Aus den Wolken scheidet sich das Wasser ab, aus dem Wasser die Erde, aus der Erde festigen sich die Steine unter Einwirkung des Kalten. Regenbogen nennen wir den Widerschein der Sonne in den Wolken. Er ist ein Sturmvorzeichen. Denn das um die Wolke sich ergießende Wasser pflegt Wind zu erregen oder Regen auszugießen.[126]

Der Mond sei ein dunkler, fester Körper mit Ebenen, Bergen und Schluchten, den das Licht der Sonne erleuchte. Als erster zeigte er, wie der Mond durch den Schatten der Erde verfinstert werde und wie der Schatten des Mondes eine Sonnenfinsternis bewirke (s. *Empedokles!*). *Anaxagoras* hat den Mond, bestehend aus Erde angesehen. Diese These wird teilweise heute nicht mehr vertreten. Die neuesten (1996) Forschungen nach *Eugene Shoemaker*[127] deuten darauf hin, daß der Mond wohl nicht ein Stück der Erde ist. Viel wahrscheinlicher sei, daß der Mond Überbleibsel eines großen Himmelskörper ist, der vor vielen Jahrmillionen auf die Erde prallte: „Irgend etwas von der Größe des Mars krachte auf die Erde... und blieb als Trümmerhaufen im Erdumlauf." Daraus habe sich der Mond gebildet.

Im Jahre 468 v. u. Ztr. soll *Anaxagoras* einen Meteor prophezeit haben. Es war nämlich eine leuchtende Feuerkugel, wie ein Komet, in der Nacht erschienen und daraufhin am Hellespont in Aigospotamoi ein Meteor vom Himmel gefallen. Er glaubte an den Zusammenhang beider Erscheinungen und erklärte öffentlich, der Meteor käme von der Sonne, die nur ein weißglühender Stein sei. *Anaxagoras* konnte dadurch seine Hypothese von der materiellen Beschaffenheit der Körper (Homöomerien-Hypothese) bestätigt sehen.

Anaxagoras nahm an, daß die Sonne ein Feuerball von der Größe der Peloponnes sei, der mitten in der Luft in ca. 6500 km Höhe über der Erdoberfläche sich bewegt. Er glaubt, daß die Erde eine flache Scheibe sei.

Zwei Beobachtungstatsachen waren die Grundlage für seine Überlegungen. In der Stadt Syene, nahe des heutigen Assuan-Staudammes, steht am Tag der Sommersonnenwende die Sonne zur Mittagszeit im Zenit, also direkt senkrecht. Messungen ergaben, daß zur selben Zeit etwa 800 km nördlich von Syene - in der Nähe der späteren Stadt Alexandria - die Sonne zur Mittagszeit etwa 7 Grad vom Zenit entfernt steht. Aus nebenstehender Zeichnung konnte er die Höhe der Sonne von 6500 Km berechnen. Aus der Angabe dieser Entfernung und dem scheinbaren Winkeldurchmesser der Sonne (ca. 0,5 Grad) ermittelte er weiterhin den Durchmesser der Sonne. Dieser müsse bei 55 km liegen.

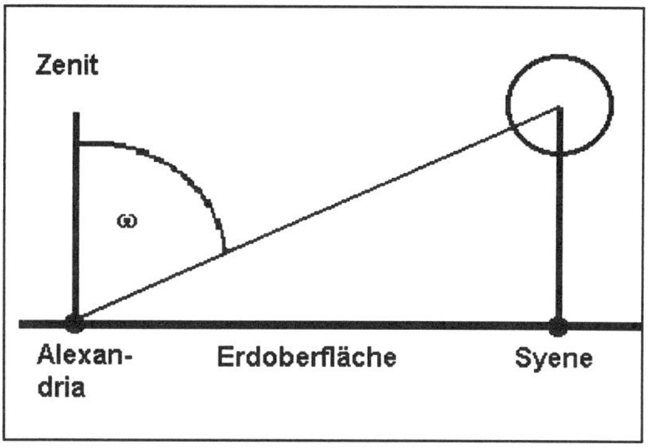

Eine Erklärung für die Milchstraße soll von *Anaxagoras* gegeben worden sein. Der Erdschatten verdunkelt einen Teil des Himmelsgewölbes, weil die Sonne durch das Dazwischentreten der Erde (die Sonne liegt hinter der Erde) diesen Teil nicht mehr beleuchten kann. In diesem Schattenbereich leuchten die Sterne heller, als in angrenzenden Zonen. Dort werden sie, bis auf die allerhellsten, durch das Licht der Sonne mehr oder weniger verdeckt. *Diogenes Laertius* schreibt über *Anaxagoras* Vorstellung: „Die Kometen entstünden durch das Zusammentreffen flammensprühender Planeten, und diese prallten, wie Funken dahinschießend, von der Luft ab.“

Anaxagoras sagt, daß der Zweck des menschlichen Lebens Betrachtung und Erkenntnis der Himmelskörper und die daraus kommende Freiheit sei. Auf die Frage, wozu er lebt, soll *Anaxagoras* geantwortet haben: „um die Sonne, den Mond und den Himmel anzuschauen.“ Seine Kosmologie hat später noch die physikalische Erklärung der Planetenbewegung von dem französischen Philosophen *René Descartes*[128] beeinflußt.

Blütezeit der beginnenden Naturwissenschaft

Eine große Bedeutung für die Entwicklung der Naturwissenschaften hat das halbe Jahrhundert zwischen der Abwehr der Perserinvasion Griechenlands (490/479 v. u. Ztr.) und dem Ausbruch des sog. Peloponnesischen Krieges zwischen Athen und Sparta (431 bis 404 v. u. Ztr.). *Thukydides* (um 460 bis 395 v. u. Ztr.) hat als Geschichtsschreiber[129] diese 50 Jahre den späteren Generationen verbindlich dargestellt. Man nennt diese 50 Jahre heute auch »Pentekontaëtie«. Diese Zeit war für die ökonomische, politische und geistige Entwicklung Griechenlands bedeutsam. Die charakteristische Kunstgattung der athenischen Demokratie war die griechische Tragödie[130]. Sie ermöglichte die Entfaltung der Demokratie und spiegelte die gesellschaftlichen Probleme auf den verschiedenen Stufen der Entwicklung durch die drei Dichter: *Aischylos*, *Sophokles* und *Euripides* wider. Diese Epoche war andererseits auch Blütezeit der griechischen Sklaverei-Gesellschaft[131]. Neben der Schicht der Ausgebeuteten und Rechtlosen, den Sklaven, gab es die Schicht der freien Bürger, die die Macht ausübten und das Zentrum des Denkens und Handelns darstellte. In diese Zeit fällt die Begründung des Atomismus.

Leukipp

Der Begründer des Atomismus ist der griechische Philosoph *Leukippos*. Er dürfte Anfang bis Mitte des 5. Jahrhunderts v. u. Ztr. gelebt haben. Sein Geburtsort ist offenbar Milet. *Leukipp* ist somit der Nachzügler in der Reihe der großen Philosophen *Thales*, *Anaximander* und *Anaximenes*. Er verließ seine Heimat in Zusammenhang mit dem aristokratischen Putsch des Jahres 450/449 v. u. Ztr. In Elea (dem heutigen Velia) in Unteritalien sucht er bei den Nachfolgern des *Parmenides* (oder ihm selbst?) philosophische Unterweisung. Er war Schüler des *Zenon von Elea*[132]. Später übersiedelte er nach Abdera und gründete dort nach 450 v. u. Ztr. eine Philosophenschule. Die Veröffentlichung seiner Schriften ist nicht vor 430 v. u. Ztr. anzunehmen. Es ist wahrscheinlich, daß *Leukipp* nur sehr wenig Schriftliches hinterlassen hat. Sein Hauptwerk ist die »Große Weltordnung«. Die Knappheit der Nachrichten über *Leukipp* hat ihren Grund wohl darin, daß seine Leistung schon bald durch die weit umfassendere Lehr- und Forschungstätigkeit seines Schülers *Demokrit* in den Schatten gestellt wurde und sich Schriften von *Leukipp* nur erhielten, soweit sie unter *Demokrits* Namen Aufnahme in *Demokrits* Schriften fanden. Nur wenige Punkte der älteren atomistischen Lehre sind bekannt, in denen *Demokrit* von *Leukipp* abgewichen ist, und dadurch wird es praktisch unmöglich, die Lehren beider Philosophen getrennt voneinander zu betrachten.

Über *Leukipps* Kosmogonie[133] berichtet uns *Diogenes Laertius*:

„Die Welten entstehen folgendermaßen: Es bewegten sich infolge von Losreißung aus dem Unendlichen viele Körper von Gestalten aller Art in einem riesigen leeren Raum. Diese ballten sich zusammen und bewirkten eine einzige Wirbelbewegung. Infolge dieser stießen sie aneinander, und wie sie auf alle mögliche Weise herumgewirbelt wurden, da sonderte sich für sich das Gleiche zum Gleichen. Da sie aber infolge ihrer Masse nicht mehr im Gleichgewicht herumwirbeln konnten, entwichen die feinen Teile von ihnen in die äußere Leere, gerade als ob sie durchsiebt wurden; die übrigen aber blieben zusammen und, miteinander verflochten, eilten sie zusammen miteinander dahin und bildeten eine erste kugelförmige Zusammenballung. Diese umfaßte in sich wie eine Haut allerlei Körper. Wie diese nun infolge des Widerstandes der Mitte herumkreisten, wurde die umgebende Haut dick, da infolge der Berührung mit dem Wirbel die einander benachbarten Massen andauernd zusammenströmten. Und so sei die Erde entstanden, indem die zur Mitte getriebenen Massen zusammenbleiben. Andererseits wuchs die umschließende Haut selber infolge der weiteren Zusammenströmung der von außen kommenden Körper. Und selber durch den Wirbel herumgerissen, ergriff sie von allem, was sie berührte, Besitz. Von diesen Massen verflochten sich einzelne miteinander und bildeten eine zusammengeballte Masse, die zuerst feucht und dann schlammig war; als sie aber getrocknet waren und mit dem Wirbel des Ganzen zusammen herumkreisten, da wurde sie glühend und bildete die Substanz der Gestirne."

Demokrit

Leukipp begann eine Lehrtätigkeit in der Hafenstadt Abdera in der nördlichen Ägäis, wo er in *Demokrit* einen gelehrigen Schüler fand. Die Hafenstadt Abdera war eine von Klazomenai aus erfolgte Kolonialgründung an der Nordküste so wie Milet eine an der Ostküste des Ägäischen Meeres. Abderas Handel blühte von der Mitte des 6. Jahrhunderts ohne wesentliche Unterbrechungen bis zu Beginn des 4. Jahrhunderts v. u. Ztr. Wegen der günstigen wirtschaftlichen Situation Abderas war es kein Zufall, daß der Name der aufsteigenden Stadt gerade mit den Namen der vorurteilsfreiesten, aufgeklärtesten Denkern des 5. Jahrhunderts verbunden ist. Diese weltoffene Denkweise, die natürlich nur für die wohlhabende Schicht seiner freien Bürger galt, war die erforderliche Basis für die Entwicklung der Atomtheorie.

Demokrit (Zeitgenosse des *Sokrates*) wurde in Abdera geboren und hatte im Gegensatz zu fast allen anderen griechischen Philosophen seinen Wohnsitz, bis auf Reisen nach Ägypten, in den Vorderen Orient und nach Persien, nie gewechselt. Er besaß ein außerordentlich großes Vermögen, das er für Reisen und für den Ankauf seltener Manuskripte und großer naturwissenschaftlicher Sammlungen verbrauchte. *Demokrits* Leben erstreckte sich weit ins 4. Jahrhundert (um 460 bis um 371) vor unserer Zeitrechnung hinein. Als er 90 Jahre alt war, spürte er seine Geisteskräfte schwinden und beendete sein Leben durch Essensverweigerung. *Demokrit* war Freund und Berater des »Ärztevaters« *Hippokrates* von Kos (um 460 bis um 377 v. u. Ztr.). Während die Philosophen vor *Demokrit* ihre Lehren schriftlich nur in knapper Form verbreitet hatten, legte *Demokrit* sein Wissen als erster Grieche in weitem Umfang in Schriften nieder. 52 dieser Schriften wurden später herausgegeben. Bekannt von dieser Herausgabe ist das Inhaltsverzeichnis. Besondere Berühmtheit genoß die Schrift: „Große Weltordnung". Man ist sich heute nicht sicher, ob es sich nicht um eine Schrift des *Leukipp* handelt. Gleiches gilt wohl auch für andere Schriften, die später entstehen, und unter *Demokrits* Namen veröffentlicht worden sind. Veröffentlichen hieß damals nicht wie heute, es wird ein Buch gedruckt und jedermann kann es kaufen, sondern daß diese Schriften, auf Leder-, Pergament- oder Papyrusrollen oder auch auf Tonscherben, Leinen oder Wachsplatten geschrieben, für Schulungszwecke herausgegeben wurden.

Im 3. Jahrtausend vor unserer Zeitrechnung schrieben die Sumerer in der von Euphrat und Tigris durchflossenen Ebene ihre Keilschrift (eine stilisierte Bilderschrift) auf Tontafeln. Sie ritzten mit einem spitzen Rohrgriffel die Bildzeichen in den noch feuchten Ton, der dann an der Luft getrocknet oder im Ofen gebrannt wurde. In der Frühzeit des Griechentums schrieb man auf Leder. In Ägypten sind die Papyrusrollen entwickelt worden (die älteste uns bekannte Papyrushandschrift stammt aus der Zeit um 2700 v. u. Ztr.), die dann auch die Griechen benutzt haben. Das Privileg der Herstellung von Papyruseinzelblättern hatten ägyptische Werkstätten. Papyrus wird aus dem Mark der Stengel des in Sumpfgebieten wachsenden Zyperngrases hergestellt. Der Stielquerschnitt der Papyrusstaude ähnelt einer Pyramide und ihre Halme sehen aus wie Sonnenstrahlen. Daher war die Papyrusstaude den Einheimischen heilig. Die Stiele wurden anschließend beschnitten. Ein Blatt Papyrus wurde ans andere geklebt, bis die gewünschte Länge erreicht war. Es entstanden, um einen Stab oder in sich selbst aufgerollte, Papyrusrollen (bis etwa 12 m Länge), die am Griff oder auf der Rückseite der Rolle Etiketten aus Pergament, Papyrus oder Leder trugen, auf denen der jeweilige Verfasser genannt wurde, wie auf heutigen Buchrücken. Das erste Blatt einer Papyrusrolle hieß »protokollon« und enthielt das Inhaltsverzeichnis. Daraus entstand das heutige Wort »Protokoll«. Papyrus wurde auch für amtliche Dokumente benutzt, da man von ihm nichts abkratzen und verändern kann, ohne es selbst zu beschädigen. Der Text befindet sich auf der Innenseite der Schriftrolle. So war der Text im zusammengerollten Zustand geschützt. Papyrusschriftrollen waren von allergrößter Bedeutung für die Vermittlung und Bewahrung menschlichen Wissens. Im 5. Jahrhundert v. u. Ztr. sind Lehrbücher für die verschiedensten Gebiete wie Naturphilosophie, Rede- und Argumentationskunst, Malerei, Architektur und Städtebau, militärische Geräte und Taktik, Politik, Ackerbau, Jagd, Pferdezucht u.s.w. geschrieben worden. Es entstand eine wahre Hochflut von Lehrbüchern, die die Beschäftigung des Menschen mit seiner Welt zeigt. Gleichzeitig stieg die Zahl der Leser. Es entstand ein Buchhandel und ein Verlagswesen. Diese Tendenz steigerte sich noch im 4. Jahrhundert v. u. Ztr.

In der Mitte des 5. Jahrhunderts vor unserer Zeitrechnung wurde es allgemein üblich, öffentliche Dokumente mehr oder minder systematisch auf Stein zu veröffentlichen. Fragen an den Gott Apoll im Orakel von Delphi wurden auf Bleitäfelchen geschrieben. Ein beliebtes Material der späteren griechischen Antike war das Pergament, das aus präparierter Schafs- oder Ziegenhaut in Pergamon hergestellt wurde, um dem Monopol des ägyptischen Papyrus auszuweichen. Das Papier ist von den Chinesen erfunden worden. Im Jahre 751 n. u. Ztr. verrieten chinesische Kriegsgefangene den Arabern das Geheimnis der Papierherstellung. Es hat sich dann schnell in den Ländern des Islam verbreitet. Europa mußte auf diese Neuerung noch bis zum Jahre 1179 warten.

Das von *Demokrit* ausgebreitete Wissen war so umfassend, daß ihm schon seine Zeitgenossen den Beinamen »Weisheit« (Sophia) gaben. In Anspielung auf die fünf Werkgruppen seiner Ausgabe[134] nannte man ihn auch den »Fünfkämpfer« unter den Philosophen. *Demokrits* Werke waren nicht nur wegen ihres Inhalts, sondern auch wegen ihrer literarischen Qualität anerkannt und wurden denen *Platons* und *Aristoteles* gleich hoch geachtet. Der Untergang seiner Schriften ist um so beklagenswerter, weil er nicht nur als Philosoph, sondern auch als großer Schriftsteller gerühmt wurde. Hätte *Demokrit* eine Schule gehabt, so wären seine Werke und Aussprüche von seinen Schüler betreut, gesammelt und abgeschrieben worden. Als materialistischer Philosoph hatte er jedoch auch Gegner, die im späten Altertum alle ideologischen Schlüsselpositionen innehatten; d.h., die das gesellschaftliche Sagen hatten. Es überlebten dann daher aus der griechischen Philosophie nur noch die *Platonischen* und *Aristotelischen* Werke. Die Werke der Vorsokratiker wurden nicht mehr kopiert und verschwanden spätestens in dem Augenblick, in dem sie zerfallen waren. Häufig sind Papyrusrollen durch Luft- und Feuchtigkeitseinwirkungen zu einer klebrigen, teerigen Masse verfault und waren dann nicht mehr lesbar, es sei denn, man hatte sie in verschlossenen Tongefäßen deponiert. Wahrscheinlich existierte schon nach wenigen Jahrhunderten kein einziges Exemplar mehr von *Demokrits* Schriften. Es blieben nur Bruchstücke und knappe Skizzen der Lehrzusammenhänge erhalten. Bedeutende Schriften sind verloren gegangen. Im Gegensatz zu heute waren damals Schriften auch eine große Rarität! Später, noch vor 70 n. u. Ztr., entstand der sogenannte Kodex. Hierbei wurden die einzelnen Papyrusseiten gefaltet, ein- oder mehrfach, und zusammen mit schützenden Deckbögen wie bei einem heutigen Buch zusammengefaßt. Der Kodex hatte gegenüber der Schriftrolle den Vorteil, auf engerem Raum eine größere Zahl längerer Texte in einem Buch umfassen zu können. Wenn man damals beschloß, von der Papyrusrolle zum Kodex überzugehen, hatte man die Auswahl, welche Schriften in das neue Format zu übernehmen wären. Dabei blieben heute wichtige Schriften unkopiert und verschwanden spätestens in dem Augenblick, wenn sie verfallen waren. Die Überlieferung schreibt *Platon* den Plan zu, *Demokrits* Schriften zu verbrennen (offensichtlich um ihre Verbreitung zu verhindern). *Aristoteles* respektierte ihn als den großen Polyhistor (Alleswisser), aber nicht als den schöpferischen Naturphilosophen!

Da es zu damaliger Zeit den Buchdruck noch nicht gab, entstanden Vervielfältigungen von Schriften allein durch das handschriftliche Abschreiben. Dies geschah in Philosophenschulen, Forschungsstätten, Gymnasien, bedeutenden Bibliotheken, wie das Museion und die berühmte

Bibliothek im Brucheion zu Alexandria[135] in Ägypten, und später auch in verlagsähnlichen Geschäftsunternehmungen. Alexandria war die erfolgreichste Stadtgründung des legendären makedonischen Kriegsgottes. Sie war bald Metropole des Ostens und Zentrum der hellenischen Kultur und Wissenschaft. In diesem wissenschaftlichen Mittelpunkt trafen das griechische mit dem babylonischen, ägyptischen und jüdischen Denken zusammen. Alexandria war zu der Zeit das New York der Antike. Das Museion, es lag im Bereich des königlichen Palastes, war Forschungsstätte, Schule und Stiftung zugleich. Die wissenschaftlichen Forschungsgebiete waren Astronomie, Geografie, Mathematik und Physik. Seine weitläufige Baulichkeit umfaßte astronomische Einrichtungen, medizinische Forschungslaboratorien, Hörsäle, Kopierräume, Säulenhallen, Wohnungen und sogar eine Art Kasino für die dort tätigen Naturphilosophen. Die Gelehrten des Museion, es waren etwa 100 an der Zahl, waren aller persönlichen Sorgen enthoben. Sie waren gewissermaßen Beamte mit fester Besoldung und trugen, unabhängig von ihrer Fachrichtung, die Amtsbezeichnung »Philosoph«. Nicht dort tätige Gelehrte standen durch Reisen und Briefwechsel mit dem Museion in ständiger Verbindung. Alle Wissenschaften Ägyptens und des Ostens strömten somit dem Museion und der Bibliothek geheimnislos und willig zu. Dies wurde durch die gemeinsame griechische Weltsprache ermöglicht. In den Hallen der Bibliothek ruhten Tausende von Papyrusrollen (insgesamt 700 000 Bücher), auf denen Abschreiber das gesamte Wissen bisheriger Weltentwicklung aller Bereiche aufgezeichnet hatten. Während kriegerischer Auseinandersetzungen sind viele der Bücher dieser Bibliothek im Jahre 47 v. u. Ztr. in Flammen aufgegangen, als Cäsar auf seinem Feldzug die Stadt eroberte. Einen erneuten Brand in der Bibliothek gab es 273 n. u. Ztr., als ein Aufstand niedergeschlagen wurde. 391 n. u. Ztr. verbrannten die Christen die verbliebenen Reste der Papyrusrollen, die in dem Serapis-Tempel untergebracht waren. Die vollständige Zerstörung der Schatzkammer des antiken Geistes erfolgte durch den arabischen Kalifen Omar 640 n. u. Ztr. Schon im 2. Jahrhundert n. u. Ztr. hört Alexandria auf, eine Weltstadt zu sein, „und wird eine aus der Zeit antiker Zivilisation stehengebliebene Häusermasse, in der eine primitiv fühlende, seelisch anders geartete Bevölkerung haust", schreibt *Oswald Spengler* 1922. Die Auswahl der abzuschreibenden Werke in der Bibliothek richtete sich aber auch nach der wissenschaftlichen Bedeutung des Autors in damaliger Zeit. In der späten griechischen und römischen Antike waren *Platon* und *Aristoteles* die führenden und bedeutenden Philosophen, was dazu führte, daß vorwiegend ihre Werke abgeschrieben wurden, weil man sie für erhaltenswert hielt. Die Werke *Demokrits* verloren durch Kritik *Platons* und *Aristoteles* an

Bedeutung und wurden (wohl absichtlich) vergessen und damit nicht mehr vervielfältigt. Später, zur Zeit des römischen Kaisers *Augustus*, hat man den Begriff des »Klassischen« geprägt und eine ganz kleine Gruppe griechischer Werke (darunter auch *Platon* und *Aristoteles*) als klassisch anerkannt. Die übrige gesamte hellenistische Literatur wurde verworfen und ging fast vollständig verloren. Die ausgewählten Werke der griechischen Literatur bestimmten das Bild des sogenannten klassischen Altertums und blieben bis heute erhalten. Diese Tendenz kann man heute noch verfolgen. Wenn ein Buch über die griechische Antike erscheint, dann sind es vor allem *Platon* und *Aristoteles*, die als die führenden Naturphilosophen angesehen werden, obwohl sie viele ihrer Ideen von anderen griechischen Philosophen (z. B. den Vorsokratikern, *Demokrit* u. a.) übernommen haben[136]. Da diese Ideen aber in *Platons* und *Aristoteles* Werken stehen, werden fast ausschließlich sie zitiert. In einem leider verlorengegangenen Werk hat sich *Aristoteles* mit *Demokrit* kritisch auseinandergesetzt.

Demokrit lehnte *Anaxagoras* Naturphilosophie ab. Sein Philosophieren müssen wir uns als immer erneutes eigenes Nachdenken über die Naturphänomene und die Stellung des Menschen in der Welt vorstellen. Dabei sind Philosophie und Naturwissenschaft nicht getrennt, sondern entsprechend dem einheitlichen Denkansatz sind sie noch eine Einheit.

Im folgenden wollen wir einige Thesen seiner Ansichten auflisten:

Als in Wahrheit Seiende sind nur die Atome und das Leere. Die Atome sind unsichtbar klein. Hinsichtlich ihrer Substanz oder stofflichen Beschaffenheit sind sie alle gleich. Es gibt aber eine unübersehbare Mannigfaltigkeit von verschiedenen Formen und Größen, durch welche allein sie sich unterscheiden. Ihre Wirkung aufeinander erfolgt durch direkte Berührung. Sie stoßen gegeneinander und verändern ihre Richtungen. So entstehen die verschiedensten Formen von Anhäufung und Verflechtung der Atome gleicher und verschiedener Art. Es baut sich so die unendliche Mannigfaltigkeit der materiellen Körper, wie wir sie in ihrer vielfachen gegenseitigen Wechselwirkung beobachten, auf. Außerhalb der Atome ist leerer Raum.

Die Atome sind undurchdringlich. Sie bestehen aus dichter, harter Materie. Sie sind voll und haben kein Leeres in sich. Sie können weder von Innen zerbrechen noch von außen zerbrochen werden. Es gibt keine Atome, die härter sind als andere und sie zerstören können. Weil es keine Qualitätsunterschiede gibt, gibt es auch keine Härteunterschiede.

Diese Ansicht ist nach dem heutigen Stand der Physik verständlich, hat aber im Altertum zu endlosen Debatten Anlaß gegeben. Man meint, das Nichtseiende könne unmöglich sein, es könne also keinen leeren Raum geben (*Aristoteles* vertrat u. a. diese These). „Zum anderen legt die Einführung des leeren Raumes die Hypothese von der Unendlichkeit der Welt nahe. Diese wird von *Demokrit* als erstem in der Wissenschaftsgeschichte eindeutig und bestimmt formuliert, wobei er eine überraschende Begründung angibt: Die Welt ist unendlich, da sie von keiner außerweltlichen Macht geschaffen worden ist." Schreibt der Technikwissenschaftler (geboren 1916, und Mitglied der ungarischen Akademie der Wissenschaften) *Károly Simonyi*. Mit dem Grundgedanken, die ganze Welt besteht aus Atomen und Leere, ist erstmals das Prinzip einer physikalischen Darstellung der Natur erfolgt. Das Sein ist so real, wie das Nichtsein. Es existieren wirklich beide Zustände, aber sie müssen zwangsläufig ein getrenntes Dasein haben. Damit ist das erste Mal in der Geschichte des menschlichen Denkens die begriffliche Trennung von Materie und Raum vollzogen, wie es der theoretischen Physiker *Horst-Heino von Borzeszkowski* (geboren 1939) und die Philosophin *Renate* Wahsner erläutern.

Die Atome befinden sich in unregelmäßiger, ungeordneter aber beständiger Bewegung. Sie bewegen sich nach allen Richtungen. Die Bewegung war auch gedacht in Körpern, die ruhen oder sich langsam bewegen. Sie kann durch Stoß und Druck verändert werden. *Demokrit* stellte ausdrücklich fest, daß es im leeren Raum kein oben und unten, kein vorn und hinten, und damit keine bevorzugte Richtung gibt. Wir würden heute sagen, der leere Raum ist isotrop.

Die unaufhörliche Bewegung der Atome kommt von selbst und nie zur Ruhe. Sie hat keinen Anfang und kein Ende, sie verfolgt keinen Zweck und strebt keinem Ziel zu. Sie erscheint vom Zufall bestimmt, folgt in Wahrheit aber strengen Regeln. Man könnte *Demokrit* als den ersten ansehen, der das Trägheitsgesetz[137] erraten hat. Was als große Leistung zu würdigen ist, da es ja in offenem Widerspruch zur menschlichen Erfahrung steht. In der heutigen Physik würde man hierbei die träge Masse der Atome meinen, die die Bewegung der Atome im leeren Raum erhält und beim Zusammenstoß anderen Atomen mitteilt.

Durch eine allgemeine Wirbelbewegung erklärte *Demokrit* das Gewicht oder die Schwere als eine inhärente[138] Eigenschaft der Atome. Dabei drängen sich die großen, massiven Atome zum Zentrum hin, während die leichteren vom Zentrum abgedrängt und himmelwärts getrieben werden. Man muß dabei unwillkürlich an eine Zentrifuge denken. Hier verhält es sich aber umgekehrt, was die schweren und leichten Massen anbetrifft. Erstaunlich ist, daß die Interpretation der Schwere als Folge eines beständigen Wirbels nicht von selbst zu einem kugelsymmetrischen Weltmodell geführt hat. Das war aber nicht der Fall. *Demokrit* hat ziemlich inkonsequent an dem Zylindertrommelmodell des *Anaximander* für die Erde festgehalten.

Dazu Fragment Nr. 15:

„Die Erde sei nicht rund, sondern länglich gestreckt, ihre Länge betrage das anderthalbfache der Breite."

Er blieb bei der Anschauung, daß die Himmelskörper die Erde täglich umlaufen. In den Kometen sah *Demokrit* Himmelskörper, die durch einen natürlichen Vorgang entstanden sind.

Die Lehre *Demokrits* ist auch auf die Seele ausgedehnt worden. Auch die Seele sollte aus materiellen Atomen bestehen, aus besonders feinen und leicht beweglichen, wohl Feueratomen. Diese Atome sind rund und sollten im ganzen Körper verteilt und an den Funktionen des Körpers beteiligt sein. Sie sind am besten geeignet, durch alles zu schlüpfen und die anderen Dinge durch ihre eigene Bewegung zu bewegen.[139] *Demokrit* stellte sich vor, daß je ein Seelenatom zwischen zwei Körperatomen und umgekehrt liegt. Man wird sich fragen, wie denn wohl *Demokrit* auf diese merkwürdige Idee kam. Er übernahm das alte Mißverständnis in der Sprache - das bis auf den heutigen Tag noch vorherrscht - daß die Seele Atem sei. Alle alten Wörter für Seele bedeuten Luft oder Atem. Auch heute spricht man noch vom Atem Gottes oder vom Geistaushauchen. Nun dieser Atem ist Luft, und Luft, die feinste und leichteste bekannte Form von Materie, besteht aus Atomen, also besteht die Seele aus Atomen. Die Frage nach der Seele und dem Dualismus zwischen Körper und Seele ist ja das metaphysische Hauptproblem und eigentlich bis heute ungelöst. Diese Hypothese *Demokrits*, auch die Seele besteht aus materiellen Atomen, war zu damaliger Zeit umstritten und regte die feinsten und tiefsten Denker der folgenden Jahrhunderte zum Widerspruch an.

Interessant ist in diesem Zusammenhang, daß *Leibniz*[140] in seinem Leib-Seele-Parallelismus den umgekehrten Weg gegangen ist. Er spricht von unendlich vielen punktförmigen, nicht materiellen, sondern seelenartigen Substanzen. Er nennt sie Monaden[141]. Jedes Stück Materie besteht aus einer Unendlichkeit von Punkten, Monaden. Die Materie ist unbeseelt und setzt sich aus Monaden zusammen, die ohne klare und deutliche Vorstellungen und ohne Gedächtnis sind. Belebte Materie besteht aus Monaden mit mehr oder weniger klaren und deutlichen Vorstellungen und so etwas wie Gedächtnis. Die Monaden, die den Geist bilden, sind solche mit sehr klaren und deutlichen Vorstellungen und mit einem Gedächtnis. Die Denkmodelle *Demokrits* bezeichnet man als materialistisch und die des *Leibniz* spiritualistisch.

Demokrit erklärt das All für unendlich, weil es auf gar keine Weise von irgend jemandem geschaffen worden sei. Weiterhin bezeichnet er es als unwandelbar. Der römische Dichter und Philosoph *Lukrez*[142] hat später die Unmöglichkeit eines zeitlichen Anfangs allen physikalischen Geschehens zum Prinzip erhoben. Man nennt es heute das »genetische Prinzip«: „Kein Ding kann aus dem Nichts entstehen oder ins Nichts vergehen, nicht einmal mit göttlicher Hilfe.“

Die nachfolgende Bewegung eines Atoms ist allein durch ihre jeweilige Konfiguration und ihren Bewegungszustand bestimmt. Dann erzeugt die in irgendeinem Augenblick erreichte Situation mit Notwendigkeit die nächste, diese wieder die nächstfolgende und so fort. Der ganze Ablauf ist von Anfang an streng determiniert. Dieser strenge Determinismus kann natürlich nicht auf den Menschen übertragen werden, so denken viele Naturphilosophen nach *Demokrit* und lehnten deshalb die Atomtheorie der Seele ab. Denn das Verhalten der menschlichen Wesen ist doch weitgehend durch den freien Entschluß bestimmt.

Leukipp und *Demokrit* haben ein Lehrgebäude errichtet, das an Geschlossenheit einzigartig ist. Die Grundlage ist ein Gesetz, von dem wir dank eines glücklichen Zufalls die originale Fassung kennen: „Nichts entsteht planlos, sondern alles aus Grund und unter Notwendigkeit.“ Dies kann man als die antike Formulierung des Kausalitätsprinzips bezeichnen. Das Geschehen in der objektiven Wirklichkeit ist gelenkt durch das Gesetz von Ursache und Wirkung, jedoch nicht durch Zufall oder den Eingriff übernatürlicher Mächte, z. B. Spiel der Götter!

Interessant ist nachzuvollziehen, wie die *Demokritschen* Hypothesen entstanden sind. Vorüberlegungen zum *Demokrit*ischen Atomismus gehen davon aus, daß es für die Entstehung von Dingen außer der Materie[143] auch Bewegungen geben muß. Gemeint ist damit die Verschiebung der Materieteilchen in ihrer Stellung zueinander. Nun, wie kann man sie realisieren? *Empedokles* hatte Liebe und Haß als die in der Natur innewohnenden Kräfte für die Ursache der Bewegung gehalten. *Anaxagoras* hielt den Geist (nous) für die Ursache der Bewegung. *Leukipp* und *Demokrit* erkennen, daß eine sich selbst bewegende Materie keine außermateriellen Bewegungsursachen benötigt. Die von *Empedokles* und *Anaxagoras* vorgeschlagene Steuerung der Materie durch besondere äußere Kräfte lehnten *Leukipp* und *Demokrit* als ungeeignet ab. Atome benötigen einen materiefreien, leeren Raum, wenn sie sich darin bewegen sollen. *Leukipp* erweiterte mit dieser Annahme den schon von *Empedokles* konzipierten Gedanken. Nach ihm müsse die Materie Durchgänge (Poren) haben, durch die z. B. Wahrnehmungen (in Form materieller »Abflüsse« von Dingen) in die Wahrnehmungsorgane gelangen.

Leukipp und *Demokrit* entwickelten die Grundprinzipien der Wirklichkeit:

MATERIESTÜCKE, DIE ZUGLEICH DAUERHAFT UND BEWEGT SIND,
UND DAS LEERE.

Dadurch sind wiederum die *Parmenidischen* Prinzipien des Seienden und des Nichtseienden aufgegriffen und mit neuem Inhalt gefüllt. Hinzu kam die Einsicht, daß auch das Nichts, das Leere, real existiert.

Es kommen weitere Probleme hinzu. Sie betrafen die Detailstruktur der Materie. In diesem Zusammenhang waren zwei Fragen zu lösen. Die eine betraf die Größenverhältnisse und die Form der Teile, die andere ihre qualitative Beschaffenheit. *Empedokles* und *Anaxagoras* sahen sich einerseits den Erfahrungstatsachen der unterschiedlichen, qualitativen Eigenschaften der Dinge gegenüber. Andererseits forderte die *Parmenidische* Naturphilosophie die Unvergänglichkeit des Seienden. Daraus ergab sich für *Empedokles* und *Anaxagoras*, daß es mehrere in sich unveränderliche, doch qualitativ voneinander verschiedene Materiesorten gibt. Diese Materiesorten sind in »Teile« und »Bruchstücke« zergliedert. Man muß sich die einzelnen Stücke vorwiegend als sehr klein vorstellen. Größe und Form der Teile spielten jedoch für die Analyse der Dinge keine ausschlaggebende Rolle.

Leukipp und *Demokrit* empfanden die Schwierigkeit, daß einerseits die Erfahrungstatsache der Qualitätsunterschiede vorhanden war, sie aber auch schwer interpretiert werden konnte. Sie versuchten, Qualitätsunterschiede auf eine gedanklich besser erklärbare Art von Unterschieden zu deuten. Sie gelangten zu der Auffassung, daß die Stoffe sich durch die Unterschiedlichkeit ihrer Form unterscheiden. Alle Unterschiede in der Form werden als Qualitätsunterschiede und alle Wirkungen, die die Dinge aufeinander ausüben, als mechanische Wirkungen verstanden.

Da die Form den Charakter eines Stoffes bestimmt, kann die atomistische Theorie für jede Stoffart nur eine Form der kleinsten Materiebruchstücke zulassen. Außerdem muß die Frage der Größe der Teilchen neu durchdacht werden. *Leukipp* und *Demokrit* haben sich auf zwei Eigenschaften der Materieteilchen beschränkt, nämlich auf Form und Größe. Das zeigt ihr Bemühen um einfache Erklärungsprinzipien. Die große Zahl der Unterschiede in der Natur zeigt eine große Anzahl von Materieformen wie rauh, glatt, spitz, unregelmäßig, kugelförmig usw. *Demokrit* denkt an die These der unendlich vielen Qualitäten von *Anaxagoras*. Er formulierte daher die These der unendlich vielen Formen.

Diese Materieteilchen hießen schon bei *Leukipp* Atome[144]. *Anaxagoras* nahm an, daß die Materie sich bis ins Unendliche teilen lasse. Gleichzeitig bleibt die jeweilige Qualität in den winzigsten Teilen erhalten. Die Atomisten hingegen postulierten die Unteilbarkeit der Materieteile. Sie erkennen in den Formen das allein ausschlaggebende Moment. Irgendwelche Teilung würde ihre Form und damit ihre Eigenschaften vernichten. Sie würde ihre Eigenschaft als Materie selbst in Frage stellen und die Materie in Nichts auflösen. Als Ursache für die Unteilbarkeit der Atome sah *Demokrit* die undurchdringlich dichte und harte Materie an. Die Atome sind »voll« und haben keine Leere in sich. Alle Materie ist in sich so einheitlich, wie auch das Leere, der leere Raum, das Nichts ist. *Demokrit* bezeichnet die beiden Bestandteile der Wirklichkeit einfach als »Nichts« (uden) und »Ichts« (den). Den absoluten Gegensatz zwischen dem Vollen und dem Leeren sah *Demokrit* als die einzige Unterscheidung, aus welcher alle Mannigfaltigkeit entsteht. Dieser Gegensatz ist das letzte Erklärungsprinzip aller Erscheinungen.

Bernhard Pabst (geboren 1960, Lehrbeauftragter für Mittel- und Neulatein an der Universität Jena) führt 18 Theologen und Philosophen auf[145], die sich bereits im Mittelalter mit Atomhypothesen beschäftigt haben. Allerdings sind diese nicht über die Demokritschen Vorstellungen hinausgegangen. *Nikolaus von Kues*[146] nahm im 15. Jahrhundert die Atomtheorie wieder auf und lehrte: „...gelangt man bei dieser Teilung zu einem Teil, der tatsächlich unteilbar ist. Dies nenne ich ein Atom. Das Atom ist die Quantität, die wegen ihrer Kleinheit als Wirklichkeit unteilbar ist." Zu Beginn des 17. Jahrhunderts wurde diese Hypothese *Demokrits* von dem Franzosen *Gassendi*[147] erneuert. In Deutschland fand der antike Atomismus sein Wiederaufleben durch *Daniel Sennert* (1619) und in Frankreich durch *Sebastian Basso* (1621). Die Grundlage für eine Substanztheorie bildete die Unterscheidung des Vollen und des Leeren. 17. Anfang 18. Jahrhundert hat *Newton*[148] die atomistische Vorstellung vom Aufbau der Materie *Demokrits* in wesentlichen Teilen übernommen: „Nach all diesen Erwägungen ist es mir wahrscheinlich, daß Gott am Anfang der Dinge Materie in massiven, festen, harten, undurchdringlichen und unbeweglichen Partikeln erschuf... damit also die Natur von beständiger Dauer sei, ist der Wandel der körperlichen Dinge ausschließlich in die verschiedenen Trennungen, neuen Vereinigungen und Bewegungen dieser permanenten Teilchen zu verlegen." *John Dalton*[149] veröffentlichte 1808 seine Abhandlung: „A new system of chemical philosophy". In ihr entwickelte er die

Vorstellung, daß die Gase aus nicht mehr teilbaren Partikeln bestehen, die er entsprechend dem antiken Vorbild (nach *Demokrit*) »Atome« nannte. *Dalton* wurde somit zum Begründer der neuzeitlichen chemischen Atomistik. Diese Atome üben, im Sinne von *Newton*, entfernungsabhängige Kräfte aufeinander aus. Noch um die Mitte des 19. Jahrhunderts konnte *Maxwell* [150] unbestritten behaupten: „Ein Atom ist ein Körper, der nicht in zwei zerteilt werden kann. Ein Molekül ist der kleinstmögliche Teil einer speziellen Substanz."

Der *Aristotelische* Einfluß in der Ablehnung der *Demokritischen* Atomlehre hielt andererseits weiterhin an. Selbst *Kant* lehnte noch die Atomtheorie ab. Er war der Meinung, daß alle feste Materie ein lückenloses Kontinuum bilden, wofür schließlich auch die gegenseitige Undurchdringlichkeit der Körper sprechen mochte. Noch im Jahre 1890 schreibt *Wilhelm Ostwald*[151]: „Welches die wirkliche Beschaffenheit der Materie ist, bleibt uns ebenso unbekannt wie gleichgültig." Auch der bekannte österreichische Physiker und Philosoph *Ernst Mach*[152] hat sich auf das heftigste gegen den „Glauben an die Atome" gewehrt. „Man sieht, die Physiker sind auf dem besten Wege, eine Kirche zu werden und eignen sich schon deren geläufige Mittel an", schreibt er in einer polemischen Erwiderung an den berühmten deutschen Physiker *Max Planck*.

Die Atome des *Demokrit* sind nicht durch die Sinnesorgane wahrnehmbar, sondern nur durch das Denken erfaßbar. Sie sind keine Gegenstände im primitiven Sinne. Alle Körper entstehen durch Vereinigung der Atome. Diese wirbeln im Vakuum herum. Angesichts der modernen Atomphysik ist diese Vorstellung vom Aufbau der Materie eine erstaunliche wissenschaftliche Voraussage.

Die heutigen Atome stimmen mit den *Demokritischen* Atomen insofern überein, als sie die kleinsten Teilchen eines chemischen Elementes sind, jedoch nicht unteilbar. Wenn man unter den *Demokritischen* Atomen jedoch die elementaren Partikel, die Quarks[153] und Leptonen (Elektronen und Neutrinos), versteht, stimmen diese bezüglich ihrer Unzerlegbarkeit mit denen *Demokrits* überein. Diese elementaren Partikel sind unveränderlich, also echte Elementarteilchen[154], und können sich in andere Partikel verwandeln oder in Strahlung auflösen. Das vergrößert aber den geistigen Abstand, der uns von *Demokrit* trennt, nur unwesentlich. Sogar noch die ältere Quantentheorie kann man als Erfolg der *Demokritischen* Atomhypothese ansehen. Man sollte sich jedoch darüber im Klaren sein, daß es sich bei der Entwicklung von *Demokrit* zur heutigen Atomphysik um eine »Theorienersetzung« handelt, wie *Kanitscheider* (siehe Anmerkung 20) schreibt. Dabei werden die griechischen Atome durch Objekte ersetzt, die eigentlich - bis auf den Namen - nichts miteinander zu tun haben.

Es bleibt erstaunlich, daß es der von Athen ausgehenden Reaktion auf alle naturwissenschaftlichen Hypothesen gelingen konnte, den Atomismus von *Demokrit* in seinem Ansehen so zu schaden, daß er erst weit nach dem Jahre 400 v. u. Ztr. in Athen bekannt wurde. Überliefert ist das Wort *Demokrits*: „Ich kam nach Athen - und niemand hat Kenntnis von mir!" Das war in erster Linie auf die Mißgunst des *Platon* und später auf die sachliche Ablehnung *Aristoteles* zurückzuführen. Sie lehnten die Idee einer Naturnotwendigkeit (Kausalitätsprinzip) und die einer atomistischen Struktur der Welt ab. Außerdem paßte sie nicht in *Aristoteles* späteres teleologisch-anthropomorph ausgerichtetes System. Wegen des großen Einflusses von *Platon* und später *Aristoteles* schafften sie es, *Demokrit* in Athen lange unbekannt zu belassen und die Menschen davon zu überzeugen, daß *Demokrits* Ideen falsch sind. Gleichfalls hat *Platon Demokrit* in seinen Werken niemals schriftlich erwähnt, obwohl er sich mit dessen Thesen auseinandergesetzt und Teile der *Demokritischen* Lehre übernommen hat. Hinzu kommt, daß im Vergleich zu den geistig offenen Ioniern die religiös konservativen Athener weder die Naturforscher noch die Astronomen und viel weniger kritische Philosophen mochten.

Demokrit hat eine Schrift „Peri chymon" (über Säfte) verfaßt, in welcher er den Versuch machte, die geschmacklichen Wirkungen von Stoffen wie süß, bitter, salzig u. a. auf bestimmte Atomformen[155] zurückzuführen. Die süßen Dinge bestehen aus glatten Atomen, während ein herber oder bitterer Geschmack dadurch verursacht wird, daß gekrümmte oder spitze Atome sich einen Weg in den Körper bahnen, wobei sie winzige Abschürfungen auf der Zunge verursachen. Diese Vorstellung war noch im 17. Jahrhundert weit verbreitet. Im Jahre 1675 schreibt der französische Chemiker *Lemery:* „Man kann das im Verborgenen liegende Wesen eines Dinges, z. B. das einer Säure, eigentlich nur erklären, indem man ihren Bestandteilen bestimmte Formen zuschreibt, die den von der Säure erzeugten Wirkungen entsprechen. Ich behaupte also, daß bei Flüssigkeit die Säure sich aus spitzen Stoffteilen zusammensetzt. Ich glaube nicht, daß jemand dies bestreiten wird, da alle Versuche in diese Richtung weisen. Man braucht sie nur zu schmecken: sie verursacht nämlich ein Kitzeln auf der Zunge, welches dem ähnelt, das ein in sehr feine spitze Teile zerschnittener Stoff verursachen würde."

Bekannt wurden von *Demokrit* Experimente mit auf einer Wasserfläche schwimmenden Metallplättchen[156]. Er versucht diese Erscheinung mit seiner Atomtheorie zu erklären.

Eine Konsequenz seiner Materieauffassung ist, daß *Demokrit* neben Form und Größe offenbar noch nicht (wie später *Epikur*) die Schwere als dritte Eigenschaft der Atome nannte.

Aus der Atomtheorie leitete *Demokrit* wahrnehmungs- und erkenntnistheoretische Fragen ab. Die Sinneswahrnehmung bezeichnet er als unechte Erkenntnis. Durch sie können nur sekundäre Qualitäten von den Dingen wahrgenommen werden, nämlich Eindrücke und Bilder, die entstehen durch zuströmende oder entgegenwirkende Atome. Die primären Qualitäten, das objektiv Wirkliche, nämlich die Atome und das Leere, erfaßt nur die echte Erkenntnis, das Denken. Hier erkennt man den Einfluß von *Parmenides*. Aus *Demokrits* Fragmenten kann man entnehmen, daß er seine Erkenntnisse als Schöpfung des Intellekts ansah.

Für *Demokrit* war die Atomistik ein Mittel, die Kluft zwischen den wirklichen physikalischen Körpern und den idealistischen geometrischen Gestalten der reinen Mathematik zu überbrücken. Die theoretische Physik eilte damals dem Experiment, das weniger bekannt war, weit voraus, wie man es auch in unseren Tagen feststellen kann[157]. Besonders gilt dies für die heutige Philosophie, da sie keinerlei Orientierung für die Lösung heutiger Probleme der Physik bietet[158]. Philosophie der Natur kann nach heutigem Verständnis nicht an den Ergebnissen der Physik vorbeigehen. Demokrit war der Meinung, daß die Atome nicht durch die Sinnesorgane wahrnehmbar, sondern nur durch das Denken erfaßbar sind. Aber *Demokrit* war sich gleichzeitig wohl auch bewußt, daß dieses kahle, verstandesmäßige Weltbild doch tatsächlich auf nichts gegründet ist als auf die Sinneswahrnehmung.

Fragment 125: Verstand im Wettstreit mit den Sinnen:

> „Verstand: Scheinbar ist Farbe, scheinbar Süßigkeit, scheinbar Bitterkeit, in Wirklichkeit nur Atome und Leeres.
> Sinne: Der arme Verstand, von uns nimmst du deine Beweisstücke, und willst uns damit besiegen? Dein Sieg ist dein Fall!“

Ein berühmtes Zitat stammt von *Demokrit:*

> „Aber nicht wissen wir vom Sehen; denn in der Tiefe verborgen ist die Wahrheit.“

Man erkennt die Skepsis eines Mannes, der der Wahrheit näher gekommen ist, als irgend jemand vor ihm. Er sieht klar die engen Grenzen seiner eigenen Denkbilder. Gleichzeitig zeigt sich hier seine Überzeugung, daß die Suche nach Wahrheit durch kritische Diskussion die beste Einstellung zum Leben war, die er sich vorstellen konnte. Dies verdoppelt den Wert seiner Entdeckungen!

Demokrit hatte ein großes Interesse an der Geometrie. Er war ein bedeutender Geometer (Landvermesser). Für die antiken Griechen heißt Geometrie die Kunst des Messens und Arithmetik die des Zählens. Die heutige Mathematik versteht unter Geometrie die Beschäftigung mit den Eigenschaften räumlicher Formen und den Beziehungen zwischen ihnen. Die Arithmetik untersucht heute die Eigenschaften des Zahlensystems. *Demokrit* erkannte als erster, daß das Volumen einer Pyramide oder eines Kegels ein Drittel des Produkts seiner Grundfläche und der Höhe sei. Heute ist das natürlich nichts besonderes, wie man leicht mit Hilfe der Integralrechnung feststellen kann. Aber in der Antike war diese noch nicht bekannt. *Demokrit* hatte tiefe Einsicht in die Bedeutung und Schwierigkeiten des Infinitesimalen. Das geht schon aus einem interessanten Paradoxon hervor, daß ihm vermutlich beim Beweis dieser Formel eingefallen ist. Schneiden wir einen Kegel durch eine zu seiner Basis parallele Ebene in zwei Teile, sind dann die beiden Kreise, die durch den Schnitt auf beiden Teilen entstehen gleich oder ungleich? Wenn sie ungleich sind, so muß, da dasselbe ja auch für jeden anderen Schnitt gilt, der Kegelmantel nicht glatt, sondern gestuft sein. Sind aber die zwei Schnittflächen gleich, heißt das, daß alle diese parallelen Schnitte gleich sind, der Kegel also ein Zylinder ist?

Demokrit ist durch verschiedene Betrachtungen zu einer klaren Unterscheidung zwischen den geometrischen Begriffen und den realen Körpern gelangt. Er unterscheidet einerseits die geometrischen Begriffe eines Körpers, einer Fläche oder einer Linie mit genau definierten Eigenschaften (Pyramide, Kegel, Kreislinie) und andererseits die mehr oder weniger unvollkommenen Verwirklichungen dieser Begriffe durch einen oder an einem physikalischen Körper. *Demokrit* gilt als Verfasser zahlreicher verlorengegangener mathematischer Werke. In ihnen werden Kreis- und Kugeltangente, Pyramiden- und Kegelvolumen sowie die Eigenschaften von Zahlen behandelt.

Demokrit kannte die Lehre der ionischen Philosophen. Er setzt ihre Tradition fort. Die Theorie von *Anaximenes*, daß alle bedeutenden Veränderungen, die wir an der Materie beobachten, nur durch Verdichtung oder Verdünnung geschieht, brachte *Demokrit* weiter. Einerseits wird die Materie als unveränderlich bezeichnet, andererseits wird in Wirklichkeit jedes Stückchen von ihr, wenn es auch noch so klein ist, verdünnt oder verdichtet. Der Geometer *Demokrit* hatte eine sehr deutliche Vorstellung von dem „wenn auch noch so klein"! Er löste den scheinbaren Widerspruch dadurch, daß er annahm, jeder materielle Körper sei aus unzähligen kleinen Körper zusammengesetzt zu denken. Diese kleinen Körper bleiben jedoch unveränderlich. Andererseits entsteht eine Verdichtung, wenn die Körper sich nähern und eine Verdünnung, wenn sie weiter auseinander gehen. Damit dies in gewissen Grenzen möglich ist, muß der Zwischenraum zwischen den Atomen leer sein; d. h., er kann überhaupt nichts enthalten.

Demokrit verdanken wir die Einsicht, daß Kometen Himmelskörper sind und durch einen natürlichen Vorgang entstehen. *Hippolytus* (griechischer Kirchenvater gestorben 235 n. u. Ztr.) schreibt (herausgegeben von *Gregor Schiemann*) über *Demokrit*: „Er sagt über die Elemente, über Volles und Leeres dasselbe wie Leukipp... Er erklärte, wie sich die seienden Dinge ewig im Leeren bewegten: daß es unendlich viele Welten gibt, die sich in der Größe unterscheiden; daß es in manchen weder eine Sonne noch einen Mond gibt, in manchen größere als bei uns, in manchen mehr. Die Entfernungen zwischen den Welten seien ungleich und es seien hier mehr und dort weniger Welten, einige seien in der Wachstums-, einige in der Blüte- und andere in der Untergangsphase, hier entstünden welche, dort vergingen welche. Vernichtet würden sie, wenn sie aufeinanderstießen. Einige Welten seien ohne Tiere und Pflanzen und auch ohne jegliche Feuchtigkeit.“

Eine Theorie des Sehens (s. *Empedokles*) stammt ebenfalls von *Demokrit*. Er vertrat die Ansicht, daß von den Gegenständen ein ständiger Strom von Bildern ins Auge eindringt und somit das Sehen zustande kommt. *Demokrits* Vorstellungen besagen, daß Bewegung allein durch Stoß zustandekommt. Bei dem Fall des Sehens jedoch muß man von einer gewissen Nahewirkung ausgehen, die hinter diesem Bewegungsvorgang steht. Erst viel später wurde der Gedanke einer Nahewirkung durch die physikalische Feldtheorie vom *James Clerk Maxwell* realisiert.

Der heutzutage so wichtige Begriff »Informatik« fand seinen Ursprung bei *Demokrit*. *Theophrastos von Eresos* (372 bis 287 v. u. Ztr.) berichtet in seiner Schrift »Über die Sinneswahrnehmung« von *Demokrit*, der den Begriff »entyposis« (Sinneseindruck) eingeführt hat. Er verglich diesen Sinneseindruck mit einem Abdruck, zum Beispiel in weichem Wachs. Dieser Begriff wurde später ins Lateinische zu »informatio« übersetzt. *Klaus Bartels* schreibt: „So ist diese prägende entyposis von vornherein auf die bildsame Seele bezogen, die »Eindrücke« aufzunehmen und ihnen wiederum »Ausdruck« zu verleihen vermag und derart buchstäblich »Informationen« verarbeitet.“

Demokrit war ebenfalls ein ernster Lehrer der Ethik. Man erkennt bei *Demokrit* einen inneren Zusammenhang zwischen seiner Physik und seiner Ethik. Diese ist sehr rational orientiert. Die Furcht vor dem Tode bekämpft er mit dem Argument, daß der Tod doch nichts anderes sein kann, als die Auflösung einer Atomverbindung. Der Tod ist nicht das Grab der Seele, sondern eines wertvollen »Werkzeugs oder Gerätes«, für dessen sorgfältige Behandlung die Seele verantwortlich ist. Andererseits glaubt *Demokrit* nicht an ein Fortleben nach dem Tode. Wer sich in heiterer seelischer Ruhe zu rechten und gesetzlichen Taten hingezogen fühlt, ist bei Tag und Nacht heiter, stark und unbekümmert. Wer jedoch das Recht vernachlässigt und nicht tut, was nottut, dem wird alles solches zur Unlust, wenn er sich an etwas davon erinnert, und er ist in Angst und peinigt sich selbst. Es ist besser Unrecht zu erleiden, als Unrecht zu tun, war *Demokrits* Lehre. Seligkeit wohnt nicht im Besitz von Herden oder von Gold: Die Seele ist der Wohnsitz seligen Wesens. Die großen Freuden stammen von der Betrachtung der Werke, die schön sind. Der deutsche Philosoph *Friedrich Nietzsche* sagt: „*Demokrit* war eine schöne griechische Natur, wie eine Statue scheinbar kalt, doch voll verborgener Wärme."

Gesetze für den Staat fehlen auch bei *Demokrit* nicht. „Wenn die Vermögenden den Besitzlosen vorzustrecken sich entschließen und ihnen unter die Arme greifen und willfährig zu sein, so ist darin bereits enthalten, daß man Mitleid hat, nicht verlassen ist, zu Gefährten wird, einander hilft, daß die Bürger einträchtig sind, und anderes Gutes, soviel niemand aufzählen könnte".

Epikur

Epikur stammt aus eher bescheidenen Verhältnissen. Er wurde 30 Jahre nach *Demokrits* Tod, 341 v. u. Ztr., als Sohn eines athenischen Kolonialisten auf Samos geboren. *Aristoteles* war gerade 41 Jahre alt und *Platon* sechs Jahre tot. *Epikur* ist 18 Jahre alt, als *Alexander der Große* stirbt. In der kleinasiatischen Stadt Teos lernte er die vorsokratische Naturphilosophie kennen, die seine eigene Lehre stark prägte. Seine Lehrer waren einmal *Nausiphanes*, ein Schüler *Demokrits*, und zum anderen der *Platoniker Pamphilos*. *Epikur* trat später in Kleinasien als Lehrer der Philosophie auf. Er gründete in Mytilene auf Lesbos eine Schule, die sich ausschließlich mit Pflege und Verbreitung seiner Philosophie befaßte. Dort gewann *Epikur* die treuesten Schüler und Freunde, auch Frauen waren dabei (so heiratete *Leontion*, eine Schülerin *Epikurs*, dessen Freund *Metrodoros*). Sie waren ihm innig ergeben, was für *Epikurs* Führungsqualität sprach.

Man rühmte seine freundlichen und liebenswürdigen Umgangsformen und die väterliche Einflußnahme, die er an den Tag legte, wenn es um das Wohl der Schüler ging. Nach einem Zwischenstadium in Lampsakos an der asiatischen Küste des Hellespont verlegte er 307/6 v. u. Ztr. seine Schule, genannt der Garten (Kepos), nach Athen. Ziel dieses Umzugs nach Athen war der Wunsch nach einer noch größeren Verbreitung seiner Lehre. Er leitete sie dreieinhalb Jahrzehnte[159] bis zu seinem Tode. Diese Schule wurde in der folgenden Zeit sehr einflußreich und konnte die beiden anderen Schulen in Athen – die *Platonische* Akademie und das *Aristotelische* Apollon Lykeios (dem Peripatos) - in den Hintergrund drängen. Im Gegensatz zu den anderen Schulen entstand im Garten eine einheitliche Lehre, die über mehrere Jahrhunderte unverändert weitergegeben wurde. Man kann weder Richtungen noch Sekten oder Epochen unterscheiden. Der Grund dafür war die Organisation und Tradition der Lehre. *Epikur* starb 270 v. u. Ztr. vermutlich an Ruhr und quälendem Harnzwang (Nierenstein?).

Es ist das Verdienst von *Epikur* und seiner Schule, daß die atomistische Tradition des *Demokrits* nicht nur in der Periode der griechischen Antike lebendig blieb. Sie wurde seit dem 1. Jahrhundert v. u. Ztr. auch in Rom gepflegt[160] und hatte bis zum ausgehenden 4. Jahrhundert u. Ztr. Bestand. Selten war eine philosophische Schule jedoch späteren Mißdeutungen so ausgesetzt wie die *Epikureische*. Der *Epikureismus* wurde in der Spätantike und im anschließenden Mittelalter in den Hintergrund gedrängt. Er wurde schließlich ganz überdeckt und verfälscht von mystisch-irrationaler Philosophie und Theologie. Erst im 17. Jahrhundert durch *Gassendi*[161] und später durch *Christian Thomasius*[162] fand der *Epikureismus* eine glänzende Erneuerung. Der österreichische Philosoph *Malte Hossenfelder* sieht in der Lehre *Epikurs* für die heutige Zeit eine besondere Aktualität, die er anhand von fünf Aspekten beschreibt.(siehe *Hossenfelder*)

Epikurs umfangreiches Schrifttum unterscheidet sich in wesentlichen Zügen von dem seines Vorgängers *Demokrit*. *Diogenes Laertius* schreibt: „*Epikur* war ein Vielschreiber ersten Ranges, an Anzahl seiner Bücher alle übertreffend, denn der Buchrollen von ihm gibt es an die dreihundert.“ *Epikur* hat nicht nur die *Demokritische* Atomistik zur Grundlage eines Systems von größter methodischer Konsequenz und innerer Geschlossenheit gemacht. Vor allem hat er seine Aufgabe darin gesehen, die Konzeption *Demokrits* gegenüber den Angriffen gegnerischer Schulen, insbesondere von Seiten der *Platonisch-Aristotelischen* Philosophie zu verteidigen, sie zu erweitern und zu vertiefen. Der eigentliche Ausgangspunkt für das Philosophieren *Epikurs* waren Fragen der Ethik[163] und der praktischen Lebensführung. „Wenn uns nicht Anwandlungen von Argwohn vor den Himmelserscheinungen quälten oder vor dem Tode, er könnte uns irgendwie betreffen, dazu die Tatsache, daß wir die Grenzen der Schmerzen und Begierden nicht kennen, so bedürften wir der Naturforschung nicht. Es ist nicht möglich, die Angst bezüglich der entscheidendsten Gesetzmäßigkeiten zu lösen, wenn man nicht verstanden hat, welches die Gesetzmäßigkeit des Alls ist, sondern von sich aus irgend etwas aufgrund der Mythen argwöhnt. Es ist also nicht möglich, ohne Naturforschung unbeeinträchtigte Lustempfindungen zu erlangen.“ Bei *Demokrit* spielte die Ethik mehr eine untergeordnete Rolle. Von dem Lebenswerk des *Epikur* sind uns nur geringe Reste erhalten. Von seinem größtem Werk, der Schrift „Über die Natur“ in 37 Büchern, gibt es nur noch bescheidene Überreste auf den Papyri von Herkulaneum. Wir verdanken sie einem Zufallsfund. In der Mitte des 18. Jahrhunderts entdeckte man bei Ausgrabungen in der 79 n. u. Ztr. durch einen Ausbruch des Vesuv durch Asche und Explosionsgestein verschütteten Stadt Herculaneum (und auch Pompeji) die Reste einer Bibliothek. Es handelt sich bei den gefundenen Papyrusrollen um Schriften des *Epikureers Philodemos von Gadara*[164] und anderer späterer *Epikureer.*

Der Reichtum der *Epikureischen* Lehre wird erkennbar aus Resten einer Schrift des unmittelbaren *Epikur*schülers und -freundes *Metrodoros.* Man gewinnt daraus den Eindruck, daß die *Epikureer* sich vorwiegend an die besitzenden Mittelschichten der Gesellschaft gewendet haben, die von der sozialen Unsicherheit der damaligen Zeit besonders bedroht waren.

Epikur knüpft in der Naturphilosophie an die aufklärerischen Traditionen der ionischen Naturphilosophie an. Er wendet sich gegen Aberglauben und Mystizismus. Scharfe Kritik übt er an der *Platon-Aristotelischen* Astraltheologie[165], an den theologischen Lehren der *Aristotelischen* Naturerklärung und am Vorsehungsglauben. „Es ist nicht möglich, jemanden von der Angst in bezug auf die wichtigsten Fragen des Lebens zu befreien, der nicht weiß, worin die Natur des Weltalls besteht, sondern der sich nur bedenkliche Vorstellungen nach den Mythen der Dichter darüber macht.“ *Epikur* erkennt zwar die Existenz der Götter an. Er leugnet aber entschieden, daß sie irgendwelchen Einfluß auf den Lauf der Welt und hauptsächlich auf die Schiksale der Menschen hätten. Er lehnt jede teleologische Interpretation nach *Aristoteles* ab. Sie setze einen Sinngeber des Ganzen voraus, der die Welt nach seinen Vorstellungen entworfen hat. Dieser Sinngeber kann jederzeit in sie eingreifen, wenn die Welt von seinen Absichten abweicht.

Epikur hat die *Demokritische* Naturphilosophie bezüglich der Atomistik verändert. Interessant ist in diesem Zusammenhang, daß *Karl Marx* (1818 bis 1883) als 23-jähriger 1841 eine Dissertation mit dem Thema: „Differenz der *Demokritischen* und *Epikureischen* Naturphilosophie" anfertigte. *Epikur* geht davon aus, daß nichts aus nichts entsteht und nichts zu nichts vergehen kann. Voraussetzung ist ein ewiger und unwandelbarer Grundstoff (Atome), aus dem alle Dinge entstehen und in den sie wieder »zugrunde« gehen. „Die Atome bewegen sich unablässig. Einen Anfang dafür gibt es nicht, da die Atome und das Leere von Ewigkeit her sind." Bei *Diogenes Laertius* lesen wir, wie *Epikur* die Zusammensetzung der Körper sieht: „Die Körper sind teils Zusammensetzungen, teils solche, aus denen die Zusammensetzungen gebildet sind. Die letzteren (die Atome) sind unteilbar und unvergänglich, wenn anders nicht alles in das Nichtseiende vergehen, sondern gewisse Elemente festen Bestand haben sollen bei den Auflösungen der Zusammensetzungen, ihrer Natur nach undurchdringlich und keine Möglichkeit irgendwelcher Auflösung bietend." Ein solcher Grundstoff aber kann nicht bis ins Unendliche teilbar sein, weil er sich dann doch letztlich in nichts auflösen würde. Er muß also aus letzten unteilbaren Einheiten, eben den Atomen, bestehen. Sie sind unsichtbar und haben außer Größe, Gestalt und Schwere (diese dritte Eigenschaft des Atoms gibt es bei *Demokrit* noch nicht, sondern ist erst von *Epikur* hinzugefügt worden!) keine Eigenschaften. Für *Demokrit* waren sie physikalisch und mathematisch unteilbar. Das hat der Kritik (durch *Aristoteles*) zu denken gegeben, denn mathematisch unteilbare Atome haben die Ausdehnung Null und können dann durch noch so häufige Summierung keine Körperwelt aufbauen. Sind sie aber von geringer Größe, so müssen sie zumindest mathematisch noch teilbar sein. *Epikur* hat nun dieser Schwierigkeit durch Einführung der Minima zu entgehen versucht. Er verstand darunter noch kleinere, absolut unteilbare Einheiten, die am Atom zu unterscheiden sind. Das Minimum ist letzte Maßeinheit vor dem Nichts. Es hat keine Größe, denn es ist mathematisch unteilbar. Es ist aber dennoch nicht punktuell, denn es bestätigt eine gewisse Größe. Das *Epikursche* Minimum hat starke Ähnlichkeit mit der *Leibnizschen* Infinitesimalrechnung[166], denn es ist kleiner als jede beliebig kleine Größe, aber größer als Null, also 0 < Minimum < a (nicht mehr Null aber noch nicht a). *Dorothee Kimmich* schreibt dazu: „Gleichzeitig liefert die Annahme von den Minima auch ein Argument für *Epikurs* berühmte These, daß die Fallgeschwindigkeit eines Körpers im leeren Raum von seinem Gewicht unabhängig sei."

Epikur führt noch eine weitere begriffliche Neuerung, die »ursachlose Freiheit«, ein, die es bei *Demokrit* nicht gibt. Er war sich klar, daß für viele Bewegungsvorgänge der Atome im unendlichen, leeren Raum kaum Begegnungen stattfinden. Einsam würden die Atome ihre Bahnen ziehen, ohne mit anderen Verbindungen oder Kooperationen einzugehen. Die komplizierte Vielfalt der Welt ließe sich auf dem bisher gedachten atomistischen Weg somit nicht verstehen. Also führt *Epikur* ein neues Element in die Atomtheorie ein. Er versteht darunter ein spontanes, akausales[167] Abweichen der Atome von ihrer deterministischen Bahn im leeren Raum. Damit führt er eine grundlegende Änderung ein. Unabhängig von den Anfangsbedingungen der Atome müssen sich diese irgendwann treffen, verhaken und somit größere Gebilde aufbauen. *Epikur* hat mit dieser Idee erkannt, daß die zufällige Spontaneität eine wichtige Bedeutung in der Entwicklung der Lebewesen hat. *Epikurs* stochastischer[168] Entwurf war auch der Anfang der heute in der Physik diskutierten Entdeckung des determinierten Chaos[169]. Dieser Entwurf des akausalen Abweichens wurde schon in der Antike von den Stoikern angegriffen. *Epikur* betonte jedoch, daß die Atome nur um einen kleinsten Teil von ihrer Bahn abweichen. Damit ist gleichzeitig die Unregelmäßigkeit unmerklich und die Gesetzmäßigkeit der wahrnehmbaren Welt nicht gefährdet.

Wie *Demokrit* hat auch *Epikur* die Atomtheorie auf die Seele ausgedehnt. Empfindungen und Leidenschaften sieht er als geistig oder psychisch an. Die Seele und der Geist als Körper bestehen aus feinen Teilchen.

Die wichtigsten Lehren der Naturphilosophie *Epikurs* ist in dem „Brief[170] an *Herodotos*“[171] enthalten. Daraus sollen einige Auszüge dargestellt werden:

„Außer Körpern und Leerem kann weder durch Sinneserfahrung noch durch rationales Erfassen irgend etwas konzipiert werden, denn diese beiden umfassen alles Sein und werden nicht bloß als dessen zufällige oder wesentliche Eigenschaften bezeichnet. Die Körper sind entweder Zusammensetzungen oder deren Bestandteile. Letztere sind unteilbar und unveränderlich, wenn nicht alles ins Nichtseiende vergehen, sondern bei der Auflösung der Dinge von Bestand sein soll, weil es von solider Natur ist und sich gar nicht auflösen kann. So müssen die Grundbestandteile aller Dinge unteilbar (»Atome«) sein.“

„Nun ist das All aber auch unendlich; denn das Begrenzte hat ein Äußerstes. Das Äußerste ist aber nur im Vergleich mit wieder einem anderen zu erkennen. Es hat also kein Äußerstes und infolgedessen auch keine Grenzen.“

„Hinzukommt nun, daß die soliden Atomkörper, aus denen die Zusammensetzungen entstehen und in die sie »zugrunde« gehen, unfaßbar viele verschiedene Formen haben. Denn es ist unmöglich, daß eine so große Mannigfaltigkeit in der Natur aus immer derselben eng begrenzten Anzahl von Atomformen besteht. Während aber die Anzahl der Atome von ein und derselben Form schlechthin unbegrenzt ist, ist die Zahl der verschiedenen Atomformen nicht schlechthin unbegrenzt, sondern nur unfaßbar groß, denn sonst müßte man auch Atome von unendlicher Größenordnung annehmen. Auch befinden sich die Atome immer in kontinuierlicher Bewegung; teils entfernen sie sich weit voneinander, teils schwingen sie an ein und demselben Ort, wenn sie gerade in einer Verflechtung selbst eingeschlossen oder von einer solchen umschlossen sind. Das geschieht infolge des leeren Raumes, der die einzelnen Atome voneinander trennt und ihnen keine Stütze sein kann. Doch bewirkt die den Atomen eigene Härte beim Zusammenstoß einen Rückprall, dessen Ausmaß von der Art der Verflechtung abhängt, die aus dem Zusammenstoß entstanden ist. Eine Ursache von alledem gibt es nicht, weil die Atome und das Leere ewig sind."

„Auch das Hören entsteht durch einen Abfluß, der von einem Sprechenden oder einem Objekt ausgeht, das Klang, Geräusch oder Lärm erzeugt oder sonstwie akustische Empfindungen hervorruft."

„Ferner muß man annehmen, daß den Atomen die Eigenschaften der sinnlich wahrnehmbaren Dinge nicht zukommt, abgesehen von Gestalt, Schwere, Größe und was sonst noch notwendig zur Gestalt gehört. Denn jede Eigenschaft verändert sich, die Atome hingegen sind unveränderlich."

„Ferner ist notwendig, daß die Atome gleich schnell sind, wenn sie sich durch den leeren Raum ohne Widerstand bewegen; denn unter dieser Bedingung werden sich weder die schweren schneller als die kleinen leichten (im Gegensatz zu *Aristoteles!*), noch diese schneller als die großen bewegen, weil alle die ihnen entsprechende freie Bahn finden, wenn nur kein Widerstand da ist."

„Hinsichtlich der Himmelserscheinungen gilt nun, daß Gestirnbewegung, Wende, Finsternis, Auf- und Untergang und Ähnliches nicht von einem Wesen besorgt werden, das alles ordnet oder (einmal) geordnet hat und das zugleich volle Glückseligkeit verbunden mit Unsterblichkeit besitzt."

„...daß die ursprüngliche Absonderung dieser Rotationsmassen zur Zeit der Weltentstehung auch jene Naturgesetzlichkeit des Umlaufs enthält.“

Die Lehre von den Himmelskörpern und von den atmosphärischen Erscheinungen findet man in dem „Brief[172] an *Pythokles*“. Aus diesem sollen einige Zitate angeführt werden:

„Welt ist ein umschlossener Teil, der Himmel, Sterne, Erde und alle Erscheinungen umfaßt; er hat einen Ausschnitt von dem Unbegrenzten inne und einen runden, dreieckigen oder sonstwie beschaffenen Umriß und endet in einer lockeren oder dichten Grenze, die sich in Umdrehung oder in Stillstand befindet, bei deren Auflösung alles darin zusammenstürzen wird.“

„Sonne, Mond und die übrigen Sterne sind nicht für sich selbst entstanden und später in die Welt und alles, was sie umschließt, hinein genommen worden, sondern sie wurden sogleich gestaltet und haben zugenommen (ähnlich wie Erde und Meer) durch die Zuordnungen und die Wirbel einiger zartteiliger Naturgebilde, und zwar hauch- oder feuerartiger oder von diesen beiden Arten.“

In dem folgenden Auszug zeigt sich der Sensualist:

„Die Größe aber von Sonne, Mond und den übrigen Sternen ist für uns ebenso, wie sie erscheint. Aber an sich ist sie entweder größer, als sie gesehen wird, oder um ein wenig kleiner oder ebenso groß, nicht in gleichem Sinne.“

„Aufgang und Untergang von Sonne und Mond und den übrigen Sternen können durch Entzünden entstehen und durch Verlöschen, da die Beschaffenheit der Umgebung nach beiden Orten hin derartig ist, daß sie das Benannte bewirkt.“

„Ferner kann der Mond sein Licht aus sich selbst, er kann es aber von der Sonne haben.“

Der Leitsatz *Epikurs* Ethik[173] ist: „Darum ist die Lust, wie wir behaupten, Anfang und Ende des glückseligen Lebens. Denn sie ist ...unser erstes, angeborene Gut, sie ist der Ausgangspunkt für alles Wählen und Meiden, und auf sie gehen wir zurück, indem diese Seelenregung uns zur Richtschnur dient für die Beurteilung jeglichen Gutes. Wenn wir also die Lust als das Endziel hinstellen, so meinen wir damit nicht die Lüste der Schlemmer und solche, die in nichts als dem Genuß selbst bestehen..., sondern das Freisein von körperlichem Schmerz und von Störungen der Seelenruhe.“ (Die Freiheit) gewinnt der Mensch nur in der Unabhängigkeit von seiner Umwelt. Daher lautet der Wahlspruch der *Epikureer*: „Lebe im Verborgenen!“ Gelingt dies, dann existiert der Philosophierende „wie ein Gott unter den Menschen“.

Epikurs heitere und gelassene Art wird auch darin sichtbar, daß er meint: „Der Tod kann gar nicht erfahren werden, denn wo wir sind, ist der Tod nicht, und wo der Tod ist, sind wir nicht. Die beiden können sich so wenig begegnen, wie sich ein Walfisch und ein Löwe begegnen.“

Epikur vertrat die Meinung, sich auf die direkt vor einem liegenden Aufgaben zu konzentrieren, bewahre den Menschen davor, in depressive lebensphilosophische Haltungen abzugleiten: „Da wir noch sprechen, ist schon entflohen die kostbare Zeit: greif diesen Tag, nimmer traue dem nächsten.“

Ein bemerkenswerter Satz ist von *Epikur* überliefert:

„Es ist ein Unglück, in der Notwendigkeit zu leben, aber in der Notwendigkeit zu leben, ist keine Notwendigkeit. Offen stehen überall zur Freiheit die Wege, viele, kurze, leichte . . Zu bändigen die Notwendigkeit selbst, ist gestattet.“

Populär gemacht hat *Lukrez* die *Epikureische* Naturphilosophie. In seinem Lehrgedicht „de rerum natura“ schreibt er: „Und als Siegespreis brachte er (gemeint ist *Epikur*) uns heim die hohe Erkenntnis dessen, was sein und nicht sein kann, nach welchen Gesetzen jeglichen Wesens Kraft begrenzt, welches Ziel ihm gesetzt sei. Und überwunden liegt die Religion am Boden, doch uns hebt der Ruhm des errungenen Sieges zum Himmel.“

Einen Gedankengang *Epikurs* gibt der Kirchenschriftsteller *Laktanz* (lebte im 4. Jahrhundert) wieder: „Entweder Gott will die Übel beseitigen, aber er kann es nicht, oder Gott kann es, aber er will es nicht, oder Gott will es nicht und kann es nicht, oder Gott will es und kann es. Wenn Gott es will, aber nicht kann, ist er nicht allmächtig; wenn er es kann, aber nicht will, ist er nicht allgütig; wenn er es nicht kann und nicht will, ist er weder allmächtig noch allgütig; wenn er es aber will und kann - warum nimmt er die Übel nicht fort?“

Epikur hielt nichts von der Astrologie. Er fand es besser, der Volksreligion zu folgen, denn das ärgerliche an den Sternen war schon immer ihre Unerreichbarkeit gewesen, die für das Beten genauso galt wie für magische Praktiken.

Epikur blieb im späteren Mittelalter, als Bibel und *Aristoteles* bestimmten (es herrschte das christlich-jüdisch-aristotelische Weltbild), was der damalige Mensch von Gott und der Welt zu halten hat, das Symbol gottlosen Schlemmertums. Er gehörte zu den meistgeschmähten Philosophen der Antike[174]. Bis heute kommt er in vielen Veröffentlichungen, die sich mit der griechischen Philosophie beschäftigen, schlecht weg. Man wirft ihm vor, daß er der naturwissenschaftlichen Weiterentwicklung geschadet hat, weil sein primäres Interesse nicht die Weiterentwicklung der *Demokritischen* Atomtheorie, sondern der Ethik und anderer Fragen der Gesellschaft galt. Dazu schreibt *Dorothee Kimmich*: „Erstaunlich ist die Verdammung speziell *Epikurs* als Lüstling aber auch deshalb, weil er in der Antike keineswegs der einzige Autor war, der sich ausgiebig und wohlwollend mit der Lust auseinandersetzt. Neben... *Aristipp*, der an erster Stelle zu nennen ist, müssen *Eudoxos von Knidos*, *Aristoteles* und sogar *Platon* selbst erwähnt werden. *Epikur* (war) keineswegs der „Entdecker“ der Lust in der Philosophie.“

Epikur hat die Naturphilosophie *Demokrits* entsprechend dem veränderten Anliegen seiner Zeit und der Kritik - vor allem durch *Aristoteles* - in nicht unwesentlichen Teilen modifiziert. Sein Einfluß reichte bis in die römische Antike, bis ins 4. Jahrhundert n. u. Ztr. Sein größter Jünger war der Römer *Lukrez*, der in seinem Werk „Von der Natur der Dinge“ *Epikur* verewigt hatte.

Parmenides

Ein sinnenfeindliches Weltbild hat *Parmenides* (515 bis 445 v. u. Ztr.) entwickelt. Er stammte aus einem reichen und glänzenden Hause. Auch Gesetzgeber und Politiker soll er gewesen sein. *Parmenides* starb in Elea, einer westionischen Handelsstadt in Unteritalien, also einer kolonialgriechischen Stadt. Elea liegt nicht weit von Paestum, wo wir heute noch prachtvolle und gewaltige Tempel (z. B. den Poseidontempel) aus der Zeit von *Parmenides* bewundern können. Als mutmaßlicher Lehrer gilt *Xenophanes*. Die Lehre *Parmenides* liegt in griechischen Versen vor (sogenanntes *Parmenidisches* Lehrgedicht[175]). Eine Nachahmung fand dieses *Parmenidische* Lehrgedicht bei *Lukrez*.

Diogenes Laertius schreibt über *Parmenides*: „Er war es, der zuerst die Lehre von der Kugelgestalt der Erde und von ihrer Lage in der Mitte des Weltalls aufstellte. Zwei Elemente gibt es nach ihm: Feuer und Erde; das erstere gilt ihm als Werkmeister, das letztere als Stoff.“

Neben den Beobachtungstatsachen der Welt, wie Sonne, Mond, Himmel und Sterne, entwickelte *Parmenides* eine wahre Auffassung der Welt. Alle diese Dinge scheinen nur, kommen nur vom Trug der Sinne her[176]. In Wahrheit gäbe es nicht viele Dinge in der Welt, sondern nur ein Ding, und dieses eine Ding ist das Seiende im Unterschied von dem Nichtseienden.

Fragment Nr. 6:

„Nötig ist zu sagen und zu denken, daß nur das Seiende ist; denn Sein ist, ein Nichts dagegen ist nicht! Unaussprechbar und undenkbar ist, daß Nichtsein ist."

Es kann kein räumliches Gebiet und keinen Zeitpunkt geben, wo oder wann das eine nicht ist. Wenn es das Seiende ist, kann es nirgends und nie das gegensätzliche Merkmal haben, nicht zu sein. Daher ist es allgegenwärtig und ewig. Es kann keine Veränderung und keine Bewegung geben, da es keinen leeren Raum gibt, in dem das Eine sich bewegen könnte, da es schon überall ist. Alles Gegensätzliche, was wir zu erleben glauben, ist Täuschung[177]. Die Bewegung ist Schein. In Wahrheit gibt es nur das eine, unbewegte, unteilbare, ewige und vollkommene Sein. Es wird durch das Denken erkannt. Denken und Sein bilden also eine Einheit: „Ein und dasselbe ist der Gedanke und das, worauf er sich richtet". Er will damit sagen, daß die materielle Außenwelt nicht für eine gegebene Wirklichkeit zu halten sei. Er verlegt die wahre Realität in das Denken. Während die Außenwelt nur ein Produkt der Sinneswahrnehmungen ist, also ein Bild das von der sinnlichen Wahrnehmung im denkenden Menschen geschaffen wird durch den »Wahn«. Dieser Grundsatz des *Parmenides* berührt eine der fundamentalsten Fragen der Philosophie. Soll nämlich unser Denken über die Dinge auch nur ein wenig Sinn haben, dann muß sich dieses Denken auf die Wirklichkeit beziehen. Aus dem Fragment spricht auch die These: „Aus Nichts kann nichts werden." *Parmenides* schloß daraus, daß Veränderung unmöglich sei, daß sie also eine Illusion sein müsse. Er wollte nachweisen, daß nur das räumlich Seiende real ist, die Vergänglichkeit und der Wandel der Erscheinungen hingegen eine Illusion der Sinne. Die wahre Welt ruht unbeweglich und zeitlos, sie ist ohne Anfang und Ende.

Man muß nach *Parmenides* dabei zweierlei in Wahrheit erkennen, wenn man die Art der Notwendigkeit einsehen will: Das Wesen des Denkens und das Sein der Ursprünglichkeit. Das höchste Denken, wenn es überhaupt gelingt, erkennt sich selbst als das, was es ist. Wohin anders sollte das Denken in seiner Vollendung auch gelangen können, als zur Klarheit über sich selbst? Auf eine gegenständliche, außer ihm selbst befindliche Dinglichkeit kann es ja doch gewiß nicht stoßen, meint *Parmeni-*

des. Er sagt, daß das Denken nicht zufällig das Seiende denkt, sondern es muß dies tun. Weil das Sein vorhanden ist, deshalb muß das Denken das Sein als seiend denken. Seiender Ursprung und Sein des Denkens sind also hiernach in Notwendigkeit aneinander gebunden. Das Denken muß dann als äußerstes jenes Geheimnis erfahren, dessen wahrer Sinn dem Menschen ewig verborgen bleibt: „Dasselbe ist Denken und Sein." Das Denken ist innerliches Sprechen, das immer sagt und denkt: „Sein".

Dieses Sagen ist das unerschüttert schlagende »Herz der Wahrheit«, das wichtigste der *parmenidischen* Naturphilosophie. Es handelt sich hier um den reinsten Monismus[178], der je gedacht wurde. Aus dieser wiederholten Beteuerung der Identität des Seienden mit dem Denken müssen wir schließen, daß das Seiende nach *Parmenides* unbeweglich, ewig, und nicht etwa ein besonderes und unzugängliches Gedankenbild der realen Außenwelt sein sollte. Was *Parmenides* sagen will ist, daß die materielle Außenwelt nicht für eine gegebene Wirklichkeit zu halten sei. Die wahre Realität verlegt er in das Denken. Die Außenwelt ist ein Produkt der Sinneswahrnehmungen. Sie ist ein Bild, das von der sinnlichen Wahrnehmung im denkenden Subjekt geschaffen wird, durch den »Wahn«.
Was *Parmenides* sagt ist folgendes:

> Es gibt ein Seiendes, das ewig und unveränderlich ist.
> Nur dieses kann ernstlich als Sein, in hervorragendem Sinne als Sein bezeichnet werden.
> Dieses wahrhafte Sein ist Logos.

Parmenides versuchte Geist (oder Seele), Welt und Gottheit zu vereinen.

Es handelt sich hier weniger um ein naturwissenschaftliches Weltbild als eher um eine philosophische Richtung oder eine Religion. Aber damals fiel ein solcher Unterschied nicht auf. Religion oder Verehrung der Götter hätte für *Parmenides* zweifellos zur Erscheinungswelt des »Wahns« gehört. Der Ursprung des Seienden ist jedoch nichts Stoffliches, sagt *Parmenides*.

Parmenides wurde der Gründer einer Schule, der Eleaten, und hatte einen unerhörten Einfluß auf die kommende Generation. Seine große Leistung ist die Entdeckung der Ontologie[179].

Protagoras

Protagoras (um 480 bis 421 v. u. Ztr.) wurde ebenfalls in der berühmten Stadt *Demokrits*, in Abdera, geboren. Er wirkte mit außerordentlichem Lehrerfolg in verschiedenen griechischen Städten, auch in Athen. Hier hat er die Gesetze für die Kolonie Thurioi am Golf von Tarent geschrieben. *Protagoras* wurde im Revolutionsjahr 411 v. u. Ztr. wegen seines sehr kritischen Buches »Über die Götter« aus Athen verbannt und ertrank auf der Überfahrt nach Sizilien. Seine Schriften über die Götter wurden in Athen öffentlich verbrannt[180], nachdem man sie von Haus zu Haus gesucht hatte.

Protagoras beschäftige sich jedoch weniger mit Naturwissenschaft, sondern mit Sprache und Philosophie. *Protagoras* war einer der bedeutendsten Sophisten.

Die griechischen Sophisten haben das bisherige philosophische Denken als ungenügend dargestellt und ihre Widersprüche aufgezeigt. Sie haben das große Verdienst, daß sie nicht nur viele Kenntnisse unter das Volk brachten, sondern auch zu methodischer Behandlung zahlreicher wissenschaftlicher Fächer erst einmal den Grund legten. Durch sie schied sich die Gelehrsamkeit als besonderer Beruf und Stand vom sonstigen bürgerlichen Leben ab. Zeitlich sind sie an der Schwelle von den Vorsokratikern zu dem philosophischen Dreigestirn *Sokrates, Platon* und *Aristoteles* anzusiedeln (um die Mitte des 5. Jahrhunderts v. u. Ztr.).

Die Sophistik lehrte die kunstvolle Diskussion zum Beispiel in Form von Privatunterricht. Zu einem Schüler soll *Protagoras* gesagt haben: „...wenn du bei mir in die Lehre gehst, dann wird es dir beschieden sein, an dem Tage, an dem du mit mir zusammen gewesen bist, in dem Bewußtsein nach Hause zu gehen, daß du besser geworden bist." Mit der kunstvollen Diskussion konnte man Behauptungen beweisen und auch widerlegen. Die Sophisten entdeckten ebenfalls den indirekten Beweis. Er besteht darin, das Gegenteil einer Behauptung durch Analyse seiner Folgerungen als widersprüchlich nachzuweisen. Der Sophist *Protagoras* meint: „Es komme darauf an, die schwächere Meinung und Aussage zur stärkeren zu machen." Dieser Satz zeigt ganz deutlich das Ziel der Sophistischen Rhetorik. *Protagoras* analysiert als Sophist die Ordnung, die Sitte einer gegebenen Gesellschaft in seiner Struktur. Er lehrt, wie man sich der Gesellschaft anpaßt, wie die Sympathie der Mitglieder dieser Gesellschaft erreicht und wie man Reichtum, Einfluß und Macht gewinnt. Die Bedeutung der Sophisten war in der griechischen Antike ganz unterschiedlich. So ist von *Sokrates* und *Platon* überliefert: Sophisten sind für sie geistige Lumpen, frivole Schieber des Intellekts, Schwätzer, Rhetoriker, Gauner, ohne jeden Halt, die alles zerlesen und alles zerschwatzen. *Platon* wollte die Sophisten als Denker nicht ernst nehmen. Er bemühte sich, die Sophistik auf käufliche Rhetorik und Machttechnik zu reduzieren. Andererseits bereitete die Sophistik den Weg für diese drei Philosophen. Eine andere Meinung besagt: Es sind teilweise tiefe Denker. Sie besitzen den Mut denkerischer Konsequenz. Die Sophisten ließen sich ihre Lehre bezahlen. Mancher brachte es zum Millionär.[181]

Protagoras war der erste griechische Lehrer, der ein festes Honorar für seinen Unterricht verlangte. *Diogenes Laertius* berichtet über ein Paradoxon, welches man heute Erwartungsparadox nennt. *Protagoras* hatte einen Schüler, *Euathlos*, den er in sophistischen Rechtsauffassungen unterrichtete. Dieser Schüler war ein so kluger und verständiger Kopf, daß er schon nach kurzer Zeit von *Protagoras* nichts mehr lernen konnte. Er verließ *Protagoras* und vereinbarte mit ihm, daß er das Unterrichtsgeld von seinem ersten gewonnenen Prozeß bezahlen wolle. *Euathlos* bezahlte weder, noch führte er irgendeinen Prozeß. Es blieb *Protagoras* nichts anderes übrig, als ihn vor Gericht zu verklagen. Der Schüler vertrat seinen Prozeß vor Gericht selbst. Verliert er den Prozeß, so brauchte er laut Übereinkunft mit *Protagoras* das Unterrichtsgeld nicht zu bezahlen. Gewinnt er jedoch den Prozeß, so braucht er laut Richterspruch das Geld ebenfalls nicht zu zahlen. *Protagoras* antwortete darauf: „Du bist ein kluger Kopf, aber alles hast du doch noch nicht gelernt. Ich habe mir natürlich weise alles überlegt und habe gefunden, daß du auf jeden Fall zahlen wirst, nämlich wenn du den Prozeß gewinnst, laut unserem Vertrag, und wenn du den Prozeß verlierst, laut Richterspruch.“ Dieses Paradoxon wurde zum großen Vergnügen ihrer Zuhörer in den athenischen Salons verbreitet.

Protagoras lehrte die Menschen Denken, Sprechen und Argumentieren. Er formulierte die erste Theorie der Demokratie. Berühmt ist *Protagoras* wegen seines Ausspruchs:

„DER MENSCH IST DAS MAß ALLER DINGE!“

Dieser Satz hat den klassischen Namen Homo-mensura-Satz (homo: Mensch und mesura: das Maß).

Fragment Nr.1:

Der Mensch ist aller Dinge Maß, der Seienden, so (wie) sie sind, der Nichtseienden, so (wie) sie nicht sind - Sein ist gleich jemandem Erscheinen.

Diese These (so wird es gedeutet) will besagen, daß eine irgendwie für sich selbst bestehende Seiendheit gar nicht gedacht werden kann. Wenn nämlich jemand etwas als wirklich seiend behauptet, dann muß man verlangen können, daß dieses Seiende für jedermann erkennbare Eigenschaften besitzt. Es wird damit als Seiendes von jedermann erkannt. Denn wenn es sich nicht für jedermann als Seiendes darstellt, dann wäre ja gar nicht einzusehen, in welchem Sinne dieses als Seiendes vorhanden ist.

Dieser berühmte Ausspruch (Der Mensch ist das Maß aller Dinge) wird auf *Protagoras* sensualistische Erkenntnistheorie bezogen. Es könnte aber auch eine rein menschliche Haltung in politischen und sozialen Fragen bedeuten. Etwa, daß Gesetz und Sitte für die Regeln des menschlichen Zusammenseins aus der Natur des Menschen zu entnehmen seien. Entnommen sein sollten sie jedoch nicht aus den Vorurteilen der Tradition, also dem sogenannten gesunden Menschenverstand[182] (nach *Einstein* »die Summe aller Vorurteile«; nach *Descartes* »ist das am besten verteilte Gut auf der Welt«) oder irgendwelchem Aberglauben. Es könnte auch den Wunsch bedeuten, das kompliziert gewordene Leben »wissenschaftlich« zu durchleuchten, um praktisches Verhalten der Lebensbewältigung daraus abzuleiten.

Seine Einstellung zur Religion, die ihm die Anklage als Atheist eingebracht hat, erklärt das Fragment Nr. 4:

„Über die Götter allerdings habe ich keine Möglichkeit zu wissen, weder daß sie sind, noch daß sie nicht sind, noch, wie sie etwa an Gestalt sind; denn vieles gibt es, was das Wissen hindert. Die Nichtwahrnehmbarkeit und daß das Leben des Menschen kurz ist.“

Protagoras sah die Sinneswahrnehmung als das einzig wirklich Existierende an, als das einzige Material, aus dem unser Weltbild aufgebaut ist. Als ein hervorragender Vertreter des reinen Sensualismus ist er der Meinung, daß die sinnliche Wahrnehmung die Hauptquelle der Wahrheit und nicht das vernünftige[183] Denken ist.

Nach dem britischen Wissenschaftler *Benjamin Farrington (1947),* er schrieb eine Geschichte der Natuphilosophie, erblickte *Protagoras* seine vornehmste Aufgabe darin, für die Verteidigung der allgemeinen Menschenrechte einzutreten. Für den Aufbau eines gerechteren sozialen Systems, für bürgerliche Gleichberechtigung aller, also für die wahre Demokratie. Er hatte damit jedoch keinen Erfolg. Die antike Kultur hat bis zu ihrem Untergang auf einem ökonomischen und sozialen System beruht, das im wesentlichen auf der Ungleichheit der Menschen fußte.

Bei *Protagoras* klingt die Überzeugung an, daß die vielfältigen Tätigkeitsarten wie Dichtkunst, Kochkunst, Kriegskunst, Landbau, Medizin, Ökonomie, Rhetorik, Steuermannskunst usw. (die als technai bezeichnet wurden) aus der Sonderstellung des Menschen als eines besonders hilflosen Lebewesens resultiere. Der Mensch muß sich zum Überleben technischer Hilfsmittel bedienen. Der Grundgedanke des Technikbegriffes besteht offensichtlich darin, daß Technik nützlich ist, indem sie das Leben der Menschen erhält und fördert.

Aus den Lehren des *Parmenides* (sinnenfeindliches Weltbild) und des *Protagoras* (Vertreter des Sensualismus) läßt sich wenig über die Tauglichkeit so extremer Standpunkte in den Naturwissenschaften schließen, denn beide waren eigentlich keine Naturforscher. Noch heute existieren diese extremen Standpunkte, das verhalten der Natur durch den Verstand zu erklären, vertreten in den Wissenschaftlern *Arthur Eddington* und *Ernst Mach.*

Die Pythagoräer

Das Musterbild einer Schule von Denkern mit stark naturwissenschaftlicher Orientierung waren die *Pythagoräer.* Sie waren erfüllt von der großen Idee, das naturwissenschaftliche Weltbild auf reine Vernunft[184] zurückzuführen.

Ihr Hauptsitz war Süditalien um die Bucht zwischen Stiefelabsatz und -spitze der Halbinsel. Dort wählte *Pythagoras* das dorische Kroton (das heutige Cotrone), die Stadt der berühmtesten Athleten und Entwicklungsstätte der griechischen Medizin, als Aufenthalt und gründete dort seine philosophische und geheimnisvolle Schule. Aber auch in den griechischen Nachbarstädten Sybaris und Tarent gab es Anhänger, die sich »*Pythagoräer*« nannten. Diese Schule - eine an strenge Regeln gebundene Gesellschaft - hat sich in der oder jener Form durch fast 200 Jahre erhalten. Im 3. bis 4. Jahrhundert u. Ztr. ist eine Liste der *Pythagoräer* aufgestellt worden. Sie enthält 218 Namen! Die Jünger bildeten beinahe so etwas wie einen religiös orientierten Orden, mit sonderbaren Gebräuchen hinsichtlich Nahrung (der Genuß von Bohnen und auch von Fleisch[185] war ihnen untersagt, sie mußten enthaltsam und bescheiden leben, kein Tier töten, das nicht den Menschen angreift, jeden Abend ihr Gewissen prüfen, welche Fehler sie begangen, welche Gebote sie vernachlässigt haben) und anderer

Dinge. Es gab noch weitere, höchst sonderbare Verhaltensweisen. Nach dem Aufstehen war es die Pflicht aller Schüler, das Bettzeug zu glätten. Es sollte damit der Eindruck des Körpers verschwinden. Es bestand die Angst, daß sich ein Geist in diese Umrisse legen könnte. Schweigen galt mehr als Reden. Es war ihnen Zurückhaltung gegen Außenseiter geboten, die Lehre mußte mindestens teilweise geheim gehalten werden. Diese Geheimhaltung bezog sich aber nicht auf alles, sondern vorwiegend auf Methoden und ungesicherte Ergebnisse. Die großen Entdeckungen wurden auch damals der Öffentlichkeit, natürlich nur unter dem Namen der *Pythagoräischen* Bruderschaft, übergeben. Eine Ausnahme bildeten Veröffentlichungen von Resultaten, die nur zu mystischen Kultzwecken benutzt wurden oder die nach Ansicht der *Pythagoräer* eher dem Verfall als dem Aufbau der Wissenschaft dienen konnten. Von antiken Schriftstellern wurde von einem großen Skandal berichtet. *Hippasos von Metapontum,* ein Schüler *Pythagoras,* enthüllte der Öffentlichkeit die geheimgehaltene Existenz des Pentagon-Dodekaeders (12 Fünfeckflächen!). Eine andere Überlieferung berichtet, daß er das Geheimnis gelüftet hatte, daß gewisse Quadratwurzeln ($\sqrt{2}$, $\sqrt{5}$) irrationale Zahlen sind. Er wurde aus dem Orden ausgestoßen. Es werden noch andere über ihn verhängte Strafen erwähnt: Er bekam ein Grab, als wäre er schon tot. Er ertrank durch Racheakt der Götter auf hoher See. Ein weiterer Skandal hängt mit dem Gerücht zusammen, *Platon* habe von einem *Pythagoräer*, wahrscheinlich *Philolaos*, der in Geldverlegenheit war, zu hohem Preis drei Manuskriptrollen gekauft, um sie ohne Angabe seiner Quellen (gewissermaßen als Plagiat) selber zu benutzen. Dieser Orden nahm auch Frauen auf. Die in Politik und Literatur, aber auch in fraulichen und häuslichen Fertigkeiten gebildeten *Pythagoräischen* Frauen wurden in der Antike als der höchste Frauentypus verehrt. Auch *Pythagoras* selbst soll seine ethischen Lehren von der delphischen Priesterin *Themistokleia* übernommen haben. Seine Ehefrau *Theano aus Kroton* gilt als erste Philosophin und kann als die meistberühmte Frau der antiken Griechen angesehen werden. Zu ihren schriftlichen Hinterlassenschaften gehören die Bücher: „Erläuterung der Philosophie" und „Über die Frömmigkeit". Die *Pythagoräer* lebten nach strengen Lebensregeln, und ihr privater Besitz wurde in die Gemeinschaft eingebracht. Sie glauben an eine unsterbliche Seele, die nach dem Tod in einen anderen menschlichen oder tierischen Körper eingehen kann. Erkenntnis ermöglicht die Annäherung an die Wahrheit, war ihre Überzeugung. Sie setzen damit Erkenntnis und Läuterung gleich. Sie befürworteten die Aristokratie[186] und erfuhren deshalb einen gewaltigen Aufstand gegen ihren Orden, als die athenische Demokratie (450 bis 440 v. u. Ztr.) auch in Italien immer mehr an Einfluß gewann. Viele *Pythago-*

räer wurden ermordet oder mußten fliehen. *Pythagoras* Ehefrau *Theano* übernahm die Nachfolge in der Leitung dieser Schule und sorgte mit ihren Töchtern für die Verbreitung der *pythagoräischen* Lehre bis zum griechischen Mutterland und nach Ägypten. In Tarent hielt sich eine Gruppe unter Führung des Politkers und Mathematikers *Archytos aus Tarent*[187] noch bis in die Zeit *Platons*. Dieser *Archytos* war in hohem Maße Mathematiker und wird als Begründer der mathematischen Mechanik bezeichnet.

Bei den *Pythagoräern* gab es zwei Arbeitsgruppen. Die »Akusmatikoi« waren am meisten interessiert an dem Gehörten. Sie lernten die Weisheitssprüche des *Pythagoras* auswendig, ohne eine Kritik oder sogar eigene Ideen zu äußern. Anders dagegen die »Mathematikoi«, sie entwikkelten vier mathematisch-naturwissenschaftliche Disziplinen: Arithmetik, Astronomie, Geometrie und Harmonik, und sie erhielten eine metaphysisch fundierte Ausbildung.

Der Gründer der Schule, *Pythagoras* (um 570 bis 480 v. u. Ztr.), wurde als Sohn eines wohlhabenden Kaufmanns auf der Insel Samos geboren. Er verließ diese, da er die drückende Herrschaft des *Polykrates* nicht weiter ertragen wollte. Er war Schüler des *Thales von Milet* oder auch *Anaximanders*. Schriften von ihm persönlich sind nicht bekannt. *Diogenes Laertius* schreibt: „*Pythagoras* hat drei Schriften verfaßt, über die Erziehung, über Politik und über Physik." Man weiß, daß er als Mitarbeiter des väterlichen Handelshauses Ägypten, Italien, Kleinasien und vielleicht sogar Persien und Babylonien bereist hatte. *Pythagoras* muß eine bemerkenswerte Persönlichkeit gewesen sein. Legenden, die sich um ihn bildeten, sprachen ihm übernatürliche Kräfte zu. Er könne sich an jedes frühere Leben seiner Seelenwanderungen erinnern. Diese Lehre, daß die Seele den Körper verläßt, auf die Reise geht und als unsterbliche Seele in verschiedenartigen Lebewesen Station macht, nennt man Schamanismus. *Pythagoras* gehört daher zu den Schamanen[188]. Bei einer zufälligen Verschiebung seines Gewandes hätte jemand bemerkt, daß sein Schenkel von reinem Gold sei. Eine andere Legende behauptet, daß *Pythagoras* Macht über Sturm und Unwetter auf dem Meere besaß. Seine Lehre war Evangelium für seine Jünger. Jeder Streit erledigte sich, wenn es hieß: „Er selbst hat es gesagt." Seine Argumentation verbürgte die untrügliche Wahrheit. So stark war sein Einfluß, daß seine Autorität sogar ohne vernünftige Begründung anerkannt wurde. Die Ehrfurcht vor *Pythagoras* war bei den Jüngern so groß, daß man nicht seinen Namen nannte, man sprach nur immer: „Jener Mann." Es ist aus diesen Gründen natürlich schwer zu entscheiden, ob eine bestimmte Lehrmeinung wirklich auf ihn zurückgeht oder von anderen stammt.

Pythagoras übte mit seiner Schule einen großen Einfluß auf die Denker und Schulen der damaligen Zeit wie *Platon und Aristoteles* aus. *Aristoteles* verdanken wir die meiste Kenntnis über die *Pythagoräische* Schule. In seinen Schriften setzt er sich häufig mit den Argumenten der *Pythagoräer* auseinander. Andererseits haben die mehr empirisch eingestellten *Pythagoräer* auch kritische und verachtende Stimmen hervorgerufen, so z. B. *Heraklit*. Er schreibt: „Vielwisserei braucht nicht viel Verstand; sonst würde ja ...*Pythagoras* ... mehr besessen haben ... *Pythagoras* ist der Vater aller Betrüger." Etwa drei Jahrhunderte später kam es zu einer *Pythagoras*-Renaissance im sogenannten *Neu-Pythagoräismus* (zum Ende der griechischen Antike etwa im 1. Jahrhundert v. u. Ztr.).[189]

Pythagoras glaubte, daß genauso, wie das Universum ein Kosmos oder geordnetes Ganzes, jeder Mensch ein Kosmos im Kleinen sei. Wir sind Organismen, die die Strukturprinzipien des Makrokosmos wiedergeben. Indem wir diese Strukturprinzipien studieren und entwickeln, ermutigen wir die Form- und Ordnungselemente in uns selbst.

Die *Pythagoräer* waren die ersten, die sich ernstlich mit der Mathematik beschäftigten und sie förderten. Sie haben auch geometrische und arithmetische Kenntnisse und Praktiken vom Orient übernommen. Doch erst bei ihnen ist die mathematische Denkweise zur Methode der Welterkenntnis geworden, welche die abendländische Geisteswelt zur Weltbeherrschung geführt hat. Die Beschäftigung mit der Mathematik war der Mittelpunkt ihrer Tätigkeit und hat sich durch fast zweihundert Jahre erhalten. In dieser Zeit vollzog sich auf mathematischem Gebiet das »griechische Wunder«, die Geburt des Abendlandes in geistig-wissenschaftlicher Beziehung. *Archytos* hat Anfang des 4. Jahrhunderts v. u. Ztr. den Begriff »Mathematike« geprägt. Aus der Vertrautheit mit dieser Wissenschaft entwickelte sich ihre Ansicht:

DIE PRINZIPIEN DES MATHEMATISCHEN SIND AUCH DIE ALLES SEIENDEN.

In der Mathematik sind die Zahlen der Natur nach das Erste. Das Seiende existiert in den Zahlen, sagen die *Pythagoräer*. Alles, was man erkennen kann, hat Zahl. Ohne diese kann man mit dem Gedanken nichts erfassen oder erkennen. Die *Pythagoräer* glauben in den Zahlen viele Ähnlichkeiten mit dem Seienden und Werdenden zu erblicken, mehr als in Feuer, Erde, Wasser und Luft. Daher war für sie der eine arithmetische Vorgang Gerechtigkeit, ein anderer Seele und Verstand, wieder ein anderer der rechte Zeitpunkt und so weiter. Außerdem sahen sie in den Zahlen die Eigenschaften und Verhältnisse der Harmonie. Alles andere schien ihnen seiner Natur nach den Zahlen nachgebildet zu sein. Da nun die Zahlen aber das Erste in der ganzen Natur sind, so nahmen sie auch an, daß die Elemente der Zahlen auch die Elemente allen Seins sind. *Oswald Spengler* schreibt 1923: „Wer nicht in die Formenwelt der Zahlen eingedrungen ist, wer sie nicht als Symbole in sich erlebt hat, ist kein echter Methaphysiker."

Was die *Pythagoräer* an Ähnlichkeiten in den Zahlen und Harmonien mit den Vorgängen am Himmel und seinen Teilen und mit der gesamten Weltordnung finden konnten, das gebrauchten sie. Wo nun etwas fehlt, da suchten sie etwas hinzu, damit ihre ganze Darstellung ein geschlossenes Ganzes ergibt. Der ganze Himmel sei Harmonie und Zahl. Dabei war die Grunddoktrin: Das Seiende existiert durch Nachahmung der Zahlen. Alles was man erkennen kann hat Zahl. Ohne diese kann man mit dem Gedanken nichts erfassen oder erkennen!

Der bedeutende Physiker *Heisenberg* schreibt, daß die moderne Physik „den Gedanken an sinngebende Kraft mathematischer Strukturen von der Antike übernommen" habe und spricht dabei besonders die *Pythagoräische* Schule an.

Die *Pythagoräer* meinen: Dinge sind wie Zahlen, analog den Zahlen. Wir wissen nicht wirklich, was mit diesem Grundsatz eigentlich gemeint war. Wahrscheinlich entsprang er der berühmten Entdeckung des *Pythagoras*, daß die Unterteilung einer Saite im Verhältnis kleiner ganzer Zahlen (z. B. 1/2; 2/3; 3/4) musikalische Intervalle hervorbringen. *Pythagoras* spannte über einen Kanon (ein gerades Holz) eine Saite und teilte sie in zwölf Teile. Dann ließ er zunächst die ganze Saite ertönen, anschließend die Hälfte, d.h. sechs Teile. Er fand, daß die ganze Saite zu ihrer Hälfte konsonant ist und im Zusammenklang eine Oktave bildete. Der Ton der ganzen Saite zum Ton der Dreiviertelsaite ließ eine Quarte erklingen. Wenn die Längen der Saiten eines Musikinstrumentes im Verhältnis ganzer Zahlen 1:2, 2:3, 3:4 stehen, ertönen also Oktave, Quinte, Quarte. So hat *Pythagoras* auf mathematischem Wege die Zahlenverhältnisse der drei bereits in der Antike bekannten Hauptintervalle, der Oktave, der Quinte und der Quarte bestimmt. Diese Töne zur Harmonie eines Liedes komponiert, können uns bis zu den Tränen rühren und sozusagen unmittelbar zur Seele sprechen, wie *Pythagoras* meint. Die *Pythagoräer* experimentierten so mit akustischen Phänomenen. Ein schönes Gleichnis von Leib und Seele stammt aus der *pythagoräischen* Schule, wahrscheinlich von dem Jünger *Philolaos*:

„Die Seele sei die Harmonie des Körpers, sie gehöre zu ihm wie die Töne zum Musikinstrument, das sie erzeugt."

Erst viel später gibt es eine Weiterführung der Physik der Töne durch den Byzantiner *Johannes Philoponus*:[190] „Wenn jede Saite einer Leier auf die lydische Tonart gestimmt ist und alle einzeln angeschlagen werden, ohne in eine Harmonie zusammenzuklingen, so wird zweifellos jede für sich den richtigen Ton geben. Aber die Harmonie, die sich aus der Vereinigung aller Saiten durch ihr Zusammenklingen ergibt, ist offenbar vom Ton der einzeln genommenen verschieden. Denn der Zusammenschluß aller bringt eine Form hervor, die im gebrochenen Akkord nicht vorhanden ist. So ist also die Ganzheit der Harmonie aller Saiten, wenn sie zusammen tönen (auch wenn sie räumlich voneinander abstehen) verschieden von der, wenn sie einzeln tönen; sie ist aber insofern die gleiche, als kein Ton zu den Einzeltönen hinzukommt, wenn sie in ihrer Vereinigung die Form der Harmonie zum Ausdruck bringen." Die Gesamtheit macht mehr aus als die Summe ihrer Teile, was man heute physikalisch erklären kann.

Für die *Pythagoräer* verkörpert die 1 die absolute unteilbare Einheit, die 2 den Übergang zur unbestimmten Ferne der Unendlichkeit und die 3 Formierung[191] der Unendlichkeit durch die 1. Damit ist die Triade abgeschlossen. Sie setzt sich in der Körperwelt als die erste Verkörperung der 3 in Gestalt der 4 fort. Sie wird der Gerechtigkeit gleichgestellt. Die 5 entspricht der Farbqualität der Dinge, 6 ihre Beseelung, 7 der Gesundheit und Jungfräulichkeit[192], auch der Vernunft und dem Licht, 8 repräsentiert wahrscheinlich die Gestalt des Eros, und 9 die Entwicklung, die Bewegung zum Guten hin, die Beständigkeit.

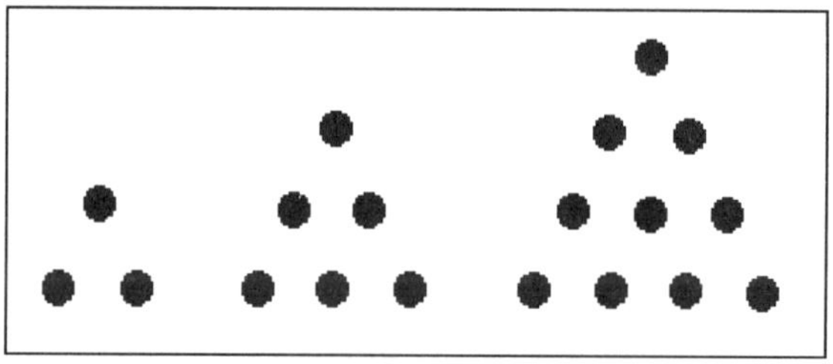

Aus der Vierheit läßt sich dann mit Hilfe der sogenannten Dreieckszahlen (siehe Zeichnung) die heilige Zahl 10 aufbauen. Sie bedeutet das Ende aller Zahlen, das Gute als Ziel, das höchste Gut. Eine Dreieckszahl erhält man, indem man die Zahl n der Punkte einer Dreiecksseite mit $(n+1)$ multipliziert und durch 2 teilt, also $n(n+1)/2$. Diese Dreieckszahlen treten in der Mathematik recht häufig auf. Die Dreieckszahl 10 genoß besonderes Ansehen, weil sie die vierte war (die erste Dreieckszahl ist nach der mathematischen Beziehung die „1"). Die *Pythagoräer* haben sie außergewöhnlich verehrt. Sie läßt sich als Summe der ersten vier Zahlen, die von besonderer Bedeutung sind, darstellen. So war die 10 als die vierte Dreieckszahl für die *Pythagoräer* ein heiliges Zeichen, die sogenannte Tetraktys. Bei der Aufnahme in die Sekte hatten neue Mitglieder darauf einen Eid abzulegen. Das noch heute benutzte dekadische System wird durch die große Bedeutung der zehn bei den *Pythagoräern* begründet. Unser Zahlensystem geht also auf einen mystisch-religiösen Ursprung zurück, der in der *Pythagoräischen* Schule entwickelt wurde. Neben den Dreieckszahlen haben die *Pythagoräer* noch andere Zahlendarstellungen entwickelt, so die Quadratzahl, die Rechteckzahl (Heteromekezahl), die Fünfeckzahl, die Kubikzahl und die Pyramidenzahl[193].

Die Dinge, die Zahlen sein sollten, waren in erster Linie innerliche, materielle Objekte. Bei der Zuordnung waren einige einfache theoretische Eigenschaften der Zahlen maßgebend. So hatten z. B. Quadratzahlen wie 4, 9, 16, 25 usw. mit Gerechtigkeit zu tun, in der das Gleiche mit dem Gleichen vervielfacht wird. Besonders die 4 wurde mit der Gerechtigkeit identifiziert. Dem lag wohl der Gedanke zugrunde, daß sich diese Zahl in zwei Faktoren aufteilen läßt (Rechtsgleichheit, Gleichberechtigung).

Die Zahlen 2, 3 und 4 spielen tatsächlich in der Mathematik eine besondere Rolle. So kennt man geschlossen darstellbare Lösungen von Gleichungen 2., 3. und 4. Grades. Der Mathematiker *Leonhard Euler* (1707 bis 1783) glaubte an solche Lösungen auch für Gleichungen höheren Grades. Jedoch gelang es dem norwegischen Mathematiker *Niels Hendrik Abel* (1802 bis 1829) 1826 nachzuweisen, daß es für Gleichungen höheren Grades als 4 solche Formeln nicht gibt.

In der *Pythagoräischen* Schule wurden die Zahlen eingeteilt in Ungerade und Gerade. Es gibt eine 3. Form, die aus der Mischung von beiden entstanden ist, das Gerade-ungerade. Wie kam man zu dieser scheinbar unsinnigen 3. Form? Betrachten wir ein Quadrat mit der Seitenlänge 1 und der Diagonale a. Nach dem pythagoräischen Lehrsatz wissen wir, daß $a^2 = 1^2 + 1^2 = 2$ und damit $a = \sqrt{2}$ ist. Die Zahl muß demnach zwischen 1 und 2 liegen. Nehmen wir einmal an, sie wäre durch einen Bruch darstellbar, $a = \sqrt{2} = p/q$. Quadriert ergibt sich $p^2 = 2\,q^2$. Danach ist p^2 gerade und auch p, weil eine doppelte Quadratzahl immer eine gerade Zahl ergibt. Die Zahl q muß demnach eine ungerade Zahl sein, weil der Bruch p/q auf seinen einfachsten Bruch gekürzt ist. Andererseits ist eine gerade Quadratzahl durch 4 teilbar, d.h. $2q^2$ ist ebenfalls durch 4 teilbar. Das geht aber nur, wenn q^2 eine gerade und demnach q auch eine gerade Zahl ist. Die Zahl q ist, wie die beiden Überlegungen gezeigt haben, sowohl gerade als auch ungerade (in der Antike benannt als apagogischer Beweis). Das ist jedoch unmöglich! Die Wurzel aus einer ganzen Zahl ist also nicht durch einen Bruch darstellbar. Somit ist die Quadratwurzel aus der Zahl »zwei« eine sogenannte Irrationalzahl. Sie ist die erste Irrationalzahl, die je entdeckt wurde. Eine solche Zahl liegt demnach vor, wenn sie sich nicht als Verhältnis zweier anderer Zahlen ausdrücken läßt. Die *Pythagoräer* waren darüber so entsetzt, daß es Größen gibt, die sich nicht durch noch so komplizierte Brüche darstellen lassen können. Die *pythagoräische* Mathematik ließ nur rationale Zahlen zu, wo dieser Widerspruch nicht auftrat. Jedoch vermutete man durch diesen apagogischen Beweis, daß es noch eine 3. Form der Zahl geben muß.

Die Ungeradheit soll den begrenzten oder endlichen Charakter eines Dinges bestimmen, während die Geradheit für den unbegrenzten oder unendlichen Charakter von einigen Dingen verantwortlich gemacht wird. Die gerade Zahl symbolisiert unendliche Teilbarkeit, weil sie in zwei gleiche Teile geteilt werden kann. Die Unvollkommenheit oder Unvollendetheit der geraden Zahl (die auf ihren unendlichen Charakter hindeutet) sieht man darin, daß bei Teilung dieser Zahl in zwei gleiche Teile ein leeres Feld in der Mitte bleibt, das keinen Gebieter und keine Zahl hat.

x x x | x x x

Die *Pythagoräer* bezeichneten die geraden Zahlen als weiblich und die ungeraden als männlich. Eine Ausnahme bildete die 1, die sie als Erzeugerin aller Zahlen betrachten. Das Symbol für die Ehe z. B. war die Zahl 5, die Summe der ersten weiblichen Zahl, 2, und der ersten männlichen Zahl, 3. Zur *Pythagoräischen* Zahlenmystik[194] gehört auch die Vorstellung vom Kreis als der vollkommensten Figur und der Kugel als der vollkommensten Form. Diese Idee haben *Platon* und *Aristoteles* für ihre Bewegung der Gestirne übernommen und sie ist später in das *Ptolemäische* Weltsystem eingeflossen.

Die Pythagoräer dachten, daß die vier Elemente (Feuer, Wasser, Erde und Luft) aus vier von den fünf regelmäßigen Körpern - Tetraeder (Vierflächner: Feuer), Oktaeder (Achtflächner: Luft), Ikosaeder (von zwanzig gleichseitigen Dreiecken begrenzt: Wasser) und Würfel (Erde) - aufgebaut sind. Der weniger bekannte griechische Mathematiker *Theaitetos*[195] hatte bereits bewiesen, daß es nur fünf reguläre einfache Polyeder gibt. Der fünfte Körper, das Pentagondodekaeder (aus zwölf gleichseitigen Fünfekken), war als Behälter des Weltalls gedacht, weil es der Kugelgestalt sehr nahe kommt. Diese Figur spielt überhaupt eine mystische Rolle und beson-

ders die Gestaltung (durch Ziehen der fünf Diagonalen) zu dem sog. Pentagramm. Das sogenannte Sternfünfeck, der spätere »Drudenfuß« (siehe Zeichnung), war Wappen und Erkennungszeichen der *Pythagoräer*.[196] Einer der frühen *Pythagoräer, Petron*, behauptete, es gäbe alles in allem 183 in einem Dreieck angeordnete Welten, obwohl diese Zahl keine Dreieckszahl ist (Dreieckszahlen sind 171 und 190).

Zahlen- und Buchstabenmystik spielten später eine große Rolle. In *Goethes* »Faust« gibt es den nicht genau gezogenen Drudenfuß, er soll den Teufel am Verlassen der Zelle von Doktor Faust hindern. Eine Ecke des Pentagramms ist offen, eine Ratte wird gerufen, die etwas abnagt. Das Pentagramm ist aufgehoben, ein Winkel ist verschwunden, und der Teufel kann hinaus. Erhalten sind u. a. bis heute die zwölf Tierkreiszeichen, zweimal zwölf Stunden des Tages, um 12 Uhr steht die Sonne am höchsten, die zwölf Sänger in der griechischen Tragödie, die zwölf Apostel, Jesus zieht mit zwölf Jahren nach Jerusalem. Ein Rabbi im alten Judentum scharte zwölf Jünger um sich. Die sogenannte Unglückszahl 13 bekam durch die Babylonier ihre Bedeutung. Sie mußten in ihrem reinen Mondkalender durchschnittlich alle sechs Jahre einen 13. Schaltmonat mit ebenfalls 30 Tagen einfügen, um den Kalender (lateinisch calendae: Der erste Tag des Monats) wieder dem Jahreslauf der Sonne anzupassen. Dieser 13. Monat galt als besonders unheilvoll, weil er der Regel widersprach. „Du mußt im steigenden Monat den 13. meiden für den Beginn der Saat" schreibt der Dichter *Hesiod*. Das christliche Wort »Amen« ist hebräischen Ursprungs. Es soll den Zahlenwert von 99 darstellen. Danach ist also das Wort »Amen« der Laut, in dem das Weltgeschehen verhallt.

Zu damaliger Zeit sind in der *Pythagoräischen* Schule die ersten großen Entdeckungen in der Mathematik und in der Geometrie gemacht worden. Diese Entdeckungen sind bei praktischen Anwendungen auf materielle Objekte entstanden. Nun ist es das Wesen der Mathematik[197] (oder des mathematischen Denkens), von der materiellen Situation der Längen, Winkel oder anderer Größen als Zahlen abzusehen und sich mit ihnen und ihren Beziehungen an sich zu befassen. Hierbei kommt es nun immer wieder vor, daß die Beziehungen, Strukturen und Formeln, geometrischen Figuren usw., zu denen man gekommen ist, sich unerwarteter Weise auf materielle Situationen ganz anderer Art anwenden lassen, als die, von denen sie ursprünglich abgeleitet wurden. Das abstrakte Gebilde oder die mathematische Formel bringen plötzlich Ordnung in ein Gebiet, für das sie gar nicht bestimmt waren. Als man die mathematische Struktur entwickelte, dachte man überhaupt nicht an eine solche Anwendung. Diese Erfahrungen sind sehr eindrucksvoll und können den Glauben an eine mystische Macht der Mathematik erwecken.

Mathematik scheint allem zugrunde zu liegen, da wir sie plötzlich und unerwartet irgendwo ohne unser Zutun antreffen. Dieser Sachverhalt muß die, welche sich damit beschäftigen, oft verblüfft haben. Er wiederholt sich als ein wichtiges Ereignis beim Fortschritt der exakten Wissenschaften.

Ein berühmtes Beispiel dazu:

Hamilton[198] entdeckte, daß die Bewegung eines allgemeinen mechanischen Systems ganz denselben Gesetzen folgt, wie ein Lichtstrahl, der sich in einem inhomogenen Medium fortpflanzt.

Bisher ungeklärte Zufälle in der modernen Physik werden von *Kanitscheider* angeführt. Es ist bis heute unerklärt, warum das Massenverhältnis von Proton und Elektron $m_p/m_e = 1836{,}1515$ ausgerechnet diesen speziellen Wert besitzt. Die dimensionslose Feinstrukturkonstante in der Physik ist definiert als:

$$a = \frac{2\pi e^2}{h \cdot c}$$

Setzt man die Werte für die Elementarladung e, das Wirkungsquantum h und die Lichtgeschwindigkeit c ein, so erhält man den Wert 1/137.

Paul Dirac machte in den dreißiger Jahren auf einen besonderen Zufall aufmerksam. Das von uns beobachtete Weltall enthält etwa 10^{78} Elementarteilchen. Das Verhältnis der Stärke der elektromagnetischen Kraft zur Schwerkraft zwischen zwei Protonen liegt bei etwa 10^{39}. Einen Zusammenhang kann man infolge einer Gleichung finden:

[Verhältniszahl der Stärken der elektrischen Kraft und der Schwerkraft]^2
= Anzahl der Atome im beobachtbaren Weltall.

Eine andere moderne Berechnung der Gesamtzahl aller Elementarteilchen liefert den Wert: 16 x 17 x 2^{256}. Der Wert 2^{256} ist das Quadrat des Quadrats des Quadrats des Quadrats von 2. Klingt das nicht sehr *Pythagoräisch*?

Die heutige Naturwissenschaft ist jedoch vorsichtig und skeptisch. Sie hat gelernt, in solchen Fällen eine innere Verwandtschaft nicht ohne weiteres für sicher zu halten, auch wenn vielleicht nur eine formale Analogie vorliegt, die der mathematischen Denkweise selbst entspringt.[199] Aber in der frühen Kindheit der Naturwissenschaft dürfen uns voreilige Schlüsse dieser Art nicht verwundern.

Ein interessantes Beispiel einer Struktur, die sich unerwartet auf einen ganz neuen Gegenstand anwenden ließ, liefert die sog. Übergangskurve bei der Straßenplanung. Die Krümmung, die zwei gerade Straßenzüge verbindet, darf nicht einfach ein Kreis sein. Denn das würde verlangen, daß ein Autofahrer das Lenkrad mit einem Ruck herumwerfen müßte, wenn er von der geraden Strecke in die Kreisbahn einbiegt. Daraus ergibt sich folgende Bedingung für eine ideale Übergangskurve. Sie soll eine gleichförmige Umdrehung des Lenkrades in der ersten Hälfte und eine ebensolche Rückdrehung in der zweiten Hälfte verlangen. Die mathematische Formulierung dieser Bedingung führt zu der Forderung, daß die Krümmung proportional der Länge der Kurve sein muß. Es zeigt sich, daß dies eine Kurve ganz spezieller Art sein muß: Die in der Mathematik bekannte Spirale von *Cornu*. Sie war bis dahin nur bei einem Spezialproblem der Optik aufgetreten.

Eine sehr einfache Aufgabe ist die, zwischen zwei gegebenen Längen p und q eine dritte, x, so einzuschalten, daß p sich zu x ebenso verhält, wie $x : q$.

$$p : x = x : q$$

x ist das geometrische Mittel von p und q. Eine mathematische Umstellung ergibt, daß das Quadrat von x gleich dem Produkt p q sein muß.

$$x^2 = p \cdot q$$

Die Griechen würden diese Formel geometrisch als die Quadratur des Rechteckes interpretieren. x ist die Seite des Quadrates, dessen Flächeninhalt derselbe ist, wie der des Rechteckes mit den Seiten p und q. Die Griechen kannten algebraische Formeln und Gleichungen nur in geometrischer Deutung. Sie hatten keine Zahl zur Verfügung, die in die Formel paßt.

Beispiel:

$q = 2p; 3p; 4p$ usw. mit $p = 1$. Für diesen Fall ist x, was wir $\sqrt{2};\sqrt{3};\sqrt{4}$ nennen. Für die Griechen gab es keine solchen Zahlen, sie hatten sie noch nicht erfunden!

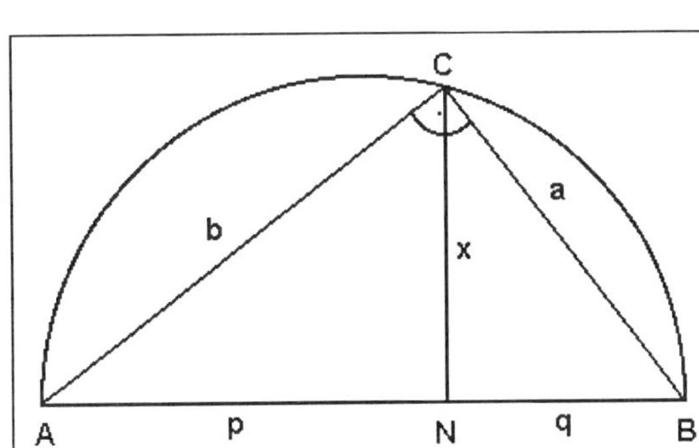

Der einfachste Weg ist folgender:

Die Proportion $p{:}x = x{:}q$ ergibt sich daraus, daß ABC ein rechtwinkliges Dreieck ist. Bei C liegt ein rechter Winkel vor. Daher sind die Dreiekke ABC, ACN, CBN geometrisch ähnlich.

$$p + q = c$$

$$q{:}a = a{:}c \quad \Rightarrow \quad a^2 = q \;\; c$$

$$p{:}b = b{:}c \quad \Rightarrow \quad b^2 = p \;\; c$$

$$a^2 + b^2 = c\,(p + q) = c^2$$

Das ist der Beweis des berühmten Satzes von *Pythagoras*. Auch das alte China und die Babylonier kannten bereits den *Pythagoräischen* Lehrsatz und rechneten mit Gleichungen zweiten und höheren Grades. Aber *Pythagoras* soll der Erste gewesen sein, der einen vollgültigen Beweis dafür erbrachte. Der Schule der Pythagoräer gebührt der Verdienst, daß sie es waren, die den mathematischen Beweis, und damit die Logik in die Mathematik und Naturwissenschaften, eingeführt haben.

Folgende Eigenschaften der Summe der ungeraden Zahlen fanden die *Pythagoräer*:

$$1 = 1^2$$

$$1 + 3 = 2^2$$

$$1 + 3 + 5 + ... +(2n - 1) = n^2$$

Für die Summe der geraden Zahlen fand man:

$$2 = 1 \cdot 2$$

$$2 + 4 = 2 \cdot 3$$

$$2 + 4 + 6 + ... + n - n(n+1)$$

Die Vorschrift (Algorithmus[200]), die Summe der aufeinanderfolgenden ungeraden und geraden Zahlen zu bilden, führt zu einer Dreieckszahl:

$$1 + 2 + 3 + 4 + ... + n = n(n + 1)/2$$

Ein Priester des *Apollo* auf der Insel Delos hatte einst einem Bittsteller das Orakel aufgegeben, die Größe eines Altarsteines zu verdoppeln. Dieser Stein war ein Würfel mit der Kantenlänge a. Das Volumen dieses Altarsteines betrug daher a^3. Das Volumen des verdoppelten Würfels ist dann:

$$b^3 = 2\,a^3$$

Für uns ist die Lösung dieser Aufgabe sehr leicht:

$$b = a \cdot \sqrt[3]{2}$$

Archytos fand eine Lösung des Problems, die recht verwickelt in drei Dimensionen spielt. Diese Lösung benutzt die Schnittkurven einer Kugel, eines Kegels und eines Zylinders. Seine Lösungsmethode ist eine ausgezeichnete Leistung ein halbes Jahrhundert vor dem berühmtesten griechischen Mathematiker *Euklid*. Auf eine Darstellung dieser Methode muß hier verzichtet werden.

Die Werkzeuge der *Pythagoräer* waren Zirkel[201] und Lineal. Obwohl es zu damaliger Zeit kompliziertere Geräte gab, mit denen man bestimmte Konstruktionen hätte einfacher gestalten können, war man der Meinung, daß Zirkel und Lineal immer ausreichen müßten. So konnten die *Pythagoräer* jede denkbare Zahl durch eine Gerade mit Hilfe von Zirkel und Lineal darstellen. Sie haben jedoch nie versucht, negative Zahlen zu behandeln! Demnach kannten sie auch nicht die Zahl Null. Man rechnete mit endlichen Brüchen, indem man das ganzzahlige Verhältnis zweier Strecken untersuchte. Deshalb konnte die Vorstellung von einer Zahl Null gar nicht entstehen, denn sie hat zeichnerisch keinen Sinn! Sie ist eine indische Erfindung das sogenannte Nirwana. Die indische und babylonische Mathematik hatten das für das antike Zahlengefühl Unsinnige – irrationale und negative Zahlen und die Zahl Null – längst zu wesentlichen Bestandteilen ihrer Zahlenwelt gemacht. Mit der Null als Ziffer erst wurde es auch möglich, das Dezimalsystem und Stellenwerte von Zahlen einzuführen. Die Null steht an der Stelle innerhalb einer Zahl, wo im Einer-, oder Zehner-, oder Hunderterbereich u.s.w. keine Ziffer eins bis neun stehen darf. Diese Stelle muß also leer bleiben! Die Null soll angeblich von *Platon* eingeführt worden sein. Sie spielte auch bei den *Pythagoräern* keine Rolle.

Nach Bekanntwerden der irrationalen Zahlen versucht man mit Zirkel und Lineal, einen gegeben Kreis flächengleich in ein Quadrat umzuwandeln. Diese sog. Quadratur des Kreises, mit dem sich schon *Anaxagoras* beschäftigt haben soll, ist eines der drei großen Probleme der griechischen Antike: Winkeldreiteilung,[202] Würfelverdopplung[203] und die Quadratur des Kreises[204]. Ihre Unmöglichkeit wurde erst 1882 von *Ferdinand von Lindemann*[205] bewiesen, indem er mathematisch nachwies, daß die Zahl π eine transzendente Zahl ist.

Polykratos von Samos soll dem *Pythagoras* die folgende Aufgabe gestellt haben:

„Gepriesener *Pythagoras* helikonischer Sproß der Musen, beantworte meine Frage: Wie viele in deinem Haus sind mit wissenschaftlichen Dingen beschäftigt?“ *Pythagoras* antwortete: „Ich werde es dir erzählen, *Polykratos*. Die Hälfte von ihnen befaßt sich mit schöner Literatur; ein Viertel widmet sich dem Studium der unsterblichen Natur; ein Siebentel ist eifrig bedacht auf Ruhc und den ewigen Ruf ihrer Herzen. Außerdem gibt es noch drei Frauen. Dies ist die Anzahl von Interpreten der Musen, die um mich herum versammelt sind.“ Wie viele Musen sind es? Solche Aufgaben waren bei Schülerwettbewerben an öffentlichen und privaten Schulen Griechenlands zu damaliger Zeit sehr beliebt.

Es war *Pythagoras*, der die Anfänge des eigentlich geometrischen Denkens gründete, welches später in *Euklid* seinen Höhepunkt fand. Man kann mit Recht sagen, daß die *Pythagoräer* die Verbindung von Zahl und Naturwissenschaft entdeckt haben. *S. M. Markus* ist der Meinung, daß der Glaube der Pythagoräer an die kosmische Funktion der Zahl das Fundament der Physik ist, und in diesem Sinne ist der Physiker methodischer *Pythagoräer*. Jedoch erst 2000 Jahre nach den *Pythagoräern* hat die Mathematisierung der Naturwissenschaften begonnen. Diese erstaunlich lange Inkubationszeit der Erkenntnismöglichkeit durch Anwendung der Mathematik auf Naturabläufe ist auf Naturphilosophen wie *Platon*, *Aristoteles* und die Humanwissenschaften zurückzuführen, wie *Michel Serres* (siehe auch Text zu Anmerkungen 19) ausführte. So lehnte *Platon* ganz ausdrücklich die Anwendung des naturwissenschaftlichen Wissens - z. B. auf Experimente und ganz allgemein die Technik - ab. Noch *Bertrand Russel* sagt: „Ich kenne keinen anderen Menschen, der einen solchen Einfluß auf das menschliche Denken ausgeübt hat, wie *Pythagoras*.“

Im letzten Teil der Lehre der *Pythagoräischen* Schule beschäftigen wir uns mit ihrer Kosmologie. Die *Pythagoräer* wußten vermutlich als erste, daß die Erde eine Kugel ist! Sie hatten die Kugelgestalt erkannt, indem sie das Verschwinden eines Schiffes am Horizont des Meeres richtig deuteten. Außerdem schlossen sie aus dem kreisförmigen Schatten der Erde auf dem Mond bei Mondfinsternis auf die Kugelgestalt der Erde. Der *Pythagoräer Ekphantos*[206] hat die Drehung der Erde um die eigene Achse festgestellt und sich damit als Vertreter des heliozentrischen Weltbildes gezeigt.[207] Von dem griechischen Astronomen *Herakleides*[208] wird ebenfalls berichtet, daß er die Drehung der Erde um ihre eigene Achse entdeckte und daß Merkur und Venus um die Sonne kreisen. Er hatte die auffallenden Helligkeitsänderungen der Planeten Merkur und Venus beobachtet und erklärte sie durch die Veränderung ihrer Abstände von der Erde. Diese Planeten konnten sich demnach nicht auf Kreisen um die Erde bewegen. Außerdem folgten sie dem Lauf der Sonne. Die Konsequenz dieser Überlegungen war, daß beide Planeten sich um die Sonne drehen. Ähnliche Beobachtungen führten auch bei dem Planeten Mars zu der Annahme, er bewege sich um die Sonne. Auch von dem *Pythagoräer Philolaos* aus Kroton[209] wird behauptet, daß er die Kreisbewegung der Erde eingeführt hat. Sie schwinge sich um das Feuer in einem Kreis von schiefer Lage, gleich wie es bei der Sonne und dem Mond der Fall ist (Ekliptik) und kehrt dabei dem zentralen Feuer immer die gleiche Seite zu. Der erste experimentelle Nachweis der Drehung der Erde um ihre eigene Achse wurde durch das sogenannte *Foucaultsche*[210] Pendel geführt. Unter der Pendelebene dreht sich die Erde. *Aristoteles* hat die Vorstellungen des *Philolaos* verworfen.

Das *Pythagoräische* Modell des Planetensystems und der Sterne sah folgendermaßen aus:

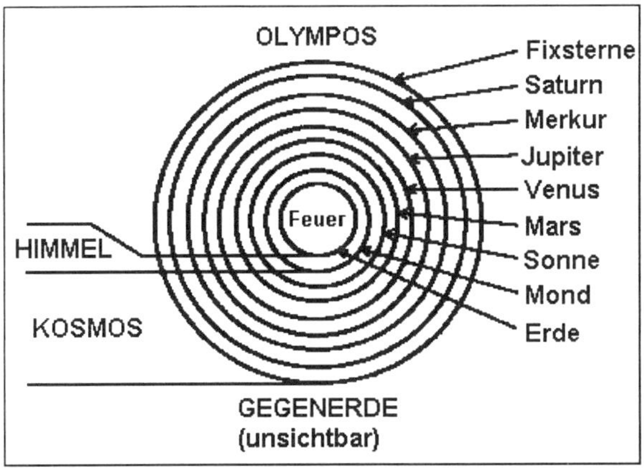

Um ein Zentralfeuer, denn dieses ist der Herd des Weltalls, bewegen sich auf konzentrischen Kreisen zehn Sphären. Die Erdkugel umkreist in 24 Stunden dieses Feuer. Dem Feuer ist immer die gleiche Seite zugeneigt, die aber nicht bewohnbar ist, weil zu heiß. Das leitende Prinzip befindet sich im Zentralfeuer. Es heißt auch Haus des *Zeus*, Mutter der Götter, Altar, Zusammenhalt und Maß der Natur. Außerdem gibt es noch ein anderes Feuer, das ganz oben die Welt umgibt. Von Natur aus ist aber zuerst die Mitte, um diese kreisen im Tanz zehn göttliche Körper. Von außen nach innen ist die äußerste Sphäre die der Fixsterne. Dann folgt die Sphäre der fünf klassischen Planeten (Mars, Jupiter, Merkur, Venus und Saturn)[211] den Umlaufszeiten entsprechend. Es folgten die Sphäre der Sonne, die des Mondes und die der Erde. Da dies jedoch nur neun Sphären sind, hat man wegen der berühmten Zahl zehn vermutlich eine Zugabe rein erfunden: die Sphäre der Gegenerde (sie ist nicht zu sehen!). Erde, Zentralfeuer und Gegenerde mußten immer auf einer geraden Linie liegen, da die Gegenerde niemals gesehen wurde. Die Gegenerde stellte auch eine Lösung des denkbaren Phänomens der Mondfinsternis dar, bei der sowohl Mond als auch Sonne ausnahmsweise an gegenüber liegenden Stellen sehr nahe dem Horizont sichtbar sind (eine solche Mondfinsternis ist wohl noch nicht beobachtet worden). Die *Pythagoräer* nahmen an, daß das Zentralfeuer Sonne, Mond, Planeten und Fixsterne beleuchtet. Bei dieser Art von Mondfinsternis verhindert die Gegenerde die Beleuchtung des Mondes durch das Zentralfeuer. Heute weiß man, daß die Lichtstrahlen von Sonne und Mond, wenn sie auf die Erde treffen, durch die Lufthülle der Erde durch Lichtbrechung gebogen werden; das heißt, man sieht Sonne und Mond noch, obwohl sie in Wirklichkeit schon untergegangen sind. Die von *Thales von Milet* geäußerte Meinung, daß die Erde rund sei, wurde von den *Pythagoräern* auch auf Sonne und Mond bezogen.

Die oberste Region des Umkreises wird Olympos genannt, wo die Reinheit der Urstoffe ist. Die Sphären der fünf Planeten (die man damals nur kannte: Mars, Venus, Jupiter, Merkur und Saturn) mit der Sonne und dem Mond heißen: Kosmos. Die Region unter dem Mond und in der Umgebung der Erde, in der sich „die Dinge des zu steter Wandlung neigenden Werdens" befinden, heißt Himmel.

Die *Pythagoräer* führten die Hypothese der gleichförmigen Kreisbewegung von Sonne, Mond und Planeten ein. Diese Hypothese war ihr Grundprinzip des kosmischen Aufbaues. Es wurde religiös begründet in der Annahme, daß Sonne, Mond und Planeten göttlich und ewig sind, also durch die Göttlichkeit der Gestirne. Die Pythagoräer nahmen zwischen der Göttlichkeit der Gestirne und ihrer völlig regelmäßigen[212] Bewegung einen logischen Zusammenhang an. Diese Vorstellungen haben später die Philosophen *Platon* und *Aristoteles* für ihr eigenes Weltbild übernommen.

Wenn wir berücksichtigen, daß zu damaliger Zeit weder Abmessungen der Erde noch die Bahnen der Himmelskörper bekannt waren, ist dieses Bild der Welt sicher eine erstaunliche Leistung. Es entstand allein aus Beobachtungen, denn die Erkenntnisse der Chaldäer waren längst verschollen. Der damals (den *Pythagoräern)* bekannte Teil der Erde, die Gegend um das Mittelmeer, dreht sich wirklich in 24 Stunden in einem Kreis um ein unsichtbares Zentrum. Diesem Zentrum kehrt es stets die gleiche Seite zu. Gerade durch diesen Umstand beobachten wir eine schnelle Bewegung der Himmelskörper (Sonne, Mond und Sterne). Es bedeutet schon eine große Leistung zu erkennen, daß diese Bewegung der Himmelskörper nur eine scheinbare ist.

Was ist nun eigentlich falsch bei der Deutung der Bewegung der Erde? Wenn die Erde dem Zentralfeuer bei der Umdrehung um das Feuer immer die gleiche Seite zeigt, so ist die Umlaufszeit der Erde um die eigene Achse gleich der Umlaufszeit um das Zentralfeuer. Die Bewegung der Erde wurde also hinsichtlich der Periode und des Umlaufzentrums falsch interpretiert. Dieser Fehler ist aber gering gegenüber der außerordentlich wichtigen Erkenntnis, daß die Erde sich genau wie ein Planet verhält, wie die Sonne, der Mond und die fünf Planeten, und sich um die eigene Achse dreht. „Hier erkennt man eine bewundernswürdige Tat der Selbstbefreiung von dem Vorurteil, der Mensch und sein Lebensraum müßten im Mittelpunkt der Welt sein“ mein *Erwin Schrödinger.* Ein Rückfall der naturwissenschaftlichen Entwicklung trat später durch die Philosophen *Platon* und *Aristoteles* und dem späteren Astronomen *Ptolemaios* ein.

Dieses ist der erste Schritt zu unserem heutigen astronomischen Weltbild, daß unsere Erde nur einer von den kleinen Begleitern eines Sternes, nämlich der Sonne, in einer der zahllosen Milchstraßen[213] (Galaxien) des Weltalls, ist. Dieser Schritt wurde vollzogen von *Aristarch von Samos* 280 v. u. Ztr. aufbauend auf den Erkenntnissen von *Ekphantos* und *Herakleides*, hauptsächlich aus weiteren Beobachtungstatsachen, daß die Planeten Venus und Merkur in ihrer durchschnittlichen Bewegung dem Lauf der Sonne folgten, wurde von ihm ein heliozentrisches System aufgestellt, das bereits im 3. Jahrtausend v. u. Ztr. in Babylon als Geheimwissen bekannt war[214]. Die Richtigkeit dieses Systems wurde damals von vielen nicht eingesehen[215]. Es gab Diskussionen und wurde letztlich von dem bedeutenden *Hipparchos*[216], dem geistigen Führer der Universität Alexandria, abgelehnt. Entscheidend war jedoch, *daß Aristarch* sich mit seinem heliozentrischen System gegenüber der Autorität des älteren *Aristoteles* nicht durchsetzen konnte. Das alte Vorurteil blieb teilweise bis zum 20. Jahrhundert bestehen. Das Heilige Offizium der katholischen Kirche (die Inquisition) hat 1616 die Bewegung der Erde als Glaubensirrtum und die Bewegungslosigkeit der Sonne jedoch als nichtketzerisch bezeichnet. In Frankreich des 17. Jahrhunderts existierte ein Gesetz, das Vertretern des heliozentrischen Systems die Todesstrafe drohte. Erst 1994 hat der Papst für die katholische Kirche offiziell die Richtigkeit der Vorstellungen des *Galilei* zum Ausgang des Mittelalters bestätigt[217]. Erst zu diesem Zeitpunkt ist für die offizielle katholische Kirche das *Ptolemäische* durch das *Kopernikanische* Weltbild ersetzt worden.

Die Gründe für die Vorstellung der *Pythagoräer* eines Zentralfeuers waren folgende: Von *Anaximenes* stammt das Wissen, daß der Mond kein eigenes Licht hat, sondern von einer anderen Lichtquelle beleuchtet wird. Die Ähnlichkeit der beiden Gestirne Sonne und Mond in scheinbarer Größe, Gestalt und Bewegung führte dazu, daß von der Sonne ebenfalls angenommen wurde, sie erhält ihr Licht von einer anderen Lichtquelle. Auf diese Weise kamen die *Pythagoräer* zum Zentralfeuer. Die Sonne habe eine spiegelartige Oberfläche, die das Licht des Zentralfeuers auffängt und wieder ausstrahlt, meinten die *Pythagoräer.* Da man aber das Feuer nicht sehen kann, konnte man dafür keinen anderen Platz finden, als unter unseren Füßen, wo es durch den eigenen Planeten verdeckt ist.

Was die Kosmologie anbetrifft, sind die *Pythagoräer* besser in der Aufstellung eines naturwissenschaftlichen Weltbildes vorangekommen, als z. B. die Hylozoisten aus Milet (*Thales, Anaximander* und *Anaximenes*) und die Atomisten, vor allem *Demokrit.* Dieser hielt noch an der Vorstellung einer flachen Welt fest.

Einige *Pythagoräer* hielten es für physikalisch notwendig, daß so große Körper wie die kreisenden Gestirne ein Geräusch vollführen, wenn sie sich bewegen. Ein solches Geräusch, wie es auch die Körper in unserer Umwelt tun, die jedoch nicht dieselbe Masse haben und sich auch nicht mit solcher Schnelligkeit bewegen. Es ist daher nicht ausgeschlossen, daß die Bewegung von Sonne, Mond und Gestirnen ein ungeheures Geräusch verursacht. Körper, die von der Mitte des Kosmos in ganz bestimmten Zahlenverhältnissen entfernt sind, verursachen unterschiedlich hohe Töne. Die langsameren erzeugen einen tiefen und die schnelleren einen hohen Ton. Da die Geschwindigkeiten sich verhalten wie die Entfernungen vom Mittelpunkt des Kosmos und wie die Tonhöhe, erzeugen die Gestirne ein Geräusch, das eine musikalische Harmonie ist. Ursachen dafür, daß wir diese Töne nicht hören, können verschiedener Art sein. So sei der Ton gleich von unserer Geburt an vorhanden und wir können ihn nicht von der umgebenden Stille unterscheiden. Ton und Stille können wir nur durch Vergleich erkennen, was uns Menschen nicht gelingt.

Die Grundannahme der *Pythagoräer* ist die von Einheit, Einfachheit, der Harmonie und der Schönheit der Natur. Sie hat sich für die Naturerkenntnis von großer Fruchtbarkeit erwiesen. Aus der Entdeckung der einfachen Zahlenverhältnisse der musikalischen Harmonien folgt die Idee des Zusammenklanges bei den Bewegungsformen der Sterne[218]. Die *Pythagoräer* sprechen von der Harmonie der Sphären, die gleich der Musik dem übersinnlichen Geist vernehmbar sei. Diese Harmonie ist lebendig geblieben. Bei der mathematischen Beschreibung der Planetenbewegungen sucht *Kepler*[219] die Harmonie des Ganzen: „Zum Schmucke der Welt!" Der bedeutende theoretische Physiker *Henri Poincaré*[220] schreibt: „Ohne die mathematische Sprache... wären wir uns niemals der innersten Harmonie der Welt bewußt geworden. Die allgemeine Harmonie der Welt ist die Quelle aller Schönheit.“ *Oskar Becker* sagt von den *Maxwellschen* Gleichungen: „Ein System von höchster Symmetrie..., das aus sich selbst heraus wegen seines harmonischen, geschlossenen und gewissermaßen ästhetischen Charakters eine eigenartige Evidenz[221] gewann.“ *Heinrich Hertz*[222] sagt von diesen Gleichungen: „Sie seien klüger als die Menschen, die sie entdeckt hätten.“ *Albert Einstein* hat auf die Frage, wie er seine Relativitätstheorie[223] gefunden habe, geantwortet: „Er habe sie gefunden, weil er so stark von der Harmonie des Universums überzeugt war.“ Einheitlichkeit, Ordnung und Schönheit finden ihre Entsprechung auch in inneren mathematischen Strukturen, z. B. durch die Symmetrie. *Werner Heisenberg*[224] schreibt: „...durch die grundlegende Bedeutung der Symmetrieeigenschaften erhält jeder Versuch einer Theorie der Elementarteilchen... einen eigentümlichen Charakter von Geschlossenheit.“ Die Gleichheit der schweren und der trägen Masse kann nicht, wie *Max Born* sagt, „ein zufälliges Geschenk der Natur sein“. *Ernst Bloch* schreibt: „Die mathematische Naturwissenschaft der Neuzeit ist geboren aus dem *Pythagoreismus*. Im 16. Jahrhundert war es eine ungeheure Paradoxie zu sagen, daß die Natur in Zahlen geschrieben sei, denn die Natur galt doch als das Gesetzlose, als das Reich der Kometen und Mißgeburten. Und die Geschichte, die vom Sündenfall über das Erscheinen Christi bis zum Jüngsten Gericht reicht, ist das Gesetzhafte. Die Natur ist dämonisch, von Spuk und Bösem umgeben, und es ist schrecklich, sich mit ihr einzulassen. Und ausgerechnet diese Natur soll in Zahlen geschrieben sein, und in der Geschichte ging es nun nicht mehr so gut mit den Zahlen und Gesetzen.“

Zusammenfassend kann man nach *Pichot* sagen, daß die Physik der *Pythagoräer* sich mit folgenden drei Komplexen beschäftigt hat:

1 Das Problem des Begrenzten (Endlichen; Determinierten) und des Unbegrenzten (Unendlichen; Nichtdeterminierten)

2 Die Zahl und die Harmonie als die beherrschenden Prinzipien, denen die Dinge unterworfen sind und

3 Die Gegenüberstellung von Gegensätzen.

Alkmaion

Die Einführung der Olympiade und der damit verbundenen Sportaktivität der jungen Männer führte zu einem erhöhten Interesse am menschlichen Körper. Man wollte die sportlichen Leistungen steigern und die Sportverletzungen beheben. Es entstehen Ärzteschulen in Knidos, Kos, Kroton, Kyrene und Rhodos. Einer dieser Ärzte war *Alkmaion* (6. Jahrhundert v. u. Ztr.) aus Kroton. Er soll ein jüngerer Zeitgenosse des *Pythagoras* und Mitglied des *Pythagoräischen* Ordens gewesen sein. Er definierte die körperliche Befindlichkeit als das Ergebnis des Zusammenspiels von gegensätzlichen Kräften. Er hat Tiersektionen[225] vorgenommen, um ihre inneren Organe zu beschreiben. *Alkmaion* erklärte die Nerven des Auges und untersucht die Struktur des im Ei sich entwickelnden Huhnes. Er kann somit als der erste Student (oder Wissenschaftler) der Anatomie[226] und der Embryologie[227] betrachtet werden. *Alkmaion* beschreibt sogar die schmale Röhre, die das Mittelohr mit der Kehle verbindet. Das wurde von späteren Anatomen aus dem Auge verloren und erst 2000 Jahre später wiederentdeckt. Er gewann über die Funktion des Gehirns als Sitz der Seele und des Geistes beim Denken und Wahrnehmen erstaunlich richtige Ansichten, im Gegensatz zum späteren *Aristoteles* (siehe *Aristoteles*: Beispiele). So entdeckte *Alkmaion*, daß die Sinnesnerven zum Gehirn laufen und folgerte daraus, daß dieses das Geistestätigkeit entsprechende Zentralorgan sei. Er besaß schon eine gewisse Vorstellung der Analogie zwischen der Entwicklung des Menschen und der Pflanzen. Das Sprießen der Schamhaare in der Pubertät vergleicht er mit dem Aufblühen einer Pflanze zur Samenbildung.

Fragment:

Der Mensch unterscheidet sich von den übrigen Geschöpfen dadurch, daß er allein begreift, während die übrigen (Lebewesen) zwar wahrnehmen, aber nicht begreifen.

Alkmaion betrachtete die Medizin als erster unter naturwissenschaftlichem Aspekt.

Hippokrates

Ein Jahrhundert später lebte *Hippokrates* von Kos (um 460 bis um 377 v. u. Ztr.). Er entstammt aus berühmtem und wohlhabendem Haus. Über *Hippokrates* weiß man nichts, außer daß er auf der Insel Kos, die der ionischen Küste vorgelagert ist, geboren wurde. Er soll in Larissa in Thessalien gestorben sein. Als Wanderarzt soll *Hippokrates* zahlreiche Reisen durch Griechenland unternommen haben. Dabei soll er *Demokrit* kennengelernt haben, der dann zu seinem Lehrer wurde. *Hippokrates* war der bedeutendste Forscher, den man mit den wissenschaftlichen Anfängen der Biologie und Medizin in Verbindung bringen kann. Auf der Insel Kos befand sich ein Tempel, der dem griechischen Gott der Medizin (Heilgott), Asklepius (der römische Name ist Äskulap), geweiht war. Als Sohn Apollons wurde er zum antiken Heiland, dem wunderbare Heilungen und gelegentlich auch Totenerweckungen nachgesagt wurden[228]. Man kann diesen Tempel als Äquivalent zu den medizinischen Fachbereichen unserer Universitäten auffassen. Dort als Priester aufgenommen zu werden, dürfte einem heutigen medizinischen Abschlußexamen entsprochen haben. Die Heiligtümer des Asklepius wurden zu Krankenhäusern und die Priester zu Ärzten. Dieser Asklepius hatte auch eine Geliebte, die Schönheitsgöttin „Hygieia"!

Hippokrates erwies der Medizin dadurch einen großen Dienst, daß er die Stellung des *Gottes Asklepius* auf eine reine Ehrenfunktion reduzierte. Er war der Meinung, daß kein Gott die medizinische Wissenschaft beeinflussen konnte. Ein Körper war dann gesund, wenn alle Teile gut und harmonisch arbeiten, was bei einem kranken Körper nicht der Fall ist. Die Aufgabe des Arztes besteht darin, sorgfältig zu beobachten, um die Störung des Organismus zu finden und diese dann durch geeignete Maßnahmen zu beheben. Die zu verschreibende Therapie bestand weder aus Gebet noch aus Opfer, um Dämonen auszutreiben oder Götter zu besänftigen. *Hippokrates* Therapie bestand im wesentlichen darin, den Patienten ruhig und sauber zu halten, ihm frische Luft zu verschaffen und ihm einfache, bekömmliche Kost zu reichen. Jede Art von Ausschweifung würde den Arbeitsmechanismus des Körpers stören. In allen Dingen war das rechte Maß zu halten. Dies gilt neben chirurgischer und Chemotherapie heute noch. Die Rolle des Arztes beschränkte sich nach *Hippokrates* darauf, den Heilungsprozeß herbeiführen zu lassen, denn der Körper besitzt selbstheilende Kräfte.

Die *Hippokratische* Medizin zeigt sich durch eine Verweltlichung: Sämtliche Krankheiten haben eine natürliche Ursache. Die Therapie bedient sich natürlicher Mittel. Die Ärzte nehmen nicht wie in früheren Zeiten Zuflucht zu Dämonenaustreibung oder Beschwörung. Diese neue Medizin haben die Vorsokratiker als ihre Denkweise übernommen.

Hippokrates und seine Schule begründeten eine medizinische Tradition, die noch jahrhundertelang fortbestand. Die Ärzte dieser Tradition veröffentlichten ihre Schriften unter seinem berühmten Namen. Man kann deshalb nicht sagen, welche Bücher von ihm selbst geschrieben wurden. Der berühmte Arzt des 2. Jahrhunderts n. u. Ztr., *Galenos*, hat *Hippokrates* sowohl als praktizierenden Arzt wie auch als medizinischen und biologischen Theoretiker verehrt. Der sogenannte »*Hippokratische* Eid«[229] wurde wahrscheinlich erst sechs Jahrhunderte nach seiner Zeit geschrieben. Neue Forschungen halten ihn für eine Art Manifest ärztlicher Familienvereinigung aus dem 1. Jahrhundert u. Ztr. Das sogenannte Genfer Ärztegelöbnis des Jahres 1948 ist die moderne Fassung des *Hippokratischen* Eides. In diesem werden Teile des ursprünglichen Textes ausgelassen und außer Verschwiegenheit und Fürsorge für den Patienten auch Passagen zum Wohle des Arztes aufgeführt. Eine der ältesten *Hippokratischen* Schriften, wahrscheinlich von ihm selbst geschrieben, handelt von der Epilepsie.[230]

Hippokrates kannte keinen Unterschied zwischen Arterien und Venen, wußte nichts von den Nerven und ihren Aufgaben und glaubte das Gehirn war ein Organ zur Schleimabsonderung.

Es sollten noch zwei berühmte Namen der alexandrinischen Biologie genannt werden: *Herophilus* und sein Schüler *Erasistratus*[231]. Von *Herophilus* wurde bekannt, daß er zwischen sensorischen Nerven, die Sinnesempfindungen empfangen, und motorischen Nerven, die Bewegungsreize vom Gehirn und Rückenmark zum Muskel hin leiten, unterscheidet. Weiterhin beobachtete er zwei Arten von Blutbahnen: Venen und Arterien. Er beschreibt die Leber, die Milz, die Netzhaut des Auges, den vorderen Teil des Dünndarms (Zwölffingerdarm), die Eierstöcke und andere Organe des weiblichen und die Vorsteherdrüse des männlichen Körpers. *Erasistratus* untersucht das Gehirn und beschreibt die Einteilung in Großhirn und Kleinhirn. Er beobachtete, daß die Windungen des Gehirns bei Menschen ausgeprägter als beim Tier sind.

In späterer Zeit wurde das Leben im Gegensatz zur unbelebten Natur als heilig betrachtet. Es war daher ein weniger geeigneter Gegenstand für wissenschaftliche Forschung. Das Sezieren des menschlichen Körpers erschien vielen als Frevel. Für die Ägypter war die Unversehrtheit des Körpers für den Genuß des Lebens nach dem Tode erforderlich. Für Juden und später Christen war die Sektion eine Gotteslästerung. Der menschliche Körper war als Ebenbild Gottes geschaffen worden und daher heilig.

Zweite Zusammenfassung

Die geistigen Ahnen der Naturwissenschaft kann man folgendermaßen charakterisieren:

1. Die Milesier (*Thales, Anaximander, Anaximenes*) auch Ionische Aufklärung
   Sie waren von dem Gedanken beseelt, daß die Welt nicht Tummelplatz von Dämonen und Göttern ist, sondern logisch verstanden werden kann. Man muß sich nur die Mühe machen, sie richtig zu beobachten. Der Gedanke der Unendlichkeit wird hier zum ersten Mal gedacht.
2. Die Atomisten (*Leukipp*, vor allem *Demokrit* und *Epikur*)
   Die Welt besteht aus Atomen und dazwischen ist Leere. Der antike Atomismus kann dargestellt werden durch Trennen, Verbinden und Bewegen von permanenten Teilchen, dessen Eigenschaften Größe, Gestalt und Schwere sind. Diese Atomtheorie stimmt in einigen wesentlichen Zügen mit den heutigen Erkenntnissen überein. Die Atomisten waren die einzigen, die der Meinung waren, es seien die Dinge, die ihre Anwesenheit beweisen, indem sie durch den Raum hindurch »Eidola«, eine Art Schatten, aussenden. Diese sehr dünnen Schichten ihrer äußeren Hülle der Dinge (Simulakren) dringen in extrem kurzer Zeit in die Augen ein und hinterlassen mit ihrer Form und ihren Farben auf der Netzhaut einen Abdruck.
3. Die *Pythagoräer* (*Pythagoras* und seine Schule)
   Der logische Zusammenhang der mathematischen Beziehungen und die Bedeutung der Mathematik für die Naturwissenschaften haben die *Pythagoräer* als erste erkannt.[232] Sie haben ein heliozentrisches System der Kosmologie wiedergeschaffen und damit der Hypothese, daß der Mensch und seine Erde der Mittelpunkt des Weltalls sei, widersprochen.
4. Erste Biologen u. Mediziner (*Alkmaion, Hippokrates, Herophilus* u. *Erasistratus*)
   Das Studium des inneren Mechanismus des Tierkörpers und des menschlichen Körpers war nun nicht mehr Selbstzweck und wurde nicht mehr zur Übermittlung göttlicher Botschaften betrieben, sondern es begann eine wissenschaftliche Betrachtungsweise in der Biologie

und Medizin. Im Verlauf von zwei bis drei Jahrhunderten ist die antike Medizin einem gründlichen Säkularisierungsprozeß[232] unterworfen worden.

5. Insgesamt die griechische Aufklärung
   Die Erforschung der Natur wurde zum ersten Mal nicht ausschließlich von einer Minderheit von Auserwählten, z. B. Priestern, betrieben. Ihnen allein kam bisher die Befugnis zu, ihre Deutung gewöhnlichen Menschen mitzuteilen. Die Wissenschaft wurde weltlich, im Gegensatz zum astronomischen Geheimwissen der Chaldäer im 3. Jahrtausend v. u. Ztr. Durch Denken kann man Naturgesetze finden, die auch verständlich sind. Das Denken kann die Erfahrung weiterführen und vertiefen. Es kann der Wirklichkeit Ordnungen und Strukturen abgewinnen, die nicht unmittelbar vor Augen liegen.

Neben naturwissenschaftlichen und medizinischen haben vor allem mathematische Formen die Entwicklung der griechischen Philosophie mitbestimmt. Bis *Aristoteles* sind die großen Philosophen Mathematiker und die großen Mathematiker Philosophen gewesen. Am Giebel einer philosophischen Schule (der Akademie von *Platon* in Athen) soll der Spruch gestanden haben:

LAßT KEINEN NICHTMATHEMATIKER HIER JEMALS EINTRETEN.

Sokrates, Platon und Aristoteles

Im folgenden wollen wir die drei bekanntesten Philosophen der griechischen Antike behandeln. Für die Entwicklung der Philosophie haben besonders *Platon* und *Aristoteles* eine große Bedeutung.[234] So setzt *Aristoteles* Maßstäbe, die für die heutige Philosophie noch wichtig sind. Uns interessiert hier jedoch mehr die naturwissenschaftliche Bedeutung dieser drei Philosophen. Wesentliche Fortschritte in der Naturwissenschaft sind von *Sokrates* und *Platon* nicht erreicht worden. *Aristoteles* dagegen brachte die Naturwissenschaften, besonders die Physik und Astronomie, eher in Mißkredit.

Sokrates

Sokrates, gelernter Steinmetz, war ein griechischer Ethiker. Er lebte 469 bis 399 v. u. Ztr. in Athen. Seine zweite Ehefrau war *Xantippe*, die für ihr zänkisches Wesen berühmt wurde. Er interessierte sich in der Jugend für naturphilosophischen Fragen, später beschäftigte er sich jedoch allein mit ethischen Erkenntnisproblemen, z. B. mit den moralischen Begriffen. „Er habe aber erkannt, daß die Naturphilosophie für uns nichts tauge und habe sich der Sittenlehre zugewandt..." schreibt *Diogenes Laertius. Sokrates* wurde in Athen angeklagt die Jugend zu verderben, weil er gottlos sei und versuche, neue religiöse Bräuche und neue göttliche Wesen in den Staat einzuführen, d. h., daß *Sokrates* ein Revolutionär auf ethisch-religiösem Gebiet war. Er wurde zum Tode durch den Giftbecher verurteilt[235]. Seine Philosophie gipfelt in der Erkenntnis: Der Mensch sei durch eigenes Urteil befähigt, das Gute und das Schlechte zu erkennen. Der Geist des Menschen sei das Maß aller Dinge. Das Sittengesetz ist ein unbedingtes und gebieterisches. Ohne Hoffnung auf Lohn muß man Gutes tun, nur weil es das Gute ist. *Sokrates* spricht von einem höchsten Wesen, welches Herr über Menschen und Dinge ist. Für ihn ist entscheidend die Klarheit der Vernunft. Die Frage von der Erkenntnis der Außenwelt, also die naturwissenschaftliche Frage, interessierte ihn nicht sonderlich. Er meint, er könne es sich nicht leisten, sich für die Natur und die Naturwissenschaft zu interessieren, weil solche Erkenntnisse nie etwas zur Beantwortung der Frage beitragen können: Was soll ich tun? *Sokrates* erscheint in seiner Philosophie als der Begründer der teleologischen Denkweise. Alles in der Natur strebt einem bestimmten Ziel zu. *Platon* hat diese Auffassung übernommen. Für *Aristoteles* war diese Denkweise bestimmend für seine gesamte Philosophie und Naturphilosophie! *Sokrates* selbst hat keine Schriften hinterlassen. Auf die Frage, warum er keine Bücher verfasse, meint er: „Ich übertrage nicht die Wissenschaft von lebendigen Menschenherzen auf die Häute toter Schafe." Seine philosophischen Auffassungen kennen wir durch seinen bedeutendsten Schüler, *Platon.*

Sokrates hat die Astronomie nur als Magd der Feldmessung und Zeitrechnung gelten lassen. Dagegen hielt er Untersuchungen über den Lauf der Planeten, über ihre Umlaufzeiten, über ihre Abstände von der Erde für unmoralisch, ja subversiv[236].

Platon

Platon lebte 427 bis 347 v. u. Ztr. und hieß ursprünglich gar nicht *Platon*, sondern *Aristokles*. Er wurde aber ziemlich früh schon *Platon* genannt, weil πλατυζ breit heißt und somit seine stattliche Erscheinung wiedergab. *Diogenes Laertius* berichtet von der Athener Legende, daß *Platon* ein Sohn des Gottes *Apoll* sei. Bis *Platons* Geburt soll sein Vater *Ariston* sich des ehelichen Verkehrs mit der Gattin *Periktione* enthalten haben (eine Art jungfräulicher Geburt)[237]. Gedichte und Tragödien soll er in seiner Jugend geschrieben haben, bis er seinem zukünftigen Lehrer Sokrates begegnete, der ihn zur Philosophie führte. Sokrates setzt er mit seinem Werk ein bleibendes Denkmal. Platon war der Gründer der Akademie, die er nordwestlich vor der Stadt Athen, im ehemals Heiligen Bezirk Hekademeiain, aufbaute. Diese Philosophenschule entsteht im Garten eines athenischen Bürgers und legendenhaften Heldens mit Namen *Akademos*. Daher stammt der Name Akademía (Akademie)[238]. Ihre Organisation erhielt die Schule nach dem Beispiel der *Pythagoräischen* Schulen, mit denen *Platon* während seiner Reisen in Kontakt gekommen war. *Platon* entwickelte die zum Teil schon vorhandenen Schulen zu seiner eigenen philosophischen Schule und gewissermaßen Privatuniversität[239]. Diese stellt die Vorgängerin der Universitäten dar. Man hat sie zu Recht die erste Universität der Welt genannt. *Platon* betrieb mit einer ausgesuchten Anzahl von Schülern Wissensvermittlung und die Ausbildung fähiger und kluger Menschen. *Platon* fordert die Herrschaft der Gelehrsamkeit, die Sophokratie, wie *Popper* es nannte. Die Vorstellung *Platons*, den Elitephilosophen auszubilden, hat wenig Beifall gefunden. Auch sein Nachfolger konnten sich mit seinem Konzept, die Herrschaft der Philosophen anzustreben, nicht anfreunden. Besonders *Popper* kritisierte, daß *Platons* praktische Philosophie in ihren Grundzügen totalitär sei und jedem Machtmißbrauch unter dem Vorwand des angeblich besseren Wissens Tür und Tor öffne. Zu *Platons* Mitarbeitern (Schülern) gehörten der Astronom *Herakleides Pontikus*, der Mathematiker *Philipp von Opus* und der Botaniker *Diokles*. Auch gehörten zwei Frauen zur Akademie. Sie wurden jedoch gezwungen, Männerkleidung zu tragen. Die Grundlagen des Lehrplans entsprachen den herkömmlichen Fachgebieten der *Pythagoräischen* Schulen, wie: Arithmetik, Astronomie, Geometrie und Musik. Die Studiendauer, also die Beschäftigung mit all diesen Disziplinen, dauerte zehn Jahre. Die Lenkung des Gedankens der Menschen weg vom vergänglichen Wechsel der Erfahrungswelt zu dem hinter ihr liegenden Unveränderlichen, also vom Werdenden zum Seienden, war das Ziel alles Lehrens. *Platons* politische Leidenschaft war, die Welt zu verändern. Zu diesem Zweck unternahm er drei Reisen nach Sizilien, die mit unterschiedlichen Gefahren - so war er kurzzeitig auch Sklave - bis zur Lebensgefahr verbunden waren. Nach diesen vergeblichen Bemühungen widmete er sich nur noch seiner philosophischen Schule in Athen. Über seinen Tod in Athen gibt es zwei Versionen: Er starb beim fröhlichen Hochzeitsmahl oder schreibend an seinem Schreibtisch sitzend. Diese beiden Versionen sind symbolisch für *Platons* Leben: Eros und Logos. Dem Nachfolger *Platons*, *Speusippos*, folgte *Xenokrates von Kalchedon* (ca. 396 bis 314 v. u. Ztr.) als Leiter der Akademie. Er fühlte sich verpflichtet, mit großer Konzentration und unermütlicher Arbeitskraft die Hinterlassenschaft *Platons* zu wahren, zu pflegen und dunkle Zusammenhänge zu interpretieren. Er wurde zum Begründer des eigentlichen *Platonismus* und damit zum Wegbereiter des späteren Mittel- und *Neuplatonismus*. Die *Platonsche* Akademie bestand bis zu ihrer Schließung 529 n. u. Ztr. durch Kaiser Justinian, er fühlte sich durch das Überleben der klassischen Tradition in seiner christlichen Auffassung verletzt, fast tausend Jahre. Sie war die letzte Hochburg der alten *Platonschen* Tradition, wenn auch ihre Bedeutung als Schule und Universität durch den *Neuplatonischen* Mystizismus beträchtlich verblaßt war. Dieser war es, der dem Christentum zu seiner Dogmatik verholfen hat und somit *Platonisches* Denken zur Grundlage des geistigen Lebens in Europa machte.

Platon gilt als der Begründer der metaphysischen Theorie der Formen oder Ideen, kurz Ideenlehre genannt.[240] *Karl Popper* schreibt: „Den Vater oder das Original nennt *Platon* die »Form«, das »Modell« oder die »Idee« dieses Dinges. Wir müssen hervorheben, daß die Form oder die Idee trotz ihres Namens keine »Idee in unserem Geiste« ist; sie ist kein Vorstellungsbild, kein Traum, sondern ein wirkliches Ding. Sie ist sogar in höherem Grade wirklich als alle die gewöhnlichen und veränderlichen Dinge, die trotz ihrer scheinbaren Festigkeit zum Verfall verurteilt sind; denn die Form oder die Idee ist vollkommen und verfällt nicht. ...Die *Platonische* Idee ist das Original und der Ursprung des Dinges; sie ist das Verständige am Ding, der Vernunftsgrund seines Daseins, das feste unterstützende Prinzip, »Kraft« dessen es existiert. Sie ist die dem Ding innewohnende und es zum Guten bestimmende Kraft, sein Ideal, seine Vollendung." Nach dieser Lehre wird die Erscheinungswelt, also die Erfahrungswelt oder Sinnenwelt, überragt von einer übersinnlichen Welt der Ideen. Diese Ideen bedeuten die allein wirklichen, vollkommenen, ewigen und unveränderlichen Urbilder der Dinge. *Klaus Mainzer*[241] schreibt: „So wie die Säule eines griechischen Tempels nur ein unvollkommenes Abbild der geometrischen Idealform eines Zylinders ist, so kann ein gerechter Politiker oder tapferer Soldat nur ein unvollkommenes Abbild der Idee der Gerechtigkeit oder Tapferkeit sein." Die höchste Idee, die Idee des Guten setzt *Platon* Gott gleich. Er faßte ihn auch als Weltbaumeister auf, der durch Maß und Zahl aus dem Chaos den Kosmos formt. Unter den Wissenschaftlern ist umstritten, ob die Ideenlehre mehr von *Sokrates* oder von *Platon* stammt. *Bertrand Russel* schreibt: „Daß sie (die Ideenlehre) nicht *Platons* eigene Ansicht, auf jeden Fall nicht in seiner späteren, reiferen Zeit war, dafür bürgt die Tatsache, daß die Ideenlehre in den späteren Dialogen zuerst abgelehnt wurde und später endgültig verschwindet."

Platons Lehre wurde entscheidend beeinflußt von den *Pythagoräern*. So stammt das den Dialogen des »Timaios« zugrundeliegende Weltbild in allen wesentlich Punkten von den *Pythagoräern*. Ihre aprioristische[242] Einstellung wurde ganz offenbar von *Platon* und der athenischen Akademie übernommen. Auch den Leitgedanken der Ideenlehre hat *Platon* von den späten *Pythagoräern* aufgegriffen. Die *Pythagoräer* stellten fest, daß man ein gleichseitiges Dreieck nicht äußerst genau zeichnen kann. Geometrisch-mathematische Beweise könne man daher an ihm nicht absolut genau durchführen. Ein solches genaues Dreieck kann man sich nur vorstellen. Jede ausgeführte Zeichnung kann daher nur ein mehr oder weniger getreues Abbild des geistigen Vorbilds, also der Idee, sein. Die Akademie in Athen gehörte jedoch nicht formal dem *Pythagoräischen* »Orden« an. Im Gegenteil, sie war ängstlich bemüht, ihre Abhängigkeit zu verschleiern, um ihre eigene Originalität besser herauszustellen. Die Akademie setzte sich ebenfalls mit der *Pythagoräischen* Zahlenlehre auseinander. Sie revidierte die Zahlenfolge, indem sie als Beginn der Zahlenreihe die Null statt der Einheit anerkannte. Die mathematischen Formen bestimmten nicht nur die Problemstellung der Philosophie *Platons*, sondern auch seine Denkmethode. Dies ist vergleichbar mit Menschen, die sich lebenslang mit den Naturwissenschaften beschäftigen. Die Naturwissenschaften beeinflussen nicht nur die von ihnen entwickelten Modelle zu naturwissenschaftlichen Problemen, sondern auch ihre gesamte Denkweise. Ein gutes Beispiel dafür ist *Platons* Werk Staat. Es hat die politische Erziehung durch Mathematik zum Inhalt. *Platons* Staat ist sicher die am sorgfältigsten ausgearbeitete Monographie, die je über die Gerechtigkeit geschrieben wurde[243]. In diesem Werk entwickelt *Platon* eine Theorie der Gesellschaft. Die praktische Umgestaltung seiner sozialpolitischen Ideale erfolgte im umfangreichsten und spätesten Werk *Platons* »Gesetze«. Sie könnten im realen griechischen Leben verwirklicht werden. Nach diesen Gesetzen wäre allerdings freies Denken, Kritik politischer Institutionen, die Mitteilung neuer Ideen an die junge Generation, Versuche, neue religiöse Praktiken oder sogar neue Glaubensansichten ein todeswürdiges Verbrechen[244].

Platons Grundgedanke seiner Ideenlehre war, daß die Dinge, die wir wahrnehmen, nur unvollkommene Abbilder der Ideen sind. Diese existieren in einer übersinnlichen Welt und sind dem menschlichen Denken nur annähernd zugänglich. Wegen dieses philosophischen Ansatzes lehnte *Platon* mechanische Entdeckungen und Anwendung der Mathematik auf Physik und Technik[245] ab. Sie trüben die Ideenschau. Er verlangte, daß geometrische Beweise, nach alter Vorschrift, nur mit Hilfe von Lineal und Zirkel ausgeführt werden sollten. Diese Methode mußte auf die elementare und ebenfalls fortgeschrittene Geometrie soweit wie möglich angewandt werden. Diese Lineal-und-Zirkel-Vorschrift und *Platons* große Bedeutung für das kommende abendländische Mittelalter hat den Fortschritt der Mathematik sicher erheblich abgebremst. Aus Sicht der Mathematik ist *Platon* heute ohne Wohlwollen zu betrachten. Der große englische Logiker des 19. Jahrhunderts, Professor in Cambridge und London, *Augustus de Morgan,* macht eine sarkastische Bemerkung über die Worte, die über dem Tor der Akademie *Platons* gestanden haben soll: „Laßt niemand eintreten, der nicht der Geometrie kundig ist.“ *Morgan* meint, daß dieses Wort genauso wenig bedeutet, daß man drinnen (in der

Akademie) etwas von Geometrie verstände, wie „die Warnung, die Brotpakete nicht zu vergessen ... ein gutes Abendessen bedeutet".

Die *Platonsche* Schule war für die Naturwissenschaft ein ausgesprochenes Unglück. So schreibt *John D. Barrow:* „Sie - die *Platonsche* Schule - bewirkte eine vollständige Trennung von Theorie und Beobachtung. Kein Handwerker konnte je ein neues Gerät erfinden, weil er warten mußte, bis die Götter die vollkommene Idee geschaffen hatten, auf der es beruhen würde. Erfindern wurde in der Vergangenheit gesagt, sie hätten nur die Vorlagen der Götter kopiert. Neue Erfindungen mußten auf eine Art göttlicher Initiative warten, als ob die Götter Ideen freigeben mußten, bevor Menschen sie haben durften. Der Gedanke, daß sich Naturphilosophie unter dem Gesichtspunkt materiellen Vorteils oder zur Ersparnis der Arbeit betreiben ließe und nicht nur Teil der reinen Suche nach der letzten Wahrheit sei, wäre für die Schule *Platons* unannehmbar gewesen. Nicht nur war ihm aufgrund der vorherrschenden Vorurteile gegen die manuelle Arbeit auch die Idee der Technik und des Experiments verhaßt, sondern es wurde jetzt behauptet, es gäbe keine direkten Hinweise darauf, daß sich die Struktur und das Wirken der Natur in der sinnlichen Wahrnehmung finden ließen." Diese Behauptung läßt Beobachtungen der Natur nicht zu und erst recht nicht das Experiment, weil, wie man glaubt, die Natur nur wirklich erfaßt werden kann, wenn man sie in ihrem ursprünglichen, eigenen Verhalten belasse. Weil das Experiment unter künstlichen Umständen erfolgt, sei es wider die Natur. *Platons* Ideen beschränken sich nicht darauf, nur die Beobachtung der Natur nicht besonders zu betonen. Sie lehnen sie eindeutig ab, weil „sie ein irreführender und vollkommener Führer zu jener wahren Natur der Dinge sei, die sich nur durch reines Nachdenken finden läßt." *Platon* akzeptierte Technik nur, sofern es sich um »technische Spielerei« handelt. In Anlehnung an den Begriff »Philosophie« (Liebe zum Wissen) prägte er den Begriff »Philotechnie« (Liebe zur Technik). In der heutigen naturwissenschaftlichen Forschung liefern Beobachtung und Experiment empirische Daten der Natur, die dann in einer Theorie verarbeitet werden. Man versteht darunter die zusammenfassende Darstellung eines Systems des Wissens über Erkenntnisgegenstände (z. B. physikalische Messungen). *John L. Casti* gibt für die logische Struktur der Wissenschaft folgende Sequenz an: „Beobachtungen/ Tatsachen → Hypothese → Experiment → Gesetze → Theorie". Andererseits ist eine scharfe Abgrenzung zwischen Beobachter und Experiment heute unhaltbar. Die Frage an die Natur, die wir durch ein Experiment stellen, liefert eine Anwort. Diese ist aber nicht die Antwort der Natur selbst, sondern die Antwort der Natur, die unserer Art der Fragestellung ausgesetzt ist. Der dänische Atomphysiker *Niels Bohr* drückt es so aus:

„...daß wir im Schauspiel des Lebens gleichzeitig Zuschauer und Mitspielende sind.“ Theorie heißt eigentlich »Schau«, und »Theoria« nannte man die Zuschauerdelegation einer Stadt zu den heiligen Spielen in Olympia.

Unter den bedeutenden Schriften *Platons* interessiert uns hier nur sein Spätwerk Timaios, die Schrift über die Gesetze der Naturwissenschaft. In diesem Buch legte er seine Kosmologie dar. Es war nicht als wissenschaftliche Studie gedacht, sondern vielmehr als eine naturphilosophische Vision des beinahe siebzigjährigen *Platon.* Dazu hat er alle Erkenntnisse der Vorsokratiker verarbeitet. Er hat sich auch hier teilweise den kosmozentrischen Konsequenzen der *Pythagoräer* angeschlossen. Daher heißt diese Schrift, in der er sein geozentrisches System entwickelt hat, Timaios, nach einem sonst unbekanntem *Pythagoräischen* Philosophen - *Timaios von Lokri* -. Die Grundlage für *Platons* Harmonie des Makrokosmos und Mikrokosmos war die *Pythagoräische* Zahlenspekulation. Aufgrund eines schon erwähnten Skandals hat *Platon* drei Manuskriptrollen von einem *Pythagoräer* (vermutlich *Philolaos*) aufgekauft und sie als seine eigenen ausgegeben. Man muß davon ausgehen, daß er diese in seiner Schrift Timaios verarbeitet hat. Die Überlieferung schreibt *Platon* den Plan zu, *Demokrits* Schriften zu verbrennen (offensichtlich um ihre Verbreitung zu verhindern). Auch hat er Thesen der Vorsokratiker benutzt, ohne ihren Namen zu nennen, so daß beim Leser der Eindruck entsteht, diese seien von *Platon.* Er pflegte auf naturphilosophische Schriften anderen Autoren nur verschleiert anzuspielen, So verschmähte er es nicht, Teile der *demokritischen* Philosophie aufzugreifen, falls sie sich seiner idealistischen Gesamtkonzeption anpassen ließen. Keinesfalls als Zufall kann gelten, daß *Platon*, als er sich über den Aufbau der materiellen Welt äußert, die Welt nach *Demokritischer* Manier aus Ur-Partikeln zusammengesetzt sein läßt. *Platon* hat *Demokrit* namentlich nie genannt.

In seinem Werk Timaios hat *Platon* eine Darstellung vom Ursprung der Arten, eine Art Schöpfungstheorie, gegeben: Der Mensch, das höchste unter den Lebewesen, ist von den Göttern geschaffen worden; die übrigen Arten entstehen aus ihm durch einen Prozeß des Verfalls und der Degeneration. Zunächst entarten gewisse Männer - die Feiglinge und Bösewichte; aus ihnen werden die Weiber. Jene, denen es an Weisheit mangelt, entarten gleichfalls und verwandeln sich Schritt für Schritt in niedere Tiere. Vögel entstehen durch die Transformation von harmlosen, aber allzu leichtlebigen Menschen, von Menschen, die auf ihre Sinne zu großes Gewicht legen; „das Geschlecht der Landtiere entsteht aus jenen, die an der Philosophie kein Interesse hatten“; und Fische, Schellfisch eingeschlossen, „entstehen aus allerunverständigsten und dümmsten“, aus Menschen

„der äußersten Unwissenheit“. Diese Schöpfungstheorie hatte den größten negativen Einfluß auf das evolutionäre Denken von der Antike bis in die heutige Zeit[246]. Eine evolutionäre Theorie geht immer vom Wandel aus. Der *pythagoräische Platon* jedoch trat für eine aus der Mathematik abgeleitete unveränderliche universelle Realität ein. Seine biologischen Vorstellungen folgten einer theoretischen Metaphysik und weniger einer empirischen Naturwissenschaft.

Folgende metaphysische Vorstellungen waren nach *Robert J. Berry*[247] für die Entwicklung einer Biologie nach *Platon* besonders folgenschwer:

- Die Welt, in der wir leben, besteht aus einer begrenzten Zahl von festen und unveränderlichen Formen, den sogenannten Essenzen[248]. Eine Veränderung kann nur das Ergebnis unvollkommener Essenzen sein.
- Der Kosmos besteht aus einem harmonischen Ganzen. Eine Änderung würde die Harmonie stören.
- Die oberste Idee ist die einer schöpferischen Kraft, sie wird als Demiurg[249] bezeichnet. Er bildet zuerst nach den Gesetzen der Harmonie die Weltseele. Das Christentum übernahm die Vorstellung des Demiurg und machte ihn zu ihrem Schöpfergott. Diese Vorstellung führte in der christlichen Tradition zu der Annahme, daß es die Hauptaufgabe der Philosophie sei, den Plan des Schöpfers zu erkennen.
- Als nichtmaterielle Größe wurde die Seele eingeführt. Dies hat dazu geführt, daß die Menschen und ihre Seele nicht durch den Prozeß einer Evolution entstanden sein können.

Die *Platonsche* Kosmologie besagt, daß nach bestimmten Gesetzen sich auf acht Sphären[250], d.h. unsichtbaren Hohlkugeln, die Himmelskörper um die Erde drehen. *Plutarch* (s. Anmerkung 71) erwähnt in seiner Schrift »Leben Numa`s«, daß *Platon* im Alter sich die Erde nicht mehr im Mittelpunkt der Welt vorgestellt haben soll, denn der mittelste und einflußreichste Platz gehörte einem größerem Weltkörper! Sollte *Plutarch* Recht haben, dann wäre dieser Sinneswandel auf den Einfluß der *Pythagoräer* zurückzuführen. *Platon* wandte sich entschieden gegen die materielle Beschaffenheit der Sterne. Die Himmelskörper sind Götter mit eigener Seele (*Platon-Aristotelische* Astraltheologie). Die äußerste Sphäre wird dabei durch ein Verlangen nach Vollkommenheit, also durch die Liebe, in Bewegung gesetzt. Für *Platon* ist dieses Liebesverlangen der äußersten Sphäre von Gott als erstem Beweger eingegeben. Im Kosmos sieht *Platon* einen vernunftbegabten, beseelten Organismus. Hier wurde das Bild entwickelt, daß ein Baumeister nach dem Vorbild des ewigen Seins eine Welt geschaffen hat. Es scheint, daß kein Grieche vor *Platon* den Gedanken eines Schöpfers der Welt ausgesprochen hat. Ein zentraler Begriff ist bei *Platon* die Ordnung der Himmelserscheinungen. Die Planetenbewegungen erhalten ihre Bahn und ihre Umlaufszciten einem göttlichen Plan entsprechend zugewiesen. Dem späteren christlichen Abendland sind daher die Vorstellungen des *Platon* näherliegend als die der Vorsokratiker! *Platons* Schüler haben seine Lehre als neue religiöse Offenbarung verstanden. *Aratos von Soloi* (ca. 310 bis 245 v. u. Ztr.) hat in einem astronomischen Lehrgedicht die religiös gedeutete *Platonische* Astronomie dichterisch dargestellt.

Platon hat ebenfalls eine Theorie der Materie entworfen. Er setzt der Atomlehre *Demokrits* eine eigene (in Anlehnung an die Pythagoräer), aus mathematischen Elementen aufgebaute Atomlehre entgegen. Er geht von zwei rechtwinkligen Grunddreiecken aus, die gelegentlich als Elemente bezeichnet werden. Es sind das rechtwinklig gleichschenklige und das halbierte gleichseitige Dreieck. Er bezeichnet sie als die schönsten aller Dreiecke[251]. Aus dem gleichseitigen Dreieck bildet er aus je vier Flächen das Tetraeder, aus je acht das Oktaeder und aus je 20 das Ikosaeder. Aus dem rechtwinklig gleichschenkligen Dreieck, macht er, zu einem Quadrat verdoppelt, den Kubus und einen fünften regelmäßigen Körper, das Dodekaeder. Seine fünfeckigen Flächen ließen sich jedoch nicht auf rechtwinklige Dreiecke zurückführen. Das Dodekaeder habe „Gott für das All verwendet, um es mit Figuren auszustatten“. Die gewagte Spekulation, deren Fragwürdigkeit Platon selbst erkennt, besteht nun darin, daß er diese vier mathematischen Körper den vier *Empedokleischen* Elementen - Feuer, Luft, Erde und Wasser - (die *Platon* durch Vermittlung des *Empedokles*schülers, des Arztes *Philistion* von Syrakus, übernommen hat) aufgrund recht äußerlicher Anzeichen zuordnet. Er macht sie zu den Grundbausteinen der Materie: Das Feuer ist aus den kleinsten und spitzesten, den Pyramiden, geschaffen, die Luft aus Oktaeder, das Wasser aus Ikosaeder und die Erde schließlich aus den standfestesten Körpern, den Kuben. Diese Theorie zeigt sich in der Betrachtung durch den modernen Naturforscher als naive Spekulation und hat nur Spott und Kopfschütteln hervorgerufen. Andererseits war sich *Platon* selbst der Willkür seiner Methode der Dreieckzuordnung, in die der Dodekaeder überhaupt nicht mehr hineinpaßt, durchaus bewußt. So sagt er: „Weiß jemand ein für die Zusammensetzung der Körper schöneres (Dreieck) auszuwählen und anzugeben, den begrüßen wir nicht als Gegner, sondern als einen das Rechte behauptenden Freund.“

In der Philosophie nennt man heute den Realismus, wenn er sich auf mathematische Objekte wie Funktionen, Gruppen oder Mengen richtet, auch *Platonismus*. Hier ist die Welt innerlich nach mathematischen Prinzipien aufgebaut. Dieser Begriff ist wegen der Ähnlichkeit mit *Platons* Ideenlehre entstanden.

Die große Streitfrage der Vorsokratiker, im wesentlichen zwischen *Parmenides* (sinnenfeindlich) und *Protagoras* (Sensualist), ob die unmittelbare sinnliche Wahrnehmung oder das vernünftige Denken die Hauptquelle der Wahrheit ist, erscheint bei *Platon* überwunden. Die Eigenschaft der Sinnenwelt ist das Veränderliche. Das Bleibende bedeutet das Wesen des höheren und wahrhaft wirklichen Seins. Es hat als normengebend und schöpferisch gegenüber der Welt des Sichtbaren einen höheren Rang. Nach *Platon* streiten nicht mehr das Veränderliche und Bleibende um die Weltherrschaft, sondern sind der Gesamtwelt als sich zwei ergänzende Bestandteile eingeordnet. Nach diesem Modell von *Platon* erhebt sich nun die Frage, wie oder nach welchen Grundlagen oder Beziehungen die Ideen als oberste Ursachen eine Sinnenwelt schaffen können? *Platon* blieb im Prinzip diese Antwort schuldig!

Seine Antworten waren: Die Dinge nehmen an den Ideen teil, oder die Dinge verhalten sich zu den Ideen wie Abbilder zum Original.

Die *platon*ische Lehre gibt keine letzte Antwort darauf. Bei *Platon* sind weder die Sinnenwelt noch die Materie für die Erkenntnis zu etwas wirklich Begreiflichem (Verständlichem) geworden.

„*Platon* war Philosoph und Dichter, nicht Astronom. Seine Ansichten über das Weltall muß er wohl von Fachastronomen übernommen haben, und daß wir dabei in erster Linie an die *Pythagoräer* zu denken haben, ergibt sich schon daraus, daß er sie dem *Pythagoräer Timaios* in den Mund legt“, schreibt der niederländische Wissenschaftler *van der Waerden*[252]. *Van Melsen*[253] ist der Meinung: „Wie bedeutend auch *Platon* als Philosoph war... für die naturwissenschaftliche Begriffsbildung ist *Platon* weniger wichtig, da er die Aufmerksamkeit ja gerade auf das Nichtmaterielle[254] richtete. In seinen philosophischen Betrachtungen nahm die Materie einen sehr untergeordneten Platz ein.“

Aristoteles

Höhepunkt und Abschluß der antiken Philosophie bildet die Philosophie *Aristoteles*. Für die Philosophie insgesamt und für das christliche Mittelalter hat *Aristoteles* eine gewaltige Bedeutung, obwohl seine Werke erst nach dem 1. Jahrtausend u. Ztr. in dem germanisch-europäischen Raum bekannt wurden. Der erste Übersetzer der *Aristotelischen* Werke ins Lateinische war der jüdische Gelehrte *Giuda Ben Mosé* (1228) am päpstlichen Hof in Rom. *Aristoteles* philosophische Werke wurden von dem Dominikanermönch *Alexander von Hales*, dem Scholastiker und Bischof *Albertus Magnus*[255] *(Albert von Bollstädt)* und besonders von seinem Schüler *Thomas von Aquin*[256], dem größten katholischen Philosophen des christlichen Abendlandes und dem bedeutendsten Scholastiker - die katholische Kirche sieht in ihm »den Philosophen« -, in die christliche Theologie des Mittelalters eingebaut. Gleichzeitig wurde dabei der Einfluß *Platons* gegenüber *Aristoteles* zurückgedrängt. Durch *Thomas von Aquin* war das Weltbild des *Aristoteles* ein integraler Bestandteil der christlichen Theologie geworden. Dieser *thomistische Aristotelismus* ist zur offiziellen Auffassung der römischen Kirche geworden und wurde als solcher an all ihren Schulen und Hochschulen gelehrt und hatte dort die allergrößte Bedeutung. *Thomas von Aquin* war auf dem Gebiet der *Aristotelischen* Physik einer der führenden Gelehrten seiner Zeit. So waren seine fünf Beweise für die Existenz Gottes der *Aristotelischen* Physik verhaftet. *Aristoteles* wurde die oberste Autorität in der Philosophie und Physik. Wer im Mittelalter des christlichen Abendlandes Karriere machen wollte, mußte seinen *Aristoteles* „auswendig" können! Beinahe 2000 Jahre nach seinem Tod war der geniale Universalschreiber des Altertums der Zauberschlüssel zu allen Ämtern, Würden, Wissenschaften und teilweise zum Verständnis Gottes. *Aristoteles* war der Ur-Magister für Anatomie, Astronomie, Botanik, Diplomatie, Interpretation, Jurisprudenz, Logik, Mathematik, Medizin, Menschenkunde, Musik, Naturwissenschaften, Ökonomie, Poetik, Staatskunst, Theologie, Weltweisheit und Zoologie. Durch ihn gelangte man zum Ruhm, zu universaler Bildung und gar in den christlichen Himmel. Die Kirche des Mittelalters akzeptierte die *Aristotelischen* Resultate, stützte sie mit ihrer gewaltigen Autorität und machte sie zu Dogmen. Sie trug dadurch in späteren Jahrhunderten, nach einem zunächst großen Gewinn, den Verlust davon, die Irrtümer der griechischen Antike - hier besonders die von *Platon* und *Aristoteles* - gegen die besseren Erkenntnisse so mancher christlicher Denker aufrechtzuhalten. So verteidigte die christliche Kirche im ausgehenden Mittelalter die *Ptolemäische* gegen die neue - und aus unserer heutigen Sicht - bessere

Kopernikanische Astronomie. Zur Bedeutung des Einflusses der mittelalterlichen Kirche auf die Entwicklung der Naturwissenschaften schreibt der bedeutende österreichische Physiker *Erwin Schrödinger* (1887 bis 1961): „Jahrhundertelang von der Kirche in der schändlichsten Weise geknechtet, haben die Naturwissenschaften ihr Haupt erhoben und im Bewußtsein ihres heiligen Rechts, ihrer göttlichen Sendung wuchtige, haßerfüllte Hiebe gegen ihre alte Peinigerin geführt, nicht achtend, daß diese - wenn auch unzulängliche, ja pflichtvergessene - dennoch die einzige bestellte Hüterin des heiligen Gutes der Väter war." Noch nach über 2000 Jahren konnte *Kant* sagen, daß die Logik seit *Aristoteles* keinen Schritt habe rückwärts tun dürfen, aber auch keinen Schritt vorwärts machen können. Der von *Aristoteles* (und auch schon *Platon)* entwickelte Glaube, das Universum als Ganzes müsse eine Ursache haben und diese Ursache ist Gott, erreichte im 18. Jahrhundert mit den beiden idealistischen Philosophen *Gottfried Wilhelm Leibniz* (1646 bis 1716) und *Samuel Clarke* (1675 bis 1729) seinen Höhepunkt. Noch heute spürt man die Wirkung *Aristotelischen* Denkens. Auch *Einstein* konstruierte noch sein erstes kosmologisches Modell unter dem Einfluß *Aristotelischer* Randbedingungen. Sie bestanden in der seit *Aristoteles* verbindlichen metaphysischen Hintergrundüberzeugung von der Unveränderlichkeit des Himmels. *Aristotelische* Denkweise zeigte sich sogar noch 1970 bei dem US-amerikanischen Physiker *H. E. Walker* (wie schon erwähnt), wenn er über die Photonen, Quantenteilchen des Lichtes, spekuliert: „Mit allen quantenmechanischen Vorgängen kann Bewußtsein zusammenhängen... Da alles, was geschieht, letztlich das Ergebnis eines oder mehrerer quantenmechanischer Vorgänge ist, ist das Universum von einer fast unbegrenzten Anzahl von bewußten, gewöhnlich nichtdenkenden Einheiten »bewohnt«, die für das Funktionieren des Universums verantwortlich sind." *Eugen Drewermann*[257] schreibt: „Man muß zum Vergleich sich nur einmal klarmachen, daß mit dem Beginn der Neuzeit keine einzige der tradierten[258], wesentlich von *Aristoteles* herkommenden Vorstellungen über die Gegebenheiten und Gesetze der Natur ungeprüft blieb - fast ausnahmslos alle wurden widerlegt; und dann muß man dagegen halten, wie speziell die katholische Theologie noch heute kaum ein einziges ihrer Dogmen zu erklären vermag, ohne sich mit der Begrifflichkeit des *Aristoteles* auseinanderzusetzen, ..."

Uta Ranke-Heinemann[259] gibt dazu folgendes Beispiel: „In der Frage der Jungfrauengeburt herrscht für sie (die katholische Kirche) immer noch die *Aristotelische* Biologie. Denn, nähme die Kirche Kenntnis von der Entdeckung des weiblichen Eis, dann ergäbe sich für sie folgende Alternative: Entweder die Kirche gesteht Maria ein Ei zu, dann muß sie das

Credo ändern: »Empfangen vom heiligen Geist zu fünfzig Prozent«, oder die Kirche gesteht Maria weiterhin kein Ei zu, dann wäre Maria nicht die Mutter, sondern nur die Leihmutter Jesu."

Wir wollen sehen, welche Bedeutung die Werke von *Aristoteles* für die naturwissenschaftliche Entwicklung hatten. Doch zunächst seine Biographie.

Aristoteles ist Makedonier und wurde 384 v. u. Ztr. in Stageira auf der thrakischen Halbinsel Chalkidike, einer ionischen Kolonie an der Nordküste der Ägäis (weitab von der geistigen Hauptstadt Athen in der Provinz), als Sohn des Leibarztes des Königs von Mazedonien, des Vaters Philipps II., geboren. Von seinem Vater *Nikomachos* hatte er den Hang zur Beschäftigung mit den Naturwissenschaften. Im Alter von 17 Jahren kam er nach Athen und wurde dort in die *Platonische* Akademie aufgenommen. *Platon*, als das Haupt der Schule, hat auf seinen berühmtesten Schüler einen kaum zu überschätzenden Einfluß ausgeübt. *Aristoteles* gehörte der Akademie bis zu *Platons* Tod im Jahre 347 v. u. Ztr. an. Danach verließ *Aristoteles* Athen. Der Grund dafür könnte in der Tatsache liegen, daß ihm die in Mode kommende Neigung mißfiel, das philosophische Nachdenken über die Natur zu einem Zweig der Geometrie zu machen, wie man es an der *Platonischen* Schule schon beobachten konnte. *Aristoteles* hielt nichts davon, daß die Naturwissenschaft die »Phänomene retten« sollte, indem sie irgendeine hilfreiche geometrische Darstellung des zu Beobachtenden gab. Er wünschte sich, daß die Theorien über die Natur in einen weiteren philosophischen Rahmen eingeordnet werden sollten. Ein anderer Grund könnte gewesen sein, daß nach *Platons* Tod ein anderer, unbedeutenderer (*Platons* Neffe *Speusippos*) zum Haupt der Akademie ernannt wurde. Der Tyrann[260] *Hermias* nahm *Aristoteles* in seinen Hof auf. In der Stadt Assos gab es damals eine reguläre Philosophenschule, an der *Aristoteles* während seines dreijährigen Aufenthalts in dieser Stadt lehrte und forschte. 342 v. u. Ztr. folgte er einem Ruf König *Philipps* und siedelte nach Pella über, wo er die Erziehung des jungen *Alexander*[261] übernahm. In Athen gründete er 335 v. u. Ztr. zusammen mit seinem Freund und Schüler *Theophrastos von Eresos* eine Schule, das Apollon Lykeios[262]. Sie befand sich in einem Hain, der dem Apollon Lykeios und den Musen geweiht war. In dieser gab es einen ausgedehnten schattigen Wandelgang (Peripatos). Nach ihm hießen die Mitglieder Peripatetiker, weil sie im Herumwandeln miteinander diskutierten. In dieser Schule richtete er eine Bibliothek ein und sorgte dafür, daß seine Schüler auch naturkundliche Studien treiben konnten. *Aristoteles* war auch der Erste, der sich eine Privatbibliothek mit nennenswertem Bestand einrichten konnte. Die Mittel dazu stellte *Alexander der Große* zur Verfügung. Das Lykeion war vermutlich viel eher eine naturwissenschaftliche (biologische) Forschungsstätte als eine im modernen Sinne des Wortes philosophische gewesen. So wurden denn auch vor allem die Naturwissenschaften gepflegt. Die Schüler mußten Materialsammlungen anlegen. Diese waren die Grundlagen für naturwissenschaftliche Hypothesen. Daher kann man *Aristoteles* auch als den größten Biologen der Antike und später des Mittelalters bezeichnen. In der biologischen Arbeit existierte eine Art Arbeitsteilung. *Aristoteles* übernahm den zoologischen Bereich[263]. Er ist der Begründer der Zoologie[264]. Die Abstufung der Lebewesen hatte er statisch gedacht. Er lehnte die Hypothese einer Evolution ausdrücklich ab. So folgte er nicht *Empedokles* Vorstellungen, daß alles aus verschiedenen Anteilen von Erde, Feuer, Luft und Wasser zusammengesetzt sei. Sein berühmter Schüler und Nachfolger in der Schulleitung des Peripatos, *Theophrastos*, übernahm die Botanik. Zoologie und Botanik kamen nicht viel über den Anfang hinaus. *Theophrast* und sein Nachfolger *Straton* schrieben über Zoologie, aber im wesentlichen blieb diese Wissenschaft für lange Zeit dort stehen, wo *Aristoteles* sie verlassen hat. Neben *Platons* Akademie hatte das *Aristotelische* Lykeion Athen bereits im vierten Jahrhundert vor unserer Zeitrechnung zur Hochburg der Philosophie gemacht. Die Stadt besaß in hellenistischer Zeit und bis zum Ende der Antike ein fast lückenloses Monopol auf Philosophenschulen. Später siedelten sich in Athen die beiden neuen Schulen, die »Stoa« des Phöniziers *Zenon von Kition*[265] (auf Zypern) und der »Garten« des *Epikur*, an. Das Lykeion existierte in Athen und Alexandria etwa 600 Jahre lang weiter (bis in das dritte Jahrhundert u. Ztr.). Die Akademie *Platons* blieb über 900 Jahre lang in Athen lebendig[266]. Die Namen beider Institutionen haben seitdem auf die Erziehung abgefärbt, und heute noch ist die Welt voller Akademien und Lyzeen. Nach dem Tode *Alexanders des Großen* entzog sich *Aristoteles* dem Prozeß wegen Asebie (Gottlosigkeit) in einer Art freiwilliger Verbannung nach Chalkis auf Euböa und starb dort 322 v. u. Ztr. im Alter von 62 Jahren an einem Magenleiden. Man hört gelegentlich, sogar im Hörsaal, *Aristoteles* hätte sich in Chalkis durch Gift umgebracht. Dies ist sicher nur eine Legende, denn es bestand kein Grund für eine solche Verhaltensweise, da er ja in Chalkis unter makedonischem Schutz stand. Außerdem hat er sich in seinen Schriften nachdrücklich gegen den Selbstmord ausgesprochen. Eine *Aristoteles*-Skulptur kann man in der Universitätsstadt Freiburg betrachten.

Die *platonischen* Dialoge, von denen die wichtigsten bei *Aristoteles* Eintritt in die Philosophenschule bereits vorlagen, studierte er. In seinen eigenen Werken hat er sich mit den Vorsokratikern beschäftigt und auseinandergesetzt. Wobei man davon ausgehen kann, daß *Aristoteles* seine vorsokratischen Vorgänger nur unter dem Gesichtspunkt gesehen hat, daß sie sich und wie weit sie sich bemühten, das mehr oder weniger deutlich auszudrücken, was erst *Aristoteles* zur völligen Klarheit zu führen gelungen sei! *Aristoteles* war der Meinung, da seine vorsokratischen Vorgänger auf sein System hingearbeitet hätten, habe er das Recht, sie eben von seinem System aus zu interpretieren und zu kritisieren, ohne Rücksicht darauf, ob sie vielleicht etwas anderes gemeint haben könnten. Er sah die *vorsokratische* Naturphilosophie durch die Brille seiner eigenen Philosophie, wahrscheinlich auch, um seine eigenen Verdienste besonders hervorzuheben. (Diese Methode soll auch heute noch bekannt sein.)

Ein wichtiger Gesichtspunkt für die Auseinandersetzung *Aristoteles* mit *Demokrit* war die These *Demokrits*: „Nichts ist zufällig, sondern alles geschieht aus einem Grund und mit Notwendigkeit." In der heutigen Physik nennt man dies das »Kausalitätsprinzip«. Dieser Satz stellte alles, was in der Natur abläuft, als streng deterministisch hin. Er war die Grundlage für die klassische Physik bis zur Jahrhundertwende ins 20. Jahrhundert. *Aristoteles* lehnte diesen Satz ab! Er fand an ihm auszusetzen, daß *Demokrit* über die Naturnotwendigkeit die Zweckursache übersehen hätte. Dieser Zweckursache würde nach *Aristoteles* doch eine weit wichtigere Rolle zufallen, als der von *Demokrit* in den Vordergrund gerückten Notwendigkeit, weil sie dem Naturgeschehen erst einen Sinn geben.

Nach *Aristoteles* ist der Naturzusammenhang eine Kette von Ursache und Wirkung, für die man einen Endpunkt suchen muß. Sie kann ja nicht bis ins Unendliche gehen, sondern muß einen gewissermaßen obersten Punkt haben, an dem sie befestigt ist. Man muß eine letzte Ursache annehmen, und zwar eine solche, die höchste ewige Energie und Aktualität bedeutet. Es müßte etwas sein, was den Werdegang von Materie und Form steuert und begründet. Es darf aber selbst nicht Ablauf (Prozeß) und nicht Materie sein. Zu dem Weltganzen als Bestandteil müßte etwas gehören, was die Ursache der Bewegung des Ganzen sei. Anders gesagt, es muß ein Teil der Welt sein, aber nicht selbst schon Bewegung oder Materie. Es müßte ein Bewegungsprinzip sein. Nach *Aristoteles* muß diese Welt einen unbewegten Grund der Bewegung enthalten. Dieser immaterielle, für sich selbst unbewegte Beweger der Welt ist für ihn der göttliche Geist. Es gibt für *Aristoteles* in den naturgemäßen Dingen nichts Zufälliges. Was überall und bei allem zutrifft, ist nicht zufällig. Nach seiner Auffassung von der Natur walten in den Vorgängen und Zuständen der Dinge eigenartige und den einzelnen Fachgebieten entsprechende innere Triebkräfte. Sie herrschen als wirkende Qualitäten über den entsprechenden

Stoff und machen aus ihm das, was das Ziel des Prozesses ist. Es zeigt sich hier deutlich ein Rückfall des Denkens in die Zeit vor den Vorsokratikern, wo nicht der Logos, sondern der Mythos herrschte.

Das mechanische Zusammentreten der Teile zu einem qualitativ bestimmten Ganzen soll von vornherein durch das Wesen und die Wirksamkeit des Gattungstypus bedingt gedacht werden. Alle Bewegung und Gestaltung ist hiernach nicht von außen, sondern von innen her bedingt. Die Eigenart des Ganzen wird nicht aus dem Zusammenwirken der einzelnen Teile her verstanden. Die Beschaffenheit und das Wirken der Teile wird durch eine Gesamtkraft verursacht, die dem Ganzen zugeordnet ist. *Aristoteles* sagt:

„DAS GANZE IST FRÜHER ALS DER TEIL!"

Die Art und Weise, wie die Teile zusammengesetzt sind, kann über die Art der Qualität Aussage machen, die hier vorliegt. Man erkennt ebenso zugleich den Zweck. Diese Zusammensetzung der Teile ist nicht als Grund für die Entstehung der typischen Eigenschaften des Ganzen aufzufassen. *Aristoteles* betrachtet die Naturentwicklung als Stufengang vom Niederen zum Höheren. Wobei das Niedere als Unterlage für das Höhere, und damit als Mittel zum Zweck erscheint. Der Mensch ist die oberste Stufe und zugleich der oberste Zweck der Natur. Der Schichtenaufbau vom Niederen zum Höheren ist bei *Aristoteles* der Ausdruck der Polarität des Gesamtaufbaues des Kosmos. Dieser bestimmt sich nach göttlichem Geist. Jede niedere Stufe ist auch immer Material für die höhere und wird von dieser überbaut.

Aristoteles weicht von dem *Demokritischen* Kausalitätsprinzip »Jede Wirkung hat eine Ursache« ab und führt mit diesen Überlegungen das Prinzip des Zweckes: „Alle Vorgänge in der Natur laufen auf einen bestimmten Zweck hin" (das sogenannte teleologisches Prinzip) ein.[267] Diese von *Aristoteles* aufgestellte Lehre soll die im Naturgeschehen wirksamen Zweckursachen erschließen. Die Grundidee dieser teleologischen Betrachtungsweise hat *Aristoteles* von *Sokrates* übernommen.

Das von *Aristoteles* entwickelte teleologische Prinzip fordert folgende Gegenargumente heraus:

1. Alle Naturerscheinungen lassen sich auch ohne Annahme von höheren Zwecken (göttlicher Geist) restlos verstehen. Ja, sie lassen sich überhaupt nur kausal (Ursache - Wirkung) verstehen[268]. Wären z. B. nicht alle Vorgänge in den Naturwissenschaften (also auch in der Biologie!) kausal zu betrachten und gesetzmäßig festgelegt, dann wäre es nicht

möglich, sie zu verstehen, d.h., nach dem Kausalitätsprinzip zu deuten. Wir verstehen nur das, dessen Ursache wir kennen.

2. Diese teleologische Betrachtungsweise setzt einen Zweck als Ziel eines Vorganges voraus. In dem betrachteten Vorgang ist also ein zwecksetzendes Bewußtsein vorhanden. An dieses zwecksetzende Bewußtsein kann jedoch nur geglaubt werden, denn es gibt keinen Beweis dafür. Glauben ist aber Sache der Religion und nicht der Wissenschaft.

Der deutsche Philosoph und Ontologe des 20. Jahrhunderts *Nicolai Hartmann* (1882 bis 1950; hat sich eingehend mit der Teleologie beschäftigt und modernen Befürwortern die philosophische Basis genommen.) schreibt 1943: „Was die ungeheure Verführung des teleologischen Prinzips in der Naturphilosophie ausmachte, ist in den Hauptzügen seit langem durchschaut. Von jeher bestach den Verstand die Leichtigkeit, mit der auch die schwierigsten Probleme sich zu lösen schienen, wenn man das Resultat komplizierter und undurchsichtiger Prozesse zu deren zwecktätig leitendem Prinzip machte. Daß hierbei ein zwecksetzender und zwecktätiger Verstand in den Naturvorgängen vorausgesetzt wurde, schien keine Schwierigkeit zu machen... es war der Kunstgriff der *Aristotelischen* Philosophie, das zwecktätige Prinzip von der Vorstellung eines agierenden Verstandes abzulösen und in die ewigen Formprinzipien hineinzuverlegen, die dadurch zu substanziellen Formen gestempelt wurden. In dieser verkappten Gestalt hat die *Aristotelische* Naturteleologie eine fast zweitausendjährige Alleinherrschaft ausüben können..."

Francis Bacon[269], Begründer des methodischen Empirismus[270], schreibt: „Die Zweckursache (des *Aristoteles*) ist nicht nur nutzlos, sondern für die Wissenschaft geradezu schädlich".

„Die Teleologie befindet sich letzten Endes auf falscher Fährte, da sie anthropomorphisch oder theologisch beschaffen ist" schreibt *Bertrand Russel.*

Herbert Marcuse[271] schreibt 1964 in seinem Buch „Der eindimensionale Mensch": „Die *Aristotelische* Physik wird objektiv falsch mit der neuen Erfahrung, mit dem neuen Erfassen der Natur, mit der historischen Errichtung eines neuen Subjekts und einer neuen Objektwelt, und die Falsifikation der *Aristotelischen* Physik[272] verweist dann zurück auf die vergangene und überholte Erfahrung und Erfassung."

Wo *Aristoteles* keinen Zweck erkennen konnte, hat er sich für berechtigt gehalten, einen solchen sich auszudenken.

Beispiele:

1. Die Pflanzen sind der Tiere und die Tiere der Menschen willen da, damit diese sich zu ihrer höchsten Vollkommenheit entwickeln können.
2. Die Natur habe einige Tierarten so entwickelt, damit sie andere Arten nicht so schnell vertilgen können.
3. Der Zweck der männlichen Hoden sei, eine zu starke Erregung der Leidenschaft zu verhüten.
4. Der Zweck des Gehirns sei lediglich als ein Abkühlungsapparat für die aus dem Herzen aufsteigende Wärme anzusehen: „es mäßigt die Wärme und das Aufwallen des Herzens“ (eine Art Luftkühler).
5. Die Haupthaare des Menschen sind zur Abschirmung des Gehirns geschaffen.
6. Auf die Frage, warum wohl die Bewegung eines Gestirns ohne Aufhören weitergeht, nicht aber der geworfene Stein, fand *Aristoteles* die Antwort, das liege an dem Gegensatz von naturgemäßer und naturwidriger Bewegung. Dem muß man entnehmen, daß *Aristoteles* die Parabelbahn beim schiefen Wurf als eine naturwidrige Bewegung ansah. Auch hier zeigt sich wieder der deutliche Rückschritt in der naturwissenschaftlichen Erkenntnis gegenüber den Vorsokratikern.

Die Hypothese des *Demokrit*: „Nichts ist zufällig, sondern alles geschieht aus einem Grunde (aufgrund einer Ursache) und mit Notwendigkeit“ steht der *Aristotelischen* Teleologie gegenüber:

Demokrit	$\Rightarrow$	Naturnotwendigkeit
Aristoteles	$\Rightarrow$	Zweckursache

Hier stoßen zwei Weltanschauungen aufeinander: Die mechanistische und die teleologische. Es läßt sich nicht sagen, daß die eine von ihnen wahr sei und die andere falsch. Jedoch läßt sich sagen, daß die mechanistische Weltanschauung sich für die Naturwissenschaft als wertvoll erwiesen hat, die teleologische dagegen nicht![273]

Die Naturwissenschaft kann nur dann ihren Zweck erfüllen, wenn sie Voraussagen für die Zukunft zuläßt. Was erwarten wir nämlich von einem Naturwissenschaftler? Er soll uns sagen, was geschieht, wenn wir z. B. bei der Durchführung eines Versuches die Natur in diesen oder jenen Zustand bringen. Das kann er aber nur aufgrund eines Naturgesetzes, das einen Zusammenhang zwischen der Gegenwart und der Zukunft herstellt, indem es den gegenwärtigen Zustand eines gegebenen Systems mit dessen zukünftigen Zuständen verknüpft. Das heißt aber doch, die Naturwissenschaft verfährt bei der Erstellung ihrer Vorhersage eindeutig im Sinne des mechanistischen und nicht des teleologischen Weltbildes. Die Naturwissenschaft nimmt ja keine Rücksicht auf den Zweck des vorauszusagenden Vorganges. Sie stützt sich lediglich auf die Notwendigkeit (wenn auch eine statistische für eine große Zahl von beteiligten Teilchen), mit der die Gegenwart eine ganz bestimmte Zukunft nach sich zieht. Die Naturwissenschaft nimmt keine Rücksicht darauf, ob diese Zukunft Gutes oder Böses für den Menschen beinhaltet. Eine leistungsfähige teleologische Physik dagegen hat es nie gegeben, auch nicht zur Zeit, als das teleologische Weltbild noch allgemein in Geltung stand.

Die teleologische Betrachtungsweise *Aristoteles h*atte für die nächsten zwei Jahrtausende eine gewaltige Wirkung. Noch als *Galilei* im 17. Jahrhundert mit seinem Fernrohr zum ersten Mal feststellte, daß die Milchstraße aus Myriaden von Sternen besteht, kommen Einwände aufgrund der *Aristotelischen* teleologischen Betrachtungsweise. Diese Einwände wurden aufgrund einer Bibelauslegung gemacht. Sie besagen, die Gestirne seien den Menschen, nicht dem mit einem Fernrohr bewaffneten Menschen, zur Freude erschaffen worden (teleologisch!). *Galilei* müsse deshalb Unrecht haben. Da man jedoch ein Fernrohr braucht, um einige Sterne der Milchstraße zu erkennen, wäre ein solches Schöpfungsziel wohl nicht vorstellbar.

Auch in der reinen Philosophie spielt der Begriff »Teleologie« eine wichtige Rolle. Teleologische Systeme werden von den Philosophen der über 2000jährigen Geschichte des Abendlandes *Platon*, *Aristoteles*, *Zenon*, *Descartes*, *Leibniz*, *Spinoza*, *Kant*, *Fichte*, *Hegel*, *Schelling* und *Schopenhauer* und der christlichen Religion vertreten. Es sind Systeme die fordern, daß der Mensch sich einem zweck- und mittelsetzenden Gesamtbewußtsein unterordnet. Der Philosoph *Friedrich Nietzsche* sieht eine neue Kultur entstehen, die sich durch eine Philosophie unter Verzicht auf Teleologie, als dem Hauptkennzeichen bisheriger Philosophie, begründen muß, wie der Philosoph *Hans Peter Balmer* 1977 meint.

Die *Aristotelische* Naturwissenschaft scheint sich zum größten Teil mit den Körpern, Größen und deren Eigenschaften und Bewegungen zu befassen und mit den Prinzipien, die dazu gehören. Dazu heißt es: Kontinuierlich ist nun dasjenige, was in ein immer wieder Teilbares geteilt werden kann. Körper ist dasjenige, was allseitig teilbar ist. *Aristoteles* spricht von den drei Dimensionen, von Linien, Flächen und Körpern. Unter allen Größen des Weltalls ist der Körper der vollkommenste, da er alle drei Dimensionen enthält.

Im folgenden wollen wir etwas über die Vorstellungen *Aristoteles* von den Bewegungen erfahren: Alle natürlichen Körper besitzen räumliche

Bewegung. Die Natur des Körpers (z. B. die Erde) ist der Ursprung der Bewegung. Jede räumliche Bewegung, die *Aristoteles* Ortsbewegung nennt, ist entweder gerade oder kreisförmig, oder aus diesen gemischt. Er sagt: „An einfachen Bewegungen gibt es nur diese zwei." Die Ursache ist, daß auch nur diese beiden Größen einfach sind, die Gerade und die Kreislinie. *Aristoteles* sagt dazu: „Kreisförmig ist jene Bewegung, die um den Mittelpunkt geht; gerade ist jene nach oben und nach unten. Mit der Bewegung nach oben meine ich jene vom Mittelpunkt weg, mit derjenigen nach unten, die zum Mittelpunkt hin." Aus dieser Überlegung schließt *Aristoteles*: „Also muß jede einfache Ortsbewegung teils vom Mittelpunkt aus, teils zum Mittelpunkt hin, teils um den Mittelpunkt herum gehen." Das erscheint *Aristoteles* entsprechend dem Körper als vollendete Bewegung.

Da nun von den Körpern die einen einfach sind, die anderen aus jenen zusammengesetzt sind, müssen notwendigerweise auch die Bewegungen teils einfache, teils irgendwie gemischte sein. Die Bewegung der einfachen Körper ist einfach, diejenige der gemischten gemischt. Die Bewegung (der gemischten Körper) richtet sich nach dem Überwiegenden (Anteil des gemischten Körpers). Unter einfachen Körpern versteht *Aristoteles* alle die, die einen naturgemäßen Ursprung der Bewegung haben, wie Feuer und Erde und was mit ihnen verwandt ist.

Nun folgen einige teleologische Schlußfolgerungen:

„Wenn es nun eine einfache Bewegung gibt und die Kreisbewegung einfach ist und dem einfachen Körper die einfache Bewegung und der einfachen Bewegung der einfache Körper zugerechnet ist, so muß es notwendigerweise einen einfachen Körper geben, der gemäß seiner eigenen Natur die Kreisbewegung vollzieht." *Aristoteles* meint, daß natürlich auch ein einfacher Körper die Bewegung eines andersartigen ausführen kann, aber nur gewaltsam. Es ist aber unmöglich, daß ein einfacher Körper nicht eine einfache Bewegung von allein täte, da jeder der einfachen Körper seiner Natur gemäß nur eine einzige Bewegung hat.

Aristoteles behauptet:

Die kreisförmige Ortsbewegung muß notwendigerweise auch die ursprünglichste sein. Denn das Vollkommene ist von Natur aus ursprünglicher als das Unvollkommene. Der Kreis gehört zu den vollkommenen Dingen. Von den geraden Linien aber keine einzige, weder die unbegrenzte, denn sie müßte eine Vollendung und eine Grenze besitzen, noch irgend eine von den begrenzten, denn bei allen diesen gibt es etwas, was außerhalb von ihnen ist, da man jede beliebig vergrößern kann.

Ein teleologischer Gottesbeweis:

Wenn also die ursprünglichere Bewegung dem von Natur ursprünglicherem Körper zugeordnet ist und die Kreisbewegung ursprünglicher ist als die geradlinige und wenn die geradlinige den einfachen Körpern zugeordnet ist - denn das Feuer bewegt sich gerade in die Höhe und was aus Erde ist, bewegt sich gerade nach unten zur Mitte -, so muß auch die Kreisbewegung einem der einfachen Körper zugeordnet sein. Daraus ergibt sich, daß es eine körperliche Wesenheit außerhalb und neben den hier vorhandenen Gebilden gibt, die göttlicher und ursprünglicher als diese alle ist. Es muß also einen einfachen und ursprünglichen Körper geben, der sich von Natur ebenso im Kreise bewegt, wie sich das Feuer nach oben und die Erde nach unten bewegt. *Aristoteles* ist der Meinung, man kann zu der Überzeugung kommen, daß es neben den hier und bei uns vorhandenen Körpern einen anderen Körper gibt, der von ihnen abgesondert ist und der seiner Natur nach um so ehrwürdiger ist, je weiter er von demjenigen hier entfernt ist (Prinzip eines Gottes).

C. F. von Weizsäcker[274] meint: „Für die antike Astronomie war es eine heilige Wahrheit, daß Himmelskörper sich auf exakten Kreisen bewegen. Der Kreis war die vollkommenste Kurve, und die himmlischen Körper waren die vollkommensten Körper; in manchen Weltbildern (so auch bei *Aristoteles*: Verfasser) galten sie selbst als göttliche oder engelhafte Mächte. Niemand in unserer Zeit kann sich vorstellen, was für eine gotteslästerliche Unmöglichkeit es gewesen wäre, zu meinen, diese vollkommenen Körper könnten unvollkommene Bewegungen ausführen.“

Borzeszkowski und *Wahsner* schreiben: „So hat sich die Dualität von natürlichen und gewaltsamen Bewegungen – eine Konzeption, die *Aristoteles* begründete und deren Ausläufer noch in die Zeit der Renaissance hinein wirkte – als ungeeignet erwiesen, begriffliches Fundament der Physik zu sein. Denn da der Begriff »natürliche Bewegung« vom geozentrischen Standpunkt aus bestimmt und aus der stofflichen Beschaffenheit der Körper abgeleitet wurde, gelang es nicht, ihn einheitlich für alle in der Natur vorkommenden Bewegungen festzulegen: man mußte zwischen supralunaren und sublunaren – und hier wieder zwischen fallenden und steigenden – natürlichen Bewegungen unterscheiden. Eine Physik als Wissenschaft von der gesamten Natur konnte so nicht begründet werden, nicht einmal ein physikalische Dynamik der irdischen Natur.“

Die *Aristotelische* Vorstellung der Bewegung durch einen äußeren Beweger (Gott) und der damit verbundenen Einbeziehung der Naturwissenschaften, besonders der Physik, in die Philosophie, war mit einer physikalischen Behandlung technischer Bewegungsvorgänge nicht vereinbar. Dynamische Betrachtungsweisen und Erkenntnis von Bewegungs- und Entwicklungsprozessen in der damaligen technischen Mechanik entsprachen nicht den Intentionen einer *Aristotelischen* Naturphilosophie. Ein Beispiel dafür sind die „Problemata mechanika“[275], eines der bedeutendsten Zeugnisse praktisch-mechanischen Wissens der griechischen Antike. Man hat sie fälschlicherweise *Aristoteles* zugeschrieben. In diesem Werk beschränkt sich das technologische Wissen - techne und mechane - auf die Beschreibung von Arbeitsvorgängen sowie auf die Weitergabe von Regeln und Rezepten. Theoretische Ansätze einer Physik und Technik sind, bis auf naturphilosophische Betrachtungen einfacher Maschinen, weder in diesem Werk noch in anderen Schriften wegen der dominierenden *Platon-Aristotelischen* Naturphilosophie vorhanden. Andererseits sind in der klassischen griechischen Antike und später im Hellenismus mit größtem Erfindergeist technische Geräte und Maschinen entwickelt worden. Sie dienten der Spielerei und der Unterhaltung in Vergnügungsparks, in Tempelhallen frommen Pilgern und Touristen in Schrecken oder Verzückung zu versetzen und der praktischen Vorrichtung, zum Beispiel bei kriegerischen Auseinandersetzungen (siehe auch *Archimedes*). Für die naturwissenschaftliche Forschung, die Verbesserung des Lebens der Menschen und die Vereinfachung und Erleichterung der Produktion wurden sie nicht, oder höchst selten eingesetzt. Als spektakuläres Beispiel soll eine Maschine erwähnt werden, die erst im Jahre 1906 bei der griechischen Insel Antikythera im Meer gefunden wurde. Erst im letzten Drittel des 20. Jahrhunderts konnte sie rekonstruiert werden. Diese Maschine stammt aus dem Jahre 80 v. u. Ztr. Sie enthält ein kompliziertes System von über 40 Zahnrädern und einem Planetengetriebe, die eine Anzahl außen befindlicher Zeiger auf Zifferblättern bewegen. Angetrieben wird diese Maschine durch eine herausragenden Achse, an die vermutlich ein Uhrwerk angeschlossen war. Die Zeigerstellung gestattet, die Positionen von Sonne, Mond und Planeten nach dem geozentrischen System festzustellen. Vermutungen gehen dahin, daß diese Maschine – manche Forscher nennen sie den Urahnen des heutigen Computers – nur für astrologische Zwecke benutzt wurde.

Aristoteles fand heraus, daß Zeitmessung und Bewegung miteinander verknüpft sind: „Wir erfassen die Zeit nur, wenn wir erkennbare Bewegungen haben. Wir messen jedoch nicht nur die Bewegung durch die Zeit, sondern auch die Zeit durch die Bewegung, da beide miteinander verbunden sind.“ Er definierte die Zeit als den numerischen Aspekt der Naturvorgänge hinsichtlich ihrer Ordnung nach früher und später. Hier hat *Aristoteles* die begriffliche Basis für eine meßbare, quantitative Zeit geschaffen. Sie ist letztlich die Voraussetzung dafür, daß in der heutigen

Physik Bewegungsgleichungen für dynamische Vorgänge formuliert werden können. Beeinflußt von der Seinslehre des *Parmenides* untersucht *Aristoteles* Bewegungsvorgänge jedoch nicht an sich, sondern nur den durch die Bewegung erreichten Zustand. Dadurch waren seine Folgerungen rein spekulativ und widersprechen den Vorstellungen der klassischen Physik. *Aristoteles* Vorstellungen beherrschten das wissenschaftliche Denken bis zum späten Mittelalter. Erst *Galilei* brachte richtige Erklärungen aufgrund seiner experimentellen Untersuchungen der Bewegungsabläufe. Den universellen Zusammenhang zwischen verschiedenen Bewegungen erkannte erst *Einstein* zu Anfang des (20.)Jahrhunderts.

Wir wollen auf die *aristotelischen* Vorstellungen über die mechanische Bewegung noch etwas näher eingehen. *Aristoteles* formulierte seine Bewegungsgesetze in Worten und nicht mit mathematischen Symbolen (das wurde erst nach *Galilei* üblich). So behauptete er, die auf einen Körper wirkende Kraft F sei proportional zu dem Widerstand R, den die Bewegung erfährt. Ebenfalls ist die Geschwindigkeit v, mit der sich ein Körper bewegt, proportional zu dieser aufgezwungenen Kraft (aufgezwungen deshalb, weil sich sonst der Körper wegen des Widerstandes nicht bewegt). Diese Proportionalität gilt jedoch nur solange, wie die die Bewegung verursachende Kraft größer als R ist. Ist sie kleiner als R, so gibt es keine Bewegung. Mathematisch ausgedrückt, nach *John D. Barrow,* heißt das:

$$\text{wenn } F > R \quad \Rightarrow \quad v = k\,F/R$$

$$\text{wenn } F \leq R \quad \Rightarrow \quad v = 0$$

Hier ist k eine Proportionalitätskonstante. Außerdem ist für Körper, die unter dem Einfluß der Schwerkraft fallen, die erreichte Geschwindigkeit proportional zum Körpergewicht W, aber umgekehrt proportional zum Luftwiderstand:

$$v = \frac{k \cdot F}{R} \quad \text{und} \quad v \sim W / R$$

Diese »Bewegungsgesetze« beschreiben, wie bewegte Körper an die *aristotelische* Teleologie angepaßt werden können. Sie stellen die *aristotelische* teleologische Sicht des Nachdenkens über die Natur dar. Diese »Bewegungsgesetze« erklären nicht das physikalische Verhalten einer Bewegung. Sie wurden auch nicht benutzt, um irgendeine physikalische Aussage über die Bewegung zu machen. Auch wurden sie nicht experimentell überprüft. Diese Gesetze geben das experimentelle Verhalten von Bewegungen nicht wieder.

Unphysikalisch betrachtet erscheint diese Darstellung einer Bewegung nach *Aristoteles* vernünftig. Wenn z. B. ein Stein auf einer Platte liegt, so wird er durch sanftes Anstoßen nicht bewegt. Es gibt einen Widerstand gegen diese Bewegung (in diesem Fall ist es die Haftreibung!). Wird die Kraft größer als die Reibungskraft, beginnt er sich zu bewegen. Je stärker der Stein angestoßen wird, um so schneller bewegt er sich. „Aber die Hauptschwäche des *Aristoteles* war, daß er zu empirisch war. Deshalb brachte er es nicht zu einer mathematischen Theorie der Natur", sagt *C. F. von Weizsäcker* in einer Vorlesungsreihe an der Universität Glasgow 1959.

In einer grafischen Darstellung (nach *Barrow*) sieht dies folgendermaßen aus:

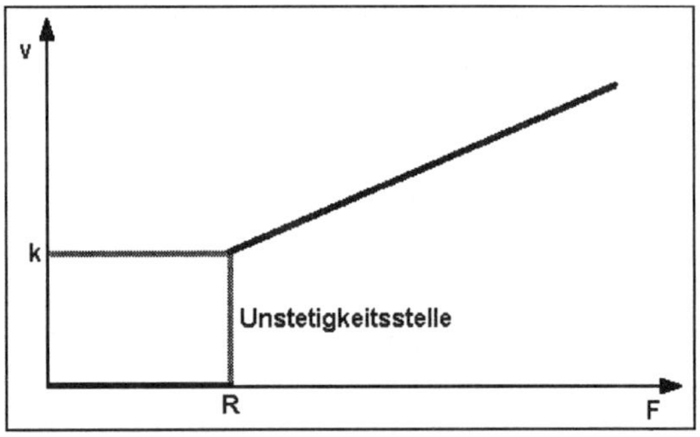

Wie man sieht, ergibt sich eine unrealistische Unstetigkeitsstelle. Wenn F mit einem Wert beginnt, der größer ist als R und dann stetig abnimmt, dann muß auch v zunächst stetig abnehmen. Nach der *aristotelischen* Vorstellung (siehe Grafik) muß die Geschwindigkeit an der Unstetigkeitsstelle augenblicklich vom Wert k auf 0 fallen, wenn F gleich R wird. Eine weitere unrealistische Konsequenz des *Aristotelischen* Modells ist, daß v unendlich wird, wenn R null ist (s. obige Formel). *Aristoteles* war sich dieser unphysikalischen Konsequenz bewußt. Darin sah er gerade einen Beweis dafür, daß es in einem Vakuum (in dem ja sicherlich R null ist) keine Bewegung geben kann. Er schloß daraus, daß es kein Vakuum gibt. Die Behauptung, daß in einem leeren Raum die Körper sich mit unendlicher Geschwindigkeit bewegen müßten, ist unsinnig, da ja jedes Fortschreiten Zeit beansprucht. Das Experiment zeigt, daß sich in einem leeren Raum die leichten Körper mit derselben Geschwindigkeit bewegen wie die schweren. Diese falsche Vorstellung *Aristoteles* blieb fast 2000 Jahre lang ungeklärt. Sie standen eindeutig im von *Aristoteles* gewollten Widerspruch zu *Demokrit*, der postulierte, daß Atome sich im Vakuum bewegen. Nach *Eudemos,* einem Schüler *Aristoteles* und Philosophieprofessors am Lykeion in Athen, soll *Aristoteles* später mit einer anderen Begründung das Vakuum abgelehnt haben. Er soll nicht behauptet haben, daß im Vakuum die Geschwindigkeit unendlich groß sei, sondern daß ihr Wert für alle Zeiten konstant bleiben müsse. Außerdem wüßte ein Körper im Vakuum nicht, wie er sich bewegen soll, da er dort keinen Widerstand fände und seine Bewegung keine Zeitdauer erforderte.[276] Das Argument *Aristoteles* gegen ein existierendes Vakuum, die Geschwindigkeit eines Körpers müsse dann konstant bleiben (und das ist nach Meinung *Aristoteles* eine unsinnige Prämisse), ist nahezu wortwörtlich die Formulierung des *Newtonschen* Trägheitsgesetzes. Experimentelle Beweise für ein Vakuum hat der griechische Philosoph *Straton von Lampsakos* (um 340 bis 270 v. u. Ztr. genannte der »Physiker«) erbracht, er war ein sachlicher Kritiker *Aristoteles*, konnte aber die *Aristotelische* Auffassung nicht umstoßen. Noch *Descartes* war von der *Aristotelischen* Denkweise beeinflußt und schreibt in seinem Werk »Über die Prinzipien der körperlichen Dinge«: „Ein Leeres (vacuum) im philosophischen Sinne, d.h. ein solches, in dem sich keine Substanz befindet, kann es offenbar nicht geben, weil die Ausdehnung des Raumes nicht verschieden ist. Denn da man schon aus der Ausdehnung des Körpers nach Länge, Breite und Tiefe richtig folgert, daß eine Substanz ist, weil es widersprechend ist, daß das Nichts eine Ausdehnung habe, so muß dasselbe auch von dem Raum gelten, der als leer angenommen wird, nämlich daß, da eine Ausdehnung in ihm ist, notwendig auch eine Substanz in ihm sein muß." Erst *Evangelista Torricelli* (1608 bis 1647 n. u. Ztr.), Schüler des *Galilei*, hat 1643 in seinem berühmten Experiment das Vakuum nachgewiesen. Eine Erklärung, die heute noch gilt, gibt *Newton*, wenn er schreibt: „Wurfgeschosse erfahren in unserer Luft ausschließlich den Widerstand der Luft. Ist die Luft ausgepumpt, hört der Widerstand auf, weil ja eine zarte Flaumfeder und massives Gold mit gleicher Geschwindigkeit in diesem Vakuum fallen. Und genauso ist die Beschaffenheit des Weltraumes, der oberhalb der Atmosphäre der Erde ist. Alle Körper müssen sich in diesen Räumen vollkommen frei bewegen, und deshalb laufen Planeten und Kometen auf Bahnen, die nach Art und Lage gegeben sind, beständig um, gemäß den oben dargelegten Gesetzen (Gesetze der *Newtonschen* Mechanik: Verfasser)."

Die griechische Antike versuchte ein Prinzip aufzustellen, die Bewegung logisch widerspruchsfrei zu denken. Aber erst mit der Begründung der Infinitesimalrechnung war es möglich, nicht nur die Denkbarkeit, sondern auch die Meßbarkeit und Berechenbarkeit einer Bewegung zu erschließen. Der Bewegungszustand eines Körpers wird zur Zeit t durch die Angabe von zwei verschiedenen Größen, der Ortskoordinate x und der Geschwindigkeit v festgelegt. Erst dadurch gelang es, Bewegungen logisch widerspruchsfrei auch zu denken.

Betrachten wir nun *Aristoteles* Hypothesen über schwer und leicht. Jeder Körper kann leicht oder schwer sein. Als schwer soll gelten, was sich seiner Natur nach gegen die Mitte zu bewegt, als leicht, was sich von der Mitte wegbewegt. Als das Schwerste, was unter allem, was sich nach unten bewegt noch zu unterst ist, und als das leichteste, was noch alles übersteigt, was sich nach oben bewegt.

Diese Vorstellungen *Aristoteles* widersprechen den Fallgesetzen der Physik. Aus diesen *Aristotelischen* Thesen wurde der falsche Schluß gezogen, daß schwere Körper schneller nach unten fallen als leichtere. Dieser ist von allen Gelehrten bis *Galilei* im 17. Jahrhundert kritiklos übernommen worden.[277] *Aristoteles* hat sich zu vielen Gebieten der Naturwissenschaft geäußert. Wir können in diesem Zusammenhang nur beschränkt darauf eingehen.

Aristoteles reizte besonders *Demokrits* geistige Großtat, die Idee des Atomismus in ein sich entwickelndes naturwissenschaftliches Weltbild einzuführen, zum Widerspruch. *Anaxagoras* hat, wie wir gesehen haben, die erste Korpuskulartheorie vor *Leukipp* und *Demokrit*, die sogenannte Homöomerien-Hypothese, entwickelt. *Aristoteles* stieß sich daran, daß nach den Vorstellungen des *Anaxagoras* stets nach dem Kleinsten es ein noch Kleineres gibt. Diese Stoffteilchen können unendlich klein sein. Gerade dagegen hatte *Aristoteles* Bedenken und schreibt: „Also ist erwiesen, daß Fleisch und Knochen oder sonst dergleichen nicht jede Größengrenze überschreiten kann, weder nach oben noch nach unten." Er lehnte eine Teilbarkeit des Stoffes bis ins Unendliche ab. Irgendwo muß eine Grenze der Teilbarkeit sein. *Aristoteles* hatte bei diesen Gedankengängen über die kleinsten Teilchen in erster Linie lebende Wesen mit ihren Organen im Auge. Über kleinste Teilchen nichtlebender Stoffe spricht *Aristoteles* nirgendwo explizit. In seiner Auseinandersetzung mit *Demokrit*, wandte sich *Aristoteles* überhaupt gegen die Idee der kleinsten Teilchen. Aus der Diskussion des nicht unendlich Teilbaren hatte *Aristoteles* Ansätze entwickelt, die zu einer Theorie der kleinsten Teilchen hätten führen können. Erst in späteren Jahrhunderten, besonders im Mittelalter und in der Renaissance, wurde aus diesen Ansätzen eine Theorie der kleinsten Teilchen entwickelt. Für *Aristoteles* selbst spielte jedoch der Begriff „kleinstes Teilchen" eher eine unbedeutende Rolle in der Naturphilosophie. Erst *Epikur* führte das Minimum in die *Demokritsche* Atomlehre ein.

Auf einen weiteren wichtigen Unterschied zwischen naturwissenschaftlicher Forschung, sei es z. B. klassische Physik oder moderne Quantenmechanik, und den Vorstellungen *Aristoteles* soll kurz eingegangen werden. Dieser wurde von *Popper* entwickelt und betrifft das Endziel einer Forschung. *Aristoteles* unterscheidet zwischen Wissen und Meinung.

Wissen oder Wissenschaft hat nach *Aristoteles* zwei Komponenten: Es ist entweder demonstrativ oder intuitiv. Unter demonstrativem Wissen verstand er das Wissen (z. B. eines naturwissenschaftlichen Vorganges) von den Ursachen, die z. B. für diesen Vorgang verantwortlich sind. Intuitives Wissen bestand für *Aristoteles* im Erfassen der wesentlichen Natur z. B. eines naturwissenschaftlichen Vorganges. *Aristoteles* meint, das intuitive Wissen ist die Quelle aller Wissenschaft, da es die ursprünglichen und grundlegenden Voraussetzungen (philosophisch: Prämissen) aller Beweise erfaßt.

Aristoteles hat hier recht, daß wir nicht versuchen dürfen, unser gesamtes Wissen zu beweisen. Jeder Beweis muß von solchen grundlegenden Prämissen ausgehen, von denen man annimmt, daß sie wahr sind. Wenn wir die Prämissen selbst beweisen wollen, so verschieben wir dadurch die Frage nach der Wahrheit nur um einen weiteren Schritt zurück, auf eine neue Reihe von Prämissen. Damit dies nicht unendlich fortgesetzt wird, meint *Aristoteles*, daß wir die Existenz von Prämissen annehmen müssen, deren Wahrheit sich nicht bezweifeln läßt und die nicht bewiesen werden müssen. Solche Prämissen nannte er Grundprämissen. Nach *Aristoteles* ist alles Wissen nun in diesen Grundprämissen enthalten. Wir besitzen demnach das gesamte Wissen, sobald wir nur über eine enzyklopädische Liste aller Grundprämissen verfügen. *Aristoteles* glaubt, daß wir all unser Wissen durch intuitives Erfassen des Wesens der Dinge gewinnen: „Wir können ein Ding nur kennen, indem wir sein Wesen kennen, und das Wissen um ein Ding besteht in der Kenntnis seines Wesens." Eine Grundprämisse ist für *Aristoteles* nichts als ein Satz, der das Wesen eines Dinges beschreibt. Aber ein solcher Satz ist gerade das, was *Aristoteles* eine Definition nennt. Daher sind alle Grundprämissen Definitionen.

Aristoteles behauptet, daß wir eine intellektuelle Intuition besitzen. Dies bedeutet eine geistige oder intellektuelle Fähigkeit. Sie ermöglicht uns die Wesenheit der Dinge in unfehlbarer Weise zu erfassen und ein Wissen von ihnen zu erlangen. Die intuitive Kenntnis des Wesens befähigt uns, dieses Wesen zu beschreiben und damit zu definieren.

Für *Aristoteles* bestand das Endziel der Forschung in der Zusammenstellung der Namen aller Wesenheiten zusammen mit ihren Definitionsformeln. Den Fortschritt der Wissenschaft sah *Aristoteles* in der allmählichen Ansammlung einer Enzyklopädie der durch Intuition gewonnenen Definitionen aller Wesenheiten.

Diese von *Aristoteles* geäußerten Ansichten widersprechen jedoch schärfstens den Methoden der modernen Wissenschaften. Denn die Wissenschaft entwickelt sich nicht durch eine allmähliche enzyklopädische Anhäufung wesentlicher Informationen. Sie entwickelt sich durch neue Ideen, durch die Verbreitung neuer und mitunter höchst seltsamer (und oft sehr verrückter) und durch das Verwerfen alter Theorien im Sinne *Kuhnscher* Paradigmenwechsel. In der Wissenschaft besitzen wir nie einen hinreichenden Grund zu der Annahme, daß wir die Wahrheit erreicht haben. Wissenschaftliche Erkenntnis ist nicht Wissen, sondern Information über die verschiedenen rivalisierenden Hypothesen und über die Weise, wie sie sich experimentell bewährt haben.

Die Vorstellungen einiger griechischer Naturphilosophen über das Sehvermögen, die Idee des Sehstrahls (siehe *Euklid*), und über das Licht kritisierte *Aristoteles*. Er sagt, wenn das Auge wie eine Laterne sei, müßten wir auch bei Nacht sehen. Das Sehen wird jedoch erst dann möglich, meint *Aristoteles*, wenn eine Lichtquelle den Zustand eines dazwischen liegenden Mediums von undurchsichtig in durchsichtig verändere.

Das Weltbild des *Aristoteles* ging von der unkritischen Übernahme der Alltagserfahrung der Menschheit aus. Wer zum Himmel blickt, beobachtet die wandernde Sonne oder die kreisenden Gestirne. Er bemerkt nichts von der Rotation und Translation der Erde. Sie erscheint ihm als ein Ruhepunkt des Alls. Er schließt daraus, daß die Erde ruht und die Sonne mit dem gesamten Himmel bewegt ist.

Aristoteles Rückkehr zum geozentrischen Weltbild entspringt dem bewußten Gegensatz zum *Pythagoräischen* Geist der apriorisch-mathematischen Konstruktion. Er räumt der Erde als der Wohnstätte des Menschengeschlechtes ein absolutes Vorzugsrecht gegenüber allen anderen Bezugskörpern ein. Daraus spricht eine bestimmte religiöse Einstellung zum All. Die Hypothese einer bewegten Erde, so wie schon in der *Pythagoräischen* Schule diskutiert, hat *Aristoteles* entschieden abgelehnt. Den Gedanken, die Planetenpfade als Kreisbewegung in bestimmten harmonischen Verhältnissen zu verstehen, hat *Aristoteles* von der jüngeren *Pythagoräischen* Schule des 5. Jahrhundert v. u. Ztr. übernommen. Ebenfalls übernommen hat *Aristoteles* von *Eudoxos von Knidos*[278], daß Sphären die Planeten um die Erde tragen. Jeder Planet hat seine eigene ihn bewegende Sphäre. Die fernste und äußerste Sphäre ist die Fixsternsphäre. Für die Kreisbewegung dieser äußersten Sphäre ist der Erste Beweger (Gott - s. *Platon-Aristotelische* Astraltheologie unter *Platon* -) verantwortlich. *Diogenes Laertius* schreibt über *Aristoteles* Vorstellung: „Neben den vier Elementen gebe es noch ein fünftes, welches den Himmelsgebilden zugrunde liege; seine Bewegung sei anderer Art, nämlich kreisförmig." Die Himmelsbeobachtungen zeigten jedoch - weil die Planeten eben nicht um die Erde und auch nicht auf Kreisbahnen laufen - ganz merkwürdige Bewegungen. Bei ihrer Bewegung um die Erde wechselten sie rasch und liefen bisweilen sogar rückwärts. Daher war es ausgeschlossen, sie jeweils mit einer einzigen und noch dazu gleichförmigen Bewegung darzustellen. Für jeden Planeten mußten mehrere Sphärendrehungen zusammengesetzt werden. Das *Aristotelische* Gebilde bestand daher aus 50 (teilweise bis zu 80) konzentrischen Sphären mit der Erdkugel in der Mitte.

Im Gegensatz zu *Platon* betonte *Aristoteles* nicht so sehr die Göttlichkeit der Sterne, jedoch deren andersartige stoffliche Beschaffenheit. Wegen der Kreisbewegung der Gestirne muß es eine körperliche Wesenheit außerhalb und neben den hier vorhandenen Gebilden geben, die göttlicher und ursprünglicher als all diese ist (*Platon-Aristotelische* Astraltheologie). Er postulierte eine stoffliche Zweiheit der Natur: Im Kosmos und auf der Erde[279]. Dazu schreibt *Bertrand Russel*: „Die Lehre der Finalität (Teleologie) verleitete ihn (*Aristoteles*) zur Unterscheidung zwischen einem Bereich unter und einem hinter dem Mond. Er dachte diese zwei Gebiete von verschiedenen Prinzipien beherrscht. Diese völlig verrückte Spekulation ist schiere Mondsucht im Vergleich zu der fortgeschrittenen Astronomie der Akademie". Erst im 5. Jahrhundert hat *Johannes Philoponus*[280] als Hochschullehrer in Alexandrien die *Aristotelische* Physik seinem christlichen Schöpfungsglauben angepaßt und dabei den grundlegenden Unterschied zwischen der irdischen und der himmlischen Sphäre beseitigt. Im 10. Jahrhundert hat der arabische Naturforscher *Al-Biruni* die Thesen *Philoponus* verteidigt. Aber erst fünf Jahrhunderte später war es *Kopernikus* möglich, gegen die Einwände der *Aristotelischen* Physik die Erde in die Reihe der Planeten einordnen zu können.

Aristoteles ist wie schon erwähnt der erste, der physikalische Grundsätze formulierte. Er schreibt: „Ein Gegenstand verhält sich ruhig oder bewegt sich zwangsläufig ins Unendliche, wenn nicht eine stärkere Kraft ihn daran hindert." *Aristoteles* hätte mit dieser Formulierung zum Fortschritt der Naturwissenschaften (Physik) beigetragen, denn das ist das in der Physik bekannte Trägheitsgesetz, welches, nach den Vorstellungen des *Demokrit*, das erste Mal lange vor *Newton* formuliert wurde. Leider hat er diese Hypothese abgelehnt, weil sie seiner eigenen teleologischen Betrachtungsweise widersprach. *Aristoteles* führte auch einen Beweis unter anderen für die Kugelgestalt[281] der Erde an. Die Schwere ermöglicht, daß alle fallenden Körper dem Mittelpunkt der Erde zugetrieben werden. Da diese Erscheinung überall in gleicher Weise festzustellen ist, müssen alle

Teile der Erdoberfläche gleichweit vom Mittelpunkt entfernt sein. Mit dieser Hypothese hätte er die Grundlage des erst viel später von *Newton* aufgestellten Gravitationsgesetzes gefunden. *Aristoteles* hat jedoch diese Vorstellung nicht weiter entwickelt. Auch führte er Begriffsvariablen ein, wie man sie heute in der Physik benutzt. Z. B. ein Gegenstand *A* bewegt sich von *B* nach *C* in der Zeit *D*.

Einen großen Verdienst gerade für die heutige Physik hat *Aristoteles* durch die Entwicklung der formalen Logik errungen. Man sollte hierbei berücksichtigen, daß der Ausdruck „Logik“ selbst erst später von den Stoikern erfunden wurde. Die in der Sprache der Mathematik formulierten Beziehungen der Elemente des physikalischen Raumes, sind auf die *Aristotelische* Logik aufgebaut. Selbst die Quantenlogik basiert auf der Logik des *Aristoteles*. Denn sowohl für die Quantenmechanik als auch für klassisch-physikalische Aussagen gilt aufgrund ihrer speziellen Struktur die volle klassische Aussagenlogik. Sie bedeutet die Lösung einer Teilaufgabe, indem man die Aussageformen auf die vier logischen Axiome: „alle P sind Q“, „kein P ist Q“, „einige P sind Q“ und „nicht alle P sind Q“ beschränkt. Andererseits entspricht die logische Form der Begriffsbildung in Mathematik und Physik keineswegs dem *Aristotelischen* Schema, wie *E. Cassirer*[282] 1910 zeigen konnte. Unvollkommen war die *Aristotelische* Logik was die Beziehungsargumente anbetrifft. Zum Beispiel: A ist größer als B, B größer als C, folgt A größer C. Der Übergangscharakter der Beziehung »größer als« kann mit dieser Logik nicht bewiesen werden. Man weiß heute, daß eine perfekte Logik der Logik aus logischen Gründen unmöglich ist. Die *Aristotelische* Logik bezeichnet man heute als Zweiwertigkeitslogik, weil sie zwei Werte enthält: wahr - falsch. In der Digitaltechnik werden diese durch 0 und 1 dargestellt. In den 60iger Jahren des 20. Jahrhunderts hat *Lotfi Zadeh*[283] *eine Logik entwickelt, die mehr als zwei Werte hat, die sogenannte Mehrwertigkeitslogik*[284] oder auch Fuzzy Logic genannt. Sie baut auf die Überlegungen des polnischen Logikers *Jan Lukasiewicz* auf.

Überblickt man das, was *Aristoteles* zum naturwissenschaftlichen Fortschritt beiträgt, so zeigt sich hier ganz deutlich, daß er den Versuch unternommen hat, aus bestimmten metaphysischen (religiösen) Hypothesen unmittelbar naturwissenschaftliche Folgerungen abzuleiten. Dieses reine Nachdenken und die mathematischen Aspekte des vernünftigen Denkens hatten durch *Aristoteles* einen Vorrang gegenüber der praktischen Arbeit (d.h. natürlich auch gegenüber dem Experiment) gewonnen, der sich bis zum Ende des Mittelalters, also bis *Galilei, Newton, Kepler* u. a. hielt. *John L. Casti* schreibt: „...war der größte Fehler in seinem (*Ari-*

stoteles) ganzen Weltbild merkwürdigerweise der, daß er weder Experimenten noch auch dem Gebrauch von Beobachtungen Raum gab, die als Probe auf die Gültigkeit der zugrunde gelegten Prämissen dienen konnten. Im Grunde war seine Lehre eine Erkenntnistheorie, in der man aus allgemeinen Beobachtungen (Prämissen) auf spezifische Fälle (Schlußfolgerungen) schloß." Erst mit den Naturphilosophen und Naturwissenschaftlern der Renaissance ist das Experiment als das Fundament aller naturwissenschaftlichen Erkenntnis eingeführt worden. Es besteht daher für Naturwissenschaftler - besonders für Physiker - kein Grund, in die Verehrung einzustimmen, die *Aristoteles* als Philosoph sonst genießt. Er hat durch seine Ablehnung des *Demokritischen* Atomismus , dessen Ausbau wahrscheinlich bereits im Altertum zu bedeutenden Ergebnissen geführt hätte, den Fortschritt der Naturwissenschaft auf zwei Jahrtausende aufgehalten. *Aristoteles* gilt als Urheber einer Geistesrichtung, die alle Grundsätze des physikalischen Denkens verkennt. Er vertrat sie mit dem ganzen Gewicht seiner gewaltigen Autorität und übte damit auf die spätere Entwicklung nicht nur der Physik, sondern auch der übrigen Naturwissenschaften einen entwicklungshemmenden Einfluß aus. *Alfred Gierer*[285] schreibt: „Die *Aristotelische* Physik mit ihrer Fortschreibung biologischer Ansichten in den Bereich der unbelebten Natur führt in eine Sackgasse ohne wirkliche Entwicklungsmöglichkeiten." „Während sich *Aristoteles* als Biologe von Ruf bewährte, wenn wir auch einige große Mißgriffe entschuldigen dürfen, so waren seine Ansichten in der Physik und Astronomie hoffnungslos trüb und wirr... Historisch gesehen war der Einfluß *Aristoteles*` eher hinderlich, hauptsächlich wegen des blinden und sklavischen Dogmatismus vieler seiner Anhänger" schreibt *Bertrand Russel. Aristoteles* wollte in seinen Schriften die Grundlagen einer Physik schaffen, hat aber dabei Wesentliches falsch entwickelt! Seine Physik ist kein Paradigmenwechsel.

Ob er dies über sich selbst ahnte, als er schrieb: „Man schulde nicht nur jenen Gelehrten Dank, welche ihre Sache gut gemacht hätten, sondern auch denen, welche auf dem rechten Weg hatten gehen wollen, ihn aber verfehlt haben."

Dritte Zusammenfassung

In einer Zusammenfassung sollen alle wesentlichen Punkte aufgezählt werden, die durch die *Aristotelischen* Hypothesen zu einem Rückfall der Entwicklung der Naturwissenschaften geführt haben.

1. Das Teleologische Prinzip der Zweckursache.
2. Aus dem teleologischen Prinzip abgeleitete mythologische Betrachtungen zu den räumlichen Bewegungen.
3. *Aristoteles* Gesetz der mechanischen Bewegungen.
4. Ablehnung der *Demokritischen* Atomhypothese.
5. *Aristoteles* Vorstellungen zum Endziel der Forschung.
6. *Platon-Aristotelische* Astraltheologie.

Naturwissenschaft und Technik nach Aristoteles

Im letzten Teil dieses Buches sollen der Mathematiker *Euler*, der Mathematiker und „Ingenieur" *Archimedes* und die Astronomen *Aristarch von Samos, Eratothenes von Kyrene, Hipparchos von Nikaia* und *Claudios Ptolemaios* betrachtet werden. *Euklid* und *Ptolemaios* waren auf ihrem Gebiet eigentlich keine Forscher. Sie trugen den Wissensstand der damaligen Zeit in hervorragender Weise unter Berücksichtigung der *Platon-Aristotelischen* Naturphilosophie zusammen. *Aristarch*, *Eratisthenes* und *Hipparchos* erweiterten das astronomische Wissen durch eigene Messungen. Der große Verdienst des *Aristarch* besteht darin, daß er nach *Aristoteles* ein heliozentrisches Weltsystem aufstellte. *Archimedes* war Mathematiker und Techniker. Man kann ihn heute als Begründer der technischen und theoretischen Mechanik ansehen.

Euklid

Zusammengefaßt wurde der Stand der griechischen Mathematik in einem dreizehnbändigen Lehrwerk, das neben der Bibel[286] das am meisten verbreitete (mit über 1400 Auflagen!) und erfolgreichste Buch der Weltliteratur ist: Die Elemente von *Euklid.*

Dieses ist gegen Ende des 4. Jahrhunderts v. u. Ztr. in Alexandrien (Ägypten) entstanden. *Euklid*[287] war Gründer und erster Schulleiter der berühmten, großen Mathematikerschule Alexandrias. Er gehörte zur *Platonischen* Schule. Diese alexandrinische Schule hat noch andere großartige Werke, wie die »Porismen« und die »Data«, außerdem ein Buch über Kegelschnitte und anderes verfaßt. *Euklid* gebührt unstrittig der Rang eines ganz großen Mathematikers, auch wenn er selbst kein bedeutender Entdecker war. Er war einzig in der Art, wie er die mathematischen Ergebnisse des *Thales,* des *Eudoxos*, des *Demokrit,* des *Hippokrates von*

Chios[288], des *Archytos*[289] und anderer hervorragender Männer des goldenen Zeitalters der Geometrie herausgebracht hatte. *Euklid* war ein Meister der kurzen und präzisen Formulierungen der alten Beweise. In dieser neuen Form sind sie in seinem großen Werk »Elemente« (griechisch Stoichaia) aufgezeichnet. Es ist ein unübertroffenes Muster mathematischer Systematik. Es ist ein Werk, in dem aus den größten Leistungen, die Generationen schöpferischer Geister hervorgebracht haben, eine einheitliche Zusammenfassung von gewaltiger Ausstrahlung geschaffen worden ist. Auf rund 1700 Seiten hat es der ganzen Menschheit die mathematischen Elemente für unsere Raumanschauung geliefert. In der Antike war es in Manuskriptform weit verbreitet. An den »Elementen« wurden - noch bis zu Beginn dieses Jahrhunderts bei uns und bis zur Gegenwart in England - während Jahrhunderten die Schüler aller Kulturnationen in die Geometrie eingeführt. *Spinoza* diente *Euklids* Elemente als Vorbild für seine „Ethik" und *Newton* für seine „Principia". Selbst die moderne Geometrie erinnert an *Euklid*, sie heißt nicht*euklidische* Geometrie. Man kann in diesem Werk den vollendeten Ausdruck griechischen Geistes erblicken. In *Euklids* Werk ist die logische Zergliederung der Zusammenhänge geometrischer Gesetzmäßigkeit so weit getrieben worden, daß die gesamte Geometrie mit der Fülle ihrer verschiedenen Lehrsätze aus wenigen Grundsätzen oder Axiomen abgeleitet ist. Diese Axiome sind ohne Begründung, also ohne eine weitergetriebene Zurückführung auf noch einfachere Sätze, hingestellt. Man kann sagen, daß aus diesem Minimum von 23 Definitionen, 5 Postulaten und 8 Axiomen von *Euklid* die ganze (klassische) Geometrie aufgebaut ist.

Das Wichtigste, was uns die Bücher des *Euklid* zu bieten haben, ist die Art des Denkens. Es ist der Aufbau des Gebäudes zusammenhängender mathematischer Tatsachen, die durch logische Beweise auseinander hergeleitet werden. Dies ist eine Entdeckung gewesen, daß die mathematischen Gesetze nicht lose und getrennt nebeneinander stehen, sondern Verbindungen logischer Art besitzen. Sie erlauben es, gewisse mathematische Tatsachen als unausweichliche Folgen anderer zu erkennen.

Nachfolgend sollen nur die Definitionen, Postulate und Grundsätze genannte werden.

DEFINITIONEN:

1. Ein Punkt ist, was keine Teile hat.
2. Eine Linie ist eine Länge ohne Breite.
3. Das äußerste einer Linie sind Punkte.

4. Eine gerade Linie ist, welche zwischen den in ihr befindlichen Punkten auf einerlei Art liegt.
5. Eine Fläche ist, was nur Länge und Breite hat.
6. Das äußerste einer Fläche sind Linien.
7. Eine ebene Fläche ist, welche zwischen den in ihr befindlichen geraden Linien auf einerlei Art liegt.
8. Ein ebener Winkel ist die Neigung zweier Linien gegeneinander, die in einer Ebene zusammentreffen, ohne in gerader Linie zu liegen.
9. Sind die Linien, welche den Winkel einschließen, gerade, so heißt derselbe ein geradliniger Winkel.
10. Steht eine gerade Linie auf einer anderen so, daß sie die Nebenwinkel gleich macht, so heißt sie senkrecht auf der anderen, und jeder der beiden gleichen Winkel heißt ein Rechter.
11. Ein Winkel heißt stumpfer Winkel, der größer ist als ein Rechter.
12. Ein Winkel heißt spitzer Winkel, der kleiner ist als ein Rechter.
13. Grenze heißt, was das äußerste eines Dinges ist.
14. Figur heißt, was von einer oder mehreren Grenzen eingeschlossen wird.
15. Ein Kreis ist eine ebene Figur von einer einzigen Linie, Umring oder Umkreis genannt, so eingeschlossen, daß alle von einem gewissen innerhalb der Figur befindlichen Punkte an den Umkreis gehenden geraden Linien einander gleich sind.
16. Dieser Punkt heißt des Kreises Mittelpunkt.
17. Durchmesser des Kreises ist jede durch den Mittelpunkt gezogene und an beiden Seiten von dem Umringe begrenzte, gerade Linie.
18. Ein Halbkreis ist die Figur, welche vom Durchmesser und dem durch ihn abgeschnittenen Umkreise eingeschlossen wird. Der Mittelpunkt des Halbkreises fällt mit dem des ganzen Kreises zusammen.
19. Geradlinige Figuren sind, die von geraden Linien eingeschlossen werden, und zwar dreiseitige (Dreieck), welche von drei, vierseitige, welche von vier, vielseitige (Polygone), welche von mehr als vier geraden Linien eingeschlossen werden.
20. Unter den Dreiecken heißt dasjenige gleichseitig, welches drei gleiche Seiten hat, gleichschenklig aber, welches nur zwei gleiche Seiten hat; ungleichseitig, welches drei ungleiche Seiten hat.
21. Ferner heißt unter den Dreiecken dasjenige rechtwinklig, welches einen rechten Winkel hat; stumpfwinklig, welches einen stumpfen Winkel hat; spitzwinklig, welches drei spitze Winkel hat.

22. Unter den vierseitigen Figuren heißt diejenige ein Quadrat, welche gleichseitig und rechtwinklig ist; ein Rechteck, welche zwar rechtwinklig, aber nicht gleichseitig ist; ein Rhombus, welche zwar gleichseitig, aber nicht rechtwinklig ist; ein Rhomboid, deren einander gegenüberliegende Seiten und Winkel gleich sind, die aber weder gleichseitig noch rechtwinklig sind. Jede andere vierseitige Figur heißt Trapez.
23. Parallel sind gerade Linien, die in derselben Ebene liegen, soweit sie auch an beiden Seiten verlängert werden, doch an keiner Seite zusammentreffen.

POSTULATE:

1. Es sei ein für allemal gefordert, von jedem Punkt nach jedem anderen eine gerade Linie zu ziehen.
2. Desgleichen, eine begrenzte gerade Linie stetig gerade fort zu verlängern.
3. Desgleichen, aus jedem Mittelpunkt und in jedem Abstand einen Kreis zu beschreiben.
4. Desgleichen, daß alle rechten Winkel einander gleich seien.
5. Desgleichen, daß zwei gerade Linien, die von einer dritten so geschnitten werden, daß die beiden inneren an einer Seite liegenden Winkel zusammen kleiner als zwei rechte sind, genügend verlängert, an eben der Seite zusammentreffen.

GRUNDSÄTZE:

1. Was einem und demselben gleich ist, ist einander gleich.
2. Gleichem Gleiches zugesetzt, bringt Gleiches.
3. Vom Gleichem Gleiches weggenommen, läßt Gleiches.
4. Ungleichem Gleiches zugesetzt, bringt Ungleiches.
5. Gleiches verdoppelt, gibt Gleiches.
6. Gleiches halbiert, gibt Gleiches.
7. Was einander deckt, ist einander gleich.
8. Das Ganze ist größer als sein Teil.
9. Zwei gerade Linien schließen keinen Raum ein.

Von *Euklid* ist bekannt, daß er als erster ein Argument entdeckte, das beweist, daß es keine größte Primzahl gibt. Nach ihm konnten die Mathematiker nur noch in die sogenannte höhere Mathematik aufsteigen. Durch die »Elemente« inspiriert, fanden zwei begabte Mathematiker des folgenden Jahrhunderts so viele neue Ergebnisse und Formeln wie alle *voreukli-*

dischen Griechen zusammen. Entdeckungen auf dem Gebiet der Kegelschnitte durch *Apollonius* von Perge[290] führten später zu bedeutenden Beiträgen auf den Gebieten der Astronomie, der militärischen Wissenschaften, der Ballistik und sogar der modernen Raketenforschung.

Von *Euklid* stammt die älteste erhaltene Monografie über optische Probleme, insbesondere über die Linearperspektive. Es ist dies der Versuch, physikalische Fragen mit mathematischen Methoden zu klären. Er postulierte, daß das Licht sich in einem homogenen Medium geradlinig ausbreitet. Allerdings denkt *Euklid*, daß »Strahlen« von Licht des Auges entspringen und auf die Gegenstände treffen, die man dadurch sieht.[291]

Von *Euklid* sind Schriften zur Musiktheorie und zur Astronomie erhalten. Verlorengegangen sind seine Abhandlungen über Lichtreflexion.

Aristarch von Samos, Eratosthenes von Kyrene und Hipparchos von Nikaia

Der Höhepunkt der griechischen Astronomie wurde mit drei Astronomen erreicht. Es waren dies *Aristarch* von *Samos* (ca. 310 bis 230 v. u. Ztr.), ein Schüler des Peripatetikers *Straton*, *Eratosthenes*[292] und *Hipparchos* von *Nakaia* (190 bis 125 v. u. Ztr.), genannt *Hipparch*, der oft als der Vater der modernen Astronomie bezeichnet wird. Sie wirkten zeitweise in Alexandria. Leider sind von ihnen nur wenige Schriften und ihre übrigen Forschungsergebnisse nur in einigen dürftigen Spuren uns erhalten geblieben. *Aristarch* soll wegen seines heliozentrischen Weltsystems der Irreligiosität beschuldigt worden sein. So schreibt *Plutarch*: „*Kleanthes* (der Stoiker) meint, die Griechen müßten *Aristarch von Samos* anklagen, weil er den Herd des Kosmos sich hat bewegen lassen, denn dieser Mann hat versucht, die Erscheinungen zu retten, indem er annahm, daß der Himmel stillsteht und die Erde sich in einem schiefen Kreis bewegt, während sie sich gleichzeitig um ihre eigene Achse dreht."

In seiner erhalten gebliebenen Schrift: „Von der Gestalt und den Entfernungen der Sonne und des Mondes" hatte es *Aristarch* unternommen, unter Anwendung trigonometrischer Gesetze das Abstandsverhältnis zwischen Erde - Mond und Erde - Sonne zu berechnen. Da bei Halbmond Sonne - Erde - Mond ein rechtwinkliges Dreieck bilden, ließ sich durch Messung des Winkels Mond - Erde - Sonne (nach *Aristarch* 87°, richtig wäre: 89°52') das Abstandsverhältnis, Entfernung Erde – Mond zu Entfernung Erde – Sonne, ermitteln. Er erhielt den Wert 1 : 19. Der heutige Wert beträgt etwa 1 : 400 (Entfernung Erde - Mond = 384 000 km und die Entfernung Erde - Sonne beträgt 149 467 300 m). Ebenfalls vermutete *Aristarch*, daß die Sonne etwa das 300fache der Erdmasse habe. Der heutige Wert beträgt 1 : 332 958. Der griechische Astronom und Philosoph *Poseidonios* (131 bis 51 v. u. Ztr.) hat größenordnungsmäßig den richtigen Wert für die Entfernung Erde – Sonne und den besten Wert der antiken Astronomen für den Sonnendurchmesser angegeben.

Die kühnste Leistung des *Aristarch*, die in Fragmenten eindeutig bezeugt ist, bestand darin, daß er das hergebrachte geozentrische Weltbild (die ruhende Erde liegt in der Mitte des Kosmos) verwarf und durch seine Lehre einer doppelten Bewegung der Erde um ihre eigene Achse[293] und um die Sonne zum erstenmal in der griechischen Antike klar ein heliozentrisches Konzept vertrat, die Sonne steht im Mittelpunkt und die Erde und die anderen Planeten bewegen sich um die Sonne. *Aristarch* vertrat die Auffassung, daß Sonne und die Fixsterne in ungeheuren Entfernungen voneinander ihren festen Ort haben. Als Abschluß des Kosmos nahm er eine körperlich begrenzte Hohlkugel an, in deren Mitte sich das heliozentrische System befindet. Er umging damit das Unendlichkeitsprinzip, das den Grenzbegriff der griechischen Antike gefährdet hätte. Das heliozentrische Konzept ist jedoch von seinen Nachfolgern, *Archimedes, Apollonius von Perge* und *Hipparchos* abgelehnt worden, weil sie die beobachteten Phänomene nicht mit einer Sonne als Mittelpunkt der Umkreisung in Einklang bringen konnten und das heliozentrische System der Naturphilosophie *Aristoteles* widersprach. *Rudolf K. Goldschmit-Jentner*[294] meint dazu: „*Aristarch* mußte dem Irrlehrer auf diesem Gebiet, aber dem größeren Naturerkenner, *Aristoteles* weichen." Jedoch hatte *Aristarch von Samos* einen Nachfolger im 2. Jahrhundert v. u. Ztr. Es war der bedeutende griechische Astronom *Seleukos von Seleukia*[295]. Er hielt das Weltall für unendlich. Die Erde schwebt frei im Raum und dreht sich, ständig vom Mond begleitet, mit den Planeten um die Sonne. Der Mond lenkt die Erde ein wenig aus ihrer sonst regelmäßigen Bahn. Diese Beobachtung erklärt man heute durch die Tatsache, daß Mond und Erde sich um einen gemeinsamen Schwerpunkt, der etwa 2000 km unterhalb der Erdoberfläche liegt, drehen. Der Schwerpunkt der Erde dreht sich einmal um diesen gemeinsamen Schwerpunkt innerhalb von 28 Tagen. *Seleukos* verteidigte die heliozentrische These und bemühte sich, sie mit Beweisen zu untermauern. Auch er konnte sich gegen die etablierte Lehrmeinung nicht durchsetzen. Erst von *Kopernikus* ist die heliozentrische Hypothese wieder aufgegriffen worden. Im 3. Jahrhundert v. u. Ztr. stellte jemand, sehr wahrscheinlich *Apollonius*, die Hypothese auf, daß nämlich die Planeten um die

Sonne und die Sonne mit dem Mond um die rotierende Erde laufen. Man nennt es das „ägyptische System“ , weil es wohl in Alexandria entwickelt wurde. Eine Hypothese, die später *Tycho de Brahe*[296] nach *Kopernikus* wiederholte.

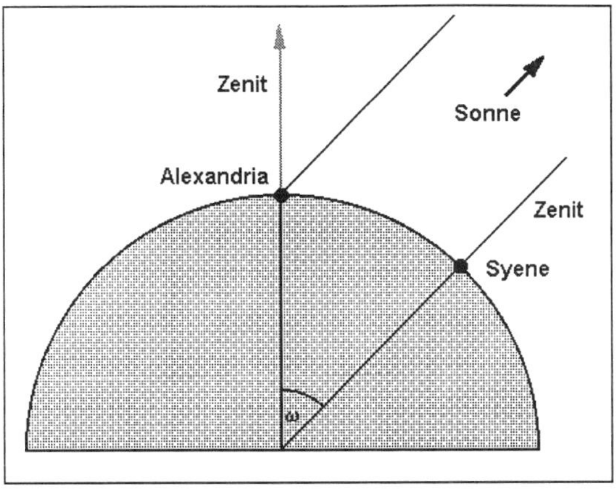

Die Überlegungen des *Anaxagoras* zur Berechnung des Abstandes Erde – Sonne, ausgehend von einem Scheibenmodell der Erde, griff *Eratosthenes* erneut auf. Er ging aber von einem Kugelmodell der Erde aus. Er zeichnete nebenstehendes Bild, in dem die Sonne so weit entfernt von der Erde angenommen wurde, daß ihre Strahlen praktisch parallel auf die Erde treffen. *Eratosthenes* folgerte aus diesen Überlegungen, daß die Erde eine Kugel mit einem Radius von ca. 6500 km ist. Für den Winkel ω benutzte er denselben Wert wie *Anaxagoras* von 7 Grad. Der Wert des Erdradius ist dem heutigen Wert von 6378 km bemerkenswert nahe gekommen. Die Abweichung von dem heutigen Wert ist dadurch begründet, daß er mit den damaligen Mitteln nicht feststellen konnte, ob Alexandria und Syene auf genau denselben Längengrad liegen (was jedoch nicht zutrifft). Es ergabt sich etwa derselbe Wert für den Erdradius, wie *Anaxagoras* Wert für den Abstand Erde - Sonne. Das liegt daran, daß für die Berechnung von *Eratosthenes* der Tangens des Winkels ω näherungsweise gleich dem Winkel ω im Bogenmaß gesetzt werden kann und sich dann dieselbe Formel ergibt.

Eratosthenes gelang mit Hilfe der Sonnenhöhen eine erstaunlich genaue Messung des Erdumfangs mit einem Fehler von 1%. Die Sonnenhöhen bestimmte er mit einem einfachen Stab durch Messung der Schattenlänge. Er verglich die mittäglichen Sonnenhöhen an zwei Orten, deren Abstand ihm bekannt war. Setzt man voraus, daß die beiden Orte ungefähr auf gleicher geografischer Länge liegen, kann somit der Unterschied der Orte in geografischer Breite ermittelt werden. Dieser Breitengradunterschied steht im Verhältnis zu den vollen 360 Grad des Erdumfanges, wie das Verhältnis der Abstände der beiden Orte. Auf diese Weise erhielt *Eratosthenes* ca. 40000 km[297] für den Erdumfang (was dem heutigen Wert hervorragend nahe kommt).[298]

Auch die wichtigen Forschungsergebnisse des *Hipparch* sind nur aus Zeugnissen, vornehmlich bei *Ptolemaios*, bekannt. In einer Jugendschrift hatte er sich mit dem Sternbilderkatalog des *Eudoxos* und des *Arat* befaßt und verschiedene Korrekturen angebracht. Wohl im Zusammenhang damit verfaßte er einen Fixsternkatalog mit genauen Positionsangaben, der um die 800 Fixsterne zählte. Er war ein ausgezeichneter Beobachter. So war es möglich, daß er 134 v. u. Ztr. das Auftreten eines neuen Sternes ausmachen konnte. Für die Qualität der wissenschaftlichen Forschungen *Hipparchs* zeugen seine Präzisionsmessungen. So bestimmte er mittels eines Metallringes, der an einer Mauer in Alexandria befestigt war und der genau den Zeitpunkt des Äquinoktiums (Tagundnachtgleiche) erkennen ließ, die Jahreslänge auf „365 1/4 Tage weniger 1/300 Tag (das bedeutet 365 d 5 h 55 min 12 s). Dieser Meßwert entspricht einem Fehler von 6 min 34 s und ist wesentlich genauer als die Jahreslänge, die *Caesar*[299] seinem nach ihm benannten „Julianischen Kalender"[300] zugrunde legte. Auf Grund seiner Messungen stellte *Hipparch* fest, daß die Sonne nicht im gleichen Abstand von der Erde bleibt, sondern ihr bald näher und bald ferner steht. Bis zur Erkenntnis, daß die Erde sich nicht auf einer Kreisbahn, sondern wie *Kepler* viel später annahm, sich auf einer Ellipse um die Sonne bewegt, war eigentlich nur ein kleiner Schritt. Aber er hielt an der *Aristotelischen* Vorstellung von der Stellung der Erde im Mittelpunkt der Welt fest. Den Mondumlauf bestimmte er auf weniger als 1 s genau gegenüber dem heutigen Wert. *Hipparch* war auch Mathematiker, aber seine größere Bedeutung liegt in der Astronomie. Bewundernswert ist die Art und Weise, wie er die Präzession der Äquinoktien theoretisch gedeutet und die Deutung der Deklination[301] der Sterne durch Beobachtung bestätigt hat.

Hipparch versuchte in einer geometrischen Konstruktion, die Entfernung der Sonne von der Erde unter der Annahme eines Kugelmodells der Erde zu berechnen. Er benutzte die verschiedenen Stadien einer Mondfinsternis. Diese entsteht dadurch, daß der Mond in den Schattenkegel der Erde eintritt. Die Darstellung dieser Methode ist bei *George Gamov*[302] nachzulesen. *Hipparch* fand heraus, daß die Entfernung Erde - Mond dem 67fachen Erdradius entspricht. Der moderne Wert für die mittlere Entfernung Erde - Mond beträgt 60,267, multipliziert mit dem Erdradius. Die Bestimmung der Entfernung Erde - Sonne war weniger erfolgreich, weil wegen der großen Entfernung der Sonne von der Erde die Strahlen nahezu parallel verlaufen. Aus seinen Überlegungen konnte er nur folgern, daß die Sonne mindestens 37mal so weit von der Erde entfernt sein muß wie der Mond. Außerdem muß der Sonnendurchmesser mindestens zwölfmal größer sein als der Erddurchmesser. Die Sonnenmasse errechnete er als das 1880fache der Erde. Die mittlere Entfernung Erde - Sonne beträgt heute (149 467 300 ± 7000) km. Das ist 11mal mehr als *Hipparch* als unteren Grenzwert angegeben hat. Trotzdem ist der Wert *Hipparchs* 17 Jahrhunderte unbestritten geblieben.

Ein weiteres Beispiel präziser Beobachtung ist ferner *Hipparchs* Feststellung der scheinbaren Anomalie der Sonnenbahn. Sie führt dazu, daß die Sonne, von der Erde aus betrachtet, die einzelnen Tierkreiszeichen in ungleich langer Zeit durchschreitet und somit die Jahreszeiten unterschiedlich lang sind. *Hipparch* erklärte diese Anomalie durch einen sog. Exzenter, daß nämlich die Sonnenbahn ihr Zentrum etwas außerhalb des Weltzentrums habe. Er war der erste, der die Schieflage der Drehachse der Erde zur Sonne (Ekliptik)[303] feststellte.

Eratosthenes gilt heute allgemein als Begründer der wissenschaftlichen Geografie. Sein Hauptwerk trug den Titel »Geografie« (Erdbeschreibung). Somit war er der Schöpfer dieses Begriffes. Er ersann als erster das geografische Gradnetz und führte die Geografie auf mathematisch-astronomische Grundlagen zurück. Seine Hauptaufgabe sah er in der Aufstellung einer neuen Erdkarte. *Hipparch* ist offensichtlich als erster auf den genialen Gedanken gekommen, für die geografische Längenbestimmung die Beobachtung von Mondfinsternissen zu benutzen. Die geografische Breite eines Ortes konnte von *Eratosthenes* aus der Höhe des Sonnenstandes (Winkel der Sonnenhöhe) verhältnismäßig einfach bestimmt werden. Für die geografische Längenbestimmung fehlten jedoch die synchronen Uhren. *Hipparch* kam auf die Idee, daß man sich an ein astronomisches Ereignis orientiert, das von allen Bewohnern der Erde gleichzeitig beobachtet werden konnte. Dazu eignet sich nicht die Sonnenfinsternis, wohl aber die Mondfinsternis. Der griechische Mechaniker und Mathematiker *Heron von Alexandria* (ca. 60 u. Ztr.) ist in einem Anhang seiner Schrift „Über das Sehrohr“ ebenfalls darauf eingegangen.

In der Arithmetik war er der Urheber der Methode des sogenannten »Siebes« zur Ermittlung der Primzahlen. Läßt man in der Reihe der ungeraden Zahlen jede 3. Zahl hinter der 3 weg, so sind die Vielfachen der 3 entfernt. Anschließend streicht man in der Reihe der ungeraden Zahlen hinter der 5 jede 5. Zahl weg. Damit sind die Vielfache von 5 beseitigt. Fährt man so fort, so sind die nicht gestrichenen Zahlen die Primzahlen.

Archimedes

Der berühmteste Mathematiker und Ingenieur der Antike war *Archimedes*. Er lebte von 287 bis 212 v. u. Ztr. Geboren wurde er in Syrakus. Sein Vater, *Pheidias*, hat sich unter anderem auch mit Astronomie beschäftigt. Er hat eine Abhandlung über die Durchmesser der Sonne und des Mondes geschrieben. *Archimedes* hatte engen Kontakt zur Herrscherfamilie, zum König *Hieron* und seinem Sohn *Gelon*. In der Stadt Alexandria lernte er bei dem Nachfolger *Euklids*, vielleicht auch bei *Euklid* selbst. Den größten Teil seines Lebens verbrachte *Archimedes* in seiner Geburtsstadt. Getötet wurde er bei der Einnahme Syrakus durch die Römer. Er hatte durch die Erfindung und Konstruktion seiner Kriegsmaschinen die Eroberung seiner Heimatstadt den Römern lange unmöglich gemacht. Dazu schreibt *Egmont von Colerus*[304]: „Als die Römer von der Seeseite angreifen, senkten sich eiserne Hände und Schnäbel von den Mauern, krallten sich in die Schiffe und heben sie hoch, um sie wieder fallen zu lassen. Und auf die zerschmetterten Planken, an die sich Ertrinkene klammern, saust ein furchtbarer Hagel riesiger Steinblöcke, wie er von Menschenkraft noch niemals erregt wurde. Ältere Veteranen erblassen. Wo sich über den Mauern von Syrakus ein Tauende oder ein Stückchen Holz zeigt, dort fliehen die Legionäre in unhemmbarem Entsetzen. Denn sie wollten gegen Menschen kämpfen oder, wenn es sein müßte, gegen die Kriegselefanten *Hannibals*, nicht mehr aber gegen feindlich gesinnte Götter und hundertarmige Riesen."[305] Über die Todesumstände *Archimedes* gibt es verschiedene Überlieferungen. Die bekannteste ist folgende: *Archimedes* war gerade in geometrischen Figuren, die er vor sich in den Sand gezeichnet hatte, vertieft. Einem eindringenden Legionär, der achtlos auf diese Zeichnungen trat, soll er zugerufen haben: „Störe meine Kreise nicht". Er wurde von dem Legionär erschlagen. Nach *Archimedes* Wunsch wurden auf dem Grabstein die Konturen einer Kugel in einem Zylinder eingemeißelt. Auf einer Inschrift über die größte Entdeckung *Archimedes* stand, daß die Volumina dieser dargestellten Körper sich wie drei zu zwei verhalten. *Marcus Tullius Cicero*[306] hat den Grabstein auf Sizilien gefunden. „Es war von allen Seiten umhegt und umkleidet von Dornen und Gestrüpp."

Archimedes hat als erster Mathematik und Physik miteinander verknüpft. Von ihm sind nur zwei physikalische Schriften über die Mechanik überliefert, die sich durch ihren systematischen Aufbau, ihre folgerichtigen Beweisführungen und mathematische Strenge auszeichnen. Sein Prinzip war, daß die Negation seiner Behauptungen zu einem Widerspruch führt (reductio ad absurdum; siehe auch *K. Popper*). Es sind dies die Schriften „Über das Gleichgewicht ebener Flächen oder vom Schwerpunkt von Ebenen" (Hebel, Keil, Rolle, Flaschenzug und schiefe Ebene) und „Über schwimmende Körper" (Dichte, Auftrieb und Schwerpunkt)[307]. Beide wurden 1543 von *Nicolo Tartaglia*, einem italienischen Mathematiker, veröffentlicht. Das Wesen des spezifischen Gewichts war *Archimedes* vertraut. Die uns geläufige Bezeichnung dafür kannte er noch nicht. Sie stammt erst aus dem mittelalterlichen Schrifttum. Außerdem gibt es eine Schrift über Kreismessungen und eine Schrift mit dem Titel: „Des *Archimedes* Methodenlehre von den mechanischen Lehrsätzen." *Archimedes* hat in den überlieferten Schriften niemals den Schwerpunkt definiert. Man vermutet, daß *Archimedes* den Begriff »Schwerpunkt« in einem anderen Werk definiert hat, das aber verlorengegangen ist.

Die Hebelgesetze waren bereits vor *Archimedes* bekannt. Er hat jedoch alle Erkenntnisse in einen logischen Zusammenhang gebracht. In bezug auf Theorie und Praxis ist er über das bisher Bekannte weit hinaus gegangen. Man kann ihn daher als den Begründer der theoretischen Mechanik ansehen. Er ist neben den Vorsokratikern zum Vorbild für die naturwissenschaftliche Revolution des 17. Jahrhunderts geworden. Bekannt ist von ihm der Satz (in einem Brief *Archimedes* an König *Hieron*): „...wenn er eine andere Erde zur Verfügung hätte, so würde er auf sie hinüber gehen und von ihr aus unsere Erde in Bewegung setzen."

Archimedes ist auch der Erfinder des Planetariums, welches der römische Feldherr *Marcellus* nach der Einnahme von Syrakus - nach dem Tod *Archimedes* - im Triumpfzug nach Rom brachte. Es hatte die Form einer Kugel. Die Oberfläche war durch Metallstreifen angedeutet. Im Innern befand sich ein Uhrwerk. So konnte *Archimedes* die Bewegung der Sonne, des Mondes und der damals bekannten fünf Planeten (Merkur, Mars, Venus, Jupiter und Saturn) nachahmen. Das erstaunliche war, daß allein durch eine Drehung alle Bewegungen mit den verschiedenen Umlaufszeiten in Gang gesetzt werden konnten. Leider ist das Buch, das *Archimedes* über sein Planetarium geschrieben hat »Über die Anfertigung von Sphären«, verlorengegangen.

Archimedes lehnte das heliozentrische System des *Aristarch von Samos* ab. Er schreibt in einem Brief an König *Gelon von Syrakus*: „Es wird bei dem heliozentrischen System des *Aristarch* nämlich angenommen, daß die Fixsterne und die Sonne unbeweglich seien, die Erde sich um die Sonne, die in der Mitte der Erdbahn liege, in einem Kreis bewege ...Es ist klar, daß dies unmöglich ist." Dieser Brief ist einer der ganz wenigen überlieferten Hinweise darauf, daß schon *Aristarch von Samos* ein heliozentrisches System vertrat.

Claudios Ptolemaios

Die umfassendste Darstellung des astronomischen Wissens der *nach-aristotelischen* Antike enthält die Syntaxis mathmatica[308] des hellenistischen Ägypters *Claudios Ptolemaios* (*Claudios* aus Ptolemaios, der Ort, in dem er auch gestorben ist, lebte um 100 bis nach 160 n. u. Ztr.). Er war der einflußreichste Astronom der Antike. Er war außerdem Astrologe (verfaßte ein Lehrbuch der Astrologie), Erkenntnistheoretiker, Geograf, Mathematiker, Musiktheoretiker und Physiker (Optik). *Ptolemaios* hat über 40 Jahre in der großen Bibliothek von Alexandria zur Regierungszeit des Kaisers *Hadrian* reiches Material früherer Gelehrter unter Auslassung dessen, was nicht seinen Vorstellungen und denen seiner Zeit entsprach, wie z.B. das heliozentrische Weltbild des *Aristarch* von *Samos*, in vorbildlicher Systematik handbuchartig zusammengestellt. Eigene Beobachtungen und Berechnungen hat er mit einbezogen. Das 13 Bücher umfassende Werk fand später eine riesige Verbreitung und bestimmte, zum Dogma der Kirche des Mittelalters gemacht, bis zu *Kopernikus* das astronomische Weltbild des Abendlandes[309].

Das *Ptolemaios*sche »Forschungsprinzip« - es galt ebenfalls schon für *Aristoteles* - bestand darin, von allgemeinen, scheinbar unabänderlichen Grundsätzen durch logische Schlußfolgerungen weitere Sätze abzuleiten. So kam *Ptolemaios* zu den Ableitungen seiner astronomischen Gesetze.

Zu Beginn seines Werkes umreißt *Ptolemaios* in fünf Thesen, die er ausführlich begründet, das geozentrische Weltbild:

1. Das Himmelsgewölbe hat Kugelgestalt und dreht sich wie eine Kugel.
2. Ihrer Gestalt nach ist die Erde für die sinnliche Wahrnehmung wie eine Kugel.
3. Ihrer Lage nach nimmt die Erde einem Zentrum vergleichbar die Mitte des ganzen Himmelsgewölbes ein.
4. Ihrer Größe und Entfernung nach steht die Erde zur Fixsternsphäre in dem Verhältnis eines Punktes.
5. Die Erde hat ihrerseits keinerlei Ortsveränderung verursachende Bewegung.

Im ersten Teil der Bücher behandelt er das gegenseitige Verhältnis von Erde, Mond und Sonne. *Ptolemaios* hat für den Monddurchmesser und Mondabstand nahezu richtige Werte angegeben. Für die Jahreslänge übernimmt er den Wert des *Hipparch* (also kannte *Ptolemaios* auch das heliozentrische Weltbild, denn es wurde ja von *Hipparch* abgelehnt). Für den Erdumfang übernahm *Ptolemaios* den Wert des *Poseidonios* (100 v. u. Ztr.) rund 29 000 km. Der von *Ptolemaios* verbreitete falsche Wert - *Eratosthenes* hatte bereits 300 Jahre früher einen besseren Wert (40000 km) ermittelt - hielt sich bis Ende des 16. Jahrhunderts. Die Lehre von der feststehenden Erde (im Gegensatz zu *Aristarch* von Samos) wurde von *Ptolemaios* übernommen und damit auch von den mittelalterlichen Gelehrten und der christlichen Kirche. Ebenfalls hat er die schon von *Anaximander* postulierte Bewegung der Gestirne auf Kreisbahnen übernommen. *Aristoteles* hatte diese Kreisbewegung als die natürlichste Bewegung mythologisch verklärt. Die weiteren Bücher sind den Fixsternen gewidmet. Er entwickelte einen Fixsternkatalog mit Positionen (Längen, Breiten und Größen) von 1022 (also mehr als die 800 von *Hipparch*) Fixsternen. Die heute in der internationalen Astronomie üblichen 88 Sternbilder gehen von *Ptolemaios* aus. Die letzten Bücher behandeln die Wandelsterne (Planeten). Die Zusammenstellung zeigt eine erstaunliche Genauigkeit in der Berechnung der Umlaufszeiten bei den äußeren Planeten, während *Ptolemaios* sich bei den beiden inneren, der Venus und dem Merkur, erheblich täuschte.

Mit dem Tetrabiblos (Viererbuch) verfaßte *Ptolemaios* ein astrologisches Handbuch, das eine Einführung in die Sterndeutung darstellt. Mit diesem verband er seine wissenschaftliche Astronomie mit dem astrologischen Glauben. Die spätgriechische Astrologie erlebte durch *Ptolemaios* ihre letzte Blütezeit. In der Antike schließen sich Astronomie und Astrologie[310] keineswegs aus, wie es heute in der exakten Naturwissenschaft ist. Sie ergänzten sich gegenseitig. Während die Astronomie gestattet, die genaue Position der Gestirne zu berechnen, ermöglicht (nach Ansicht der Astrologen!) die Astrologie[311] den Einfluß der Gestirne und ihre Wirkung auf die Menschen, die Völker und die Welt allgemein vorherzusagen. Als Astrologe hielt *Ptolemaios* die Phasen der Sterne für die Ursachen der Witterungsumschläge. So schreibt er: „Nur den hellen, nicht den schwachen Sternen ist zuzutrauen, daß sie durch ihre Größe einen Wandel gegen das Bestehende durchzusetzen vermögen." Dieses Einhergehen von Astrologie und Astronomie bei *Ptolemaios* war nur möglich in der Annahme, daß die Himmelskörper Götter mit eigener Seele sind (*Platon- Aristotel ische* Astraltheologie).

Hipparch und *Ptolemaios* teilten die sichtbaren Sterne nach Gutdünken in sechs sog. Größenklassen ein. Die erste Klasse umfaßte die hellsten Sterne und die sechste jene, die gerade noch (mit dem Auge) erkennbar sind. Die Aufteilung erfolgte so, daß die Mitglieder zweier benachbarter Klassen die gleichen Helligkeitsdifferenzen aufweisen. Heute wissen wir, daß nach dem *Weber-Fechner*schen Gesetz die Stärke eines äußerlichen Reizes (die Helligkeit eines Lichtes) arithmetisch wächst, wenn die Energie des Reizes (Lichtenergie) geometrisch anwächst. Drei Glühlampen von 10, 100 und 1000 Watt leuchten (so empfinden wir) in ihrer Lichtstärke von gleichem Unterschied. Die Intensitätsunterschiede der Sterne zweier benachbarter Größenklassen nach *Hipparch-Ptolemaios* entsprachen immer demselben Faktor. Der Faktor beträgt 2,512; d.h., die Sterne der dritten Größenklasse sind etwa zweieinhalbmal schwächer als die der zweiten. Das System der Größenklassen von *Hipparch-Ptolemaios* hat sich bis heute erhalten.

Sehr ausführlich geht *Ptolemaios* den scheinbaren Anomalien der Planetenbewegung nach, die seinerseits *Eudoxos* mit seinem System homozentrischer Himmelssphären zu erfassen sucht. *Ptolemaios* dagegen verwendet zur Erklärung der merkwürdigen Planetenbahnen in Anlehnung an *Hipparch* die Exzentertheorie. Da *Ptolemaios* das falsche, geozentrische Weltbild in seinen Werken darstellte, benötigt er für die Bewegungen der Planeten die von *Apollonius* von Perge stammende Epizykeltheorie. Mit diesem genialen Trick war es möglich, die ungleichmäßigen Bewegungen, die wir an Sonne und Planeten beobachten, mit der *Aristotelischen* Lehre von der natürlichen Kreisbewegung in Einklang zu bringen.

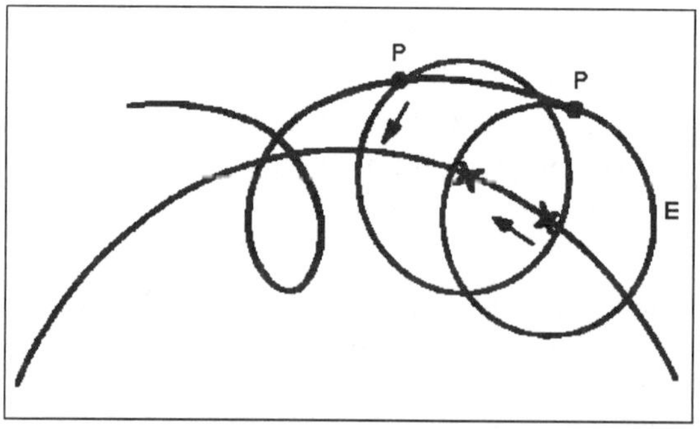

Der Planet *P* (siehe nebenstehende Zeichnung) läuft auf dem Aufkreis *E* (Epizykel) wie auf einem Rad, welches seinerseits um den Mittelpunkt *X* auf dem großen Kreis (Deferent) um die Erde rollt. Es entsteht durch die Zusammensetzung zweier Kreisbewegungen von ungleicher Periode eine Kurve, die in der Geometrie als »verschlungene Epizykloide« oder auch als »Trochoide« bekannt ist.

Den Planetenlauf konnte man damals in weitgehenden Einzelheiten beschreiben, wenn man zwei Bedingungen erfüllt:

1. Die Umlaufszeit wird richtig gewählt.
2. Durch Zuweisung geeigneter Exzentrizitäten (Verlagerung des Mittelpunktes dieser Hauptkreise heraus aus dem Mittelpunkt der Erde) und gegenseitiger Neigungen an die verschiedenen Bahnkreise.

Durch Einfügen weiterer Aufkreise konnte man das Planetensystem verfeinern und komplizieren. *Ptolemaios* brauchte 80 Kreise, um die beobachteten Erscheinungen zu erklären. Dieses Modell entspricht nach heutiger, physikalischer Ausdrucksweise der näherungsweisen Beschreibung kinematischer Vorgänge. Für diese Vorgänge wurde ein ungünstiges und damit umständliches Bezugssystem gewählt. Außerdem benutzte man unrealistische Einschränkungen wegen der *Aristotelischen* Kreisbahnen. Dieses System bewährte sich jedoch vierzehn Jahrhunderte lang bei der Voraussage von Planetenbahnen, obwohl ihre rätselhaften »Schleifen« am Himmel ungeklärt blieben und sich niemand darum kümmerte, sie zu erforschen. Man ist wegen der Autorität des *Aristoteles* - er hatte die Theorie einer um die Sonne bewegten Erde entschieden abgelehnt - von diesem Planetenmodell nicht abgekommen und korrigierte immer neue Schwierigkeiten durch Hinzufügen weiterer Epizykelkreise.[312] Für die Fixsterne wird dieses *Ptolemaiossche* System heute noch weitgehend als technische Näherung verwendet. Bemerkenswert ist der Versuch *Ptolemaios*, auch für bestimmte Ungleichmäßigkeiten der Mondbewegung (Bewegung des Mondes mit der Erde um einen gemeinsamen Schwerpunkt) eine Epizykeldarstellung zu finden. Sogar *Aristarch von Samos* heliozentrisches System, und später das von *Kopernikus*, hätte, wenn auch wesentlich weniger[313], Epizykelbewegungen benötigt. Ebenfalls von *Apollonius von Perge* stammt die Exzentertheorie. Hier ist es umgekehrt zur Epizykeltheorie. Der Planet durchläuft einen großen Kreis, den sogenannten Exzenter. Der Mittelpunkt dieses Kreises bewegt sich wiederum auf einem kleinen Kreis um den Ort des Beobachters herum. *Kepler* klärte die Bewegung der Planeten durch seine angenommenen Ellipsenbahnen, weil sie den Daten *Tycho de Brahes* besser angepaßt waren.

Ptolemaios war der Meinung, daß das ganze Volumen der Erde im Verhältnis zu den auf sie fallenden Körpern von ungeheurer Größe ist. Sie verharrt unter dem Druck der ganz minimalen Schwerkörper, zumal er von allen Seiten wirkt, unerschüttert in ihrem Ruhezustand und fängt gewissermaßen die auf sie fallenden Körper auf. Hätte die Erde eine Neigung zu fallen, d.h. wäre die Richtung ihres Falles ein und dieselbe wie bei den übrigen Schwerkörpern, so würde die Erde natürlich infolge des gewaltigen Übergewichtes ihrer Größe allen Körpern bei dem Sturz in die Tiefe voraneilen (man erkennt hier wiederum die falschen Vorstellungen des *Aristoteles*!). Dabei würden die Lebewesen und die losen Schwerkörper in der Luft in der Schwebe verbleiben. Die Erde dagegen müßte mit rasender Geschwindigkeit schließlich selbst aus dem Himmelsgewölbe herausstürzen. Aber dergleichen Möglichkeiten erscheinen ja schon bei dem bloßen Gedanken unglaublich lächerlich.

Er wendet sich ebenfalls gegen griechische Philosophen, die die Drehung der Erde um eine eigene Achse von West nach Ost - täglich nahezu eine Umdrehung - feststellten. *Ptolemaios* meint, die Lächerlichkeit einer solchen Annahme ist leicht ersichtlich. Da die Drehung der Erde die gewaltigste von ausnahmslos allen in ihrem Bereich existierenden Bewegungen wäre, und sie in kurzer Zeit eine so ungeheuer schnelle Wiederkehr zum Ausgangspunkt bewerkstelligt, müßte alles, was auf der Erde nicht niet- und nagelfest ist, scheinbar immer in einer einzigen Bewegung begriffen sein, welche der Bewegung der Erde entgegengesetzt verliefe. So würde weder eine Wolke noch sonst etwas, was da fliegt oder geworfen wird, in der Richtung nach Osten ziehend sich bemerkbar machen. Die Erde würde stets alles überholen und in der Bewegung nach Osten vorauseilen. So müßten alle übrigen Körper scheinbar in einem Zug nach Westen wandern.

Man wird sich fragen, warum nach all dem Wissen griechischer Naturforscher *Ptolemaios* immer noch an der Kreisbewegung aller Gestirne um die Erde festhält. Die Gründe dafür liegen bei den beiden Philosophen *Platon* und *Aristoteles*, die die gleichförmige Kreisbewegung als die „allein ihrer göttlichen Natur entsprechende“ propagierten.

Ptolemaios war auch ein bedeutender Mathematiker. Er hat die Kugelgeometrie und Trigonometrie zu großer Vollendung gebracht. Heutige Mathematiker empfinden es als eine gewisse Ungerechtigkeit, daß diese große Leistung nicht als gesonderte Epoche der Mathematik betrachtet wird. Heute noch gebrauchen wir Ausdrücke, die erstmals von *Ptolemaios* geprägt wurden. Er nannte die Unterteile seiner Kreis- und Winkelteilung »partes minutae primae« und »partes minutae secundae«. Was soviel heißt wie verminderter Teil erster und zweiter Art oder Verkleinerung erster und zweiter Art. Daraus ist höchst inkonsequenterweise unsere Unterteilung in Minuten und Sekunden entstanden, die richtig höchstens »Primen« und »Sekunden« lauten sollten.

Ptolemaios hat sich in seinem fünfbändigen Buch (es ist nur in der arabischen Überlieferung erhalten geblieben) der Optik mit der Geometrie der Lichtbrechung beschäftigt. Er erkannte bei einem Übergang eines

Lichtstrahls in ein dichteres Medium, daß dieser von seiner ursprünglichen Richtung abgelenkt wird. Geht man von der physikalischen Betrachtungsweise des *Snelliusschen*[314] Brechungsgesetzes aus, so stellte *Ptolemaios* experimentell einen Zusammenhang zwischen dem Einfalls- und dem Brechungswinkel fest. Er erhielt folgende empirische Formel:

$$\Theta' = a \cdot \Theta - b \cdot \Theta^2$$

wobei *a* und *b* Konstanten sind, die von den benutzten Medien abhängen. Für kleine Werte von Θ ist dies eine Näherung für den korrekten Wert. Wird jedoch der Einfallswinkel größer, ergeben sich natürlich falsche Werte. Trotz ihrer Ungenauigkeit bestand *Ptolemaios* Anschauung über die Lichtbrechung rund 1500 Jahre lang. Man sah einfach keine Veranlassung, die richtige Antwort zu suchen. In seinem Buch »Harmonica« hat er sich mit der Musiktheorie auseinandergesetzt.

Die wissenschaftliche Bedeutung *Ptolemaios* ist in heutiger Zeit stark umstritten. So wirft ihm der französische Astronom *Delambre*[315] gefälschte und fingierte Beobachtungen, vorgefaßte Meinungen, Lügen und Plagiat[316] vor. Der Astronom *R. R. Newton*[317] (nicht zu verwechseln mit dem Begründer der klassischen Mechanik!) behauptet sogar, daß es für die Astronomie besser gewesen wäre, wenn *Ptolemaios* den »Almagest« nicht geschrieben hätte. Der niederländische Astronom *van der Waerden*[318] beschäftigt sich eingehend mit dem Werk des *Ptolemaios*. Er stellte fest, daß *Ptolemaios* vorwiegend nicht beobachtet, sondern nur gerechnet hat und daß die Berechnung einer Mondtafel über viele Seiten seines Buches einen »ungeheurer Schwindel« darstellt, da der Ausgangspunkt der Berechnung eine schon fertige Mondtheorie war; „Er fälschte... seine Beobachtungen, und erhielt so ein System ohne innere Widersprüche; die meisten Sterne hat er nicht selbst beobachtet, sondern von *Hipparch* übernommen“. *Van Der Waerden* schreibt: „Daß *Ptolemaios* systematisch und absichtlich Beobachtungen gefälscht hat, um die Beobachtungsergebnisse mit seiner Theorie in Übereinstimmung zu bringen, das haben *Delambre* und *R. R. Newton* überzeugend bewiesen. *Newton* konnte nachweisen, daß alle Beobachtungen von maximalen Elongationen[319] der Venus, die *Ptolemaios* behauptet gemacht zu haben, gefälscht sind.“

Griechische Kolonien der Antike

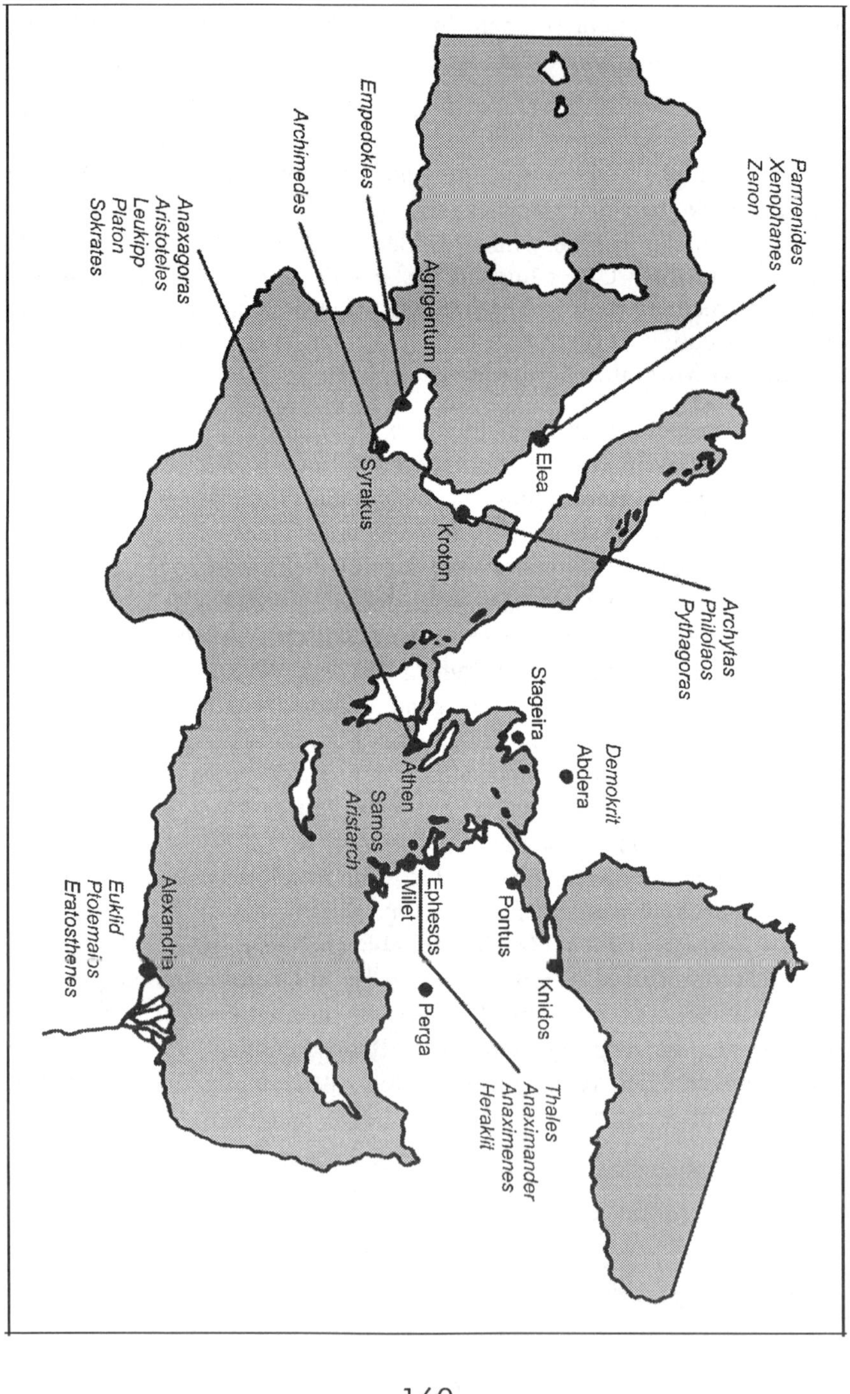

Zeittafel

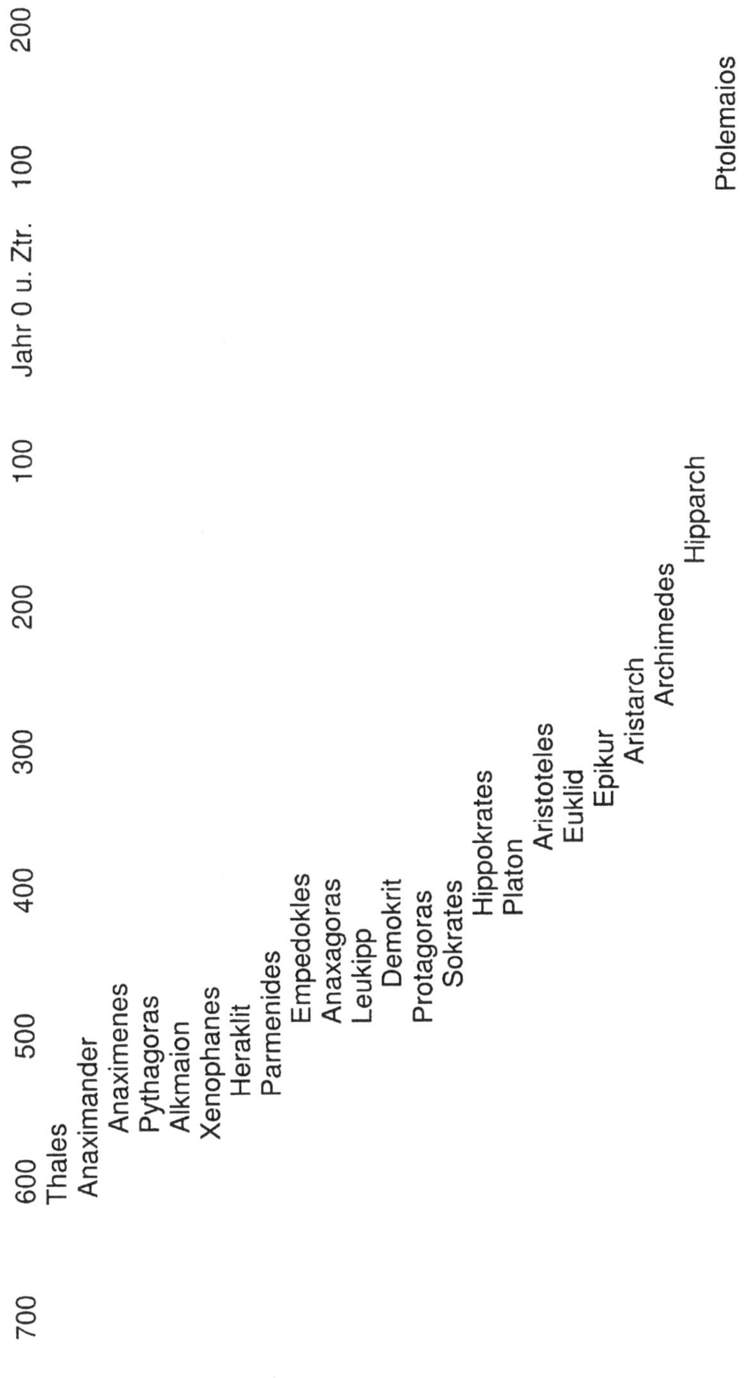
700
600
500
400
300
200
100
Jahr 0 u. Ztr.
100
200
Thales
Anaximander
Anaximenes
Pythagoras
Alkmaion
Xenophanes
Heraklit
Parmenides
Empedokles
Anaxagoras
Leukipp
Demokrit
Protagoras
Sokrates
Hippokrates
Platon
Aristoteles
Euklid
Epikur
Aristarch
Archimedes
Hipparch
Ptolemaios

Anmerkungen

1. *Gaius Salustius Crispus*, genannt *Sallust*, 86 bis 35 v. u. Ztr., erster römischer Geschichtsschreiber. Er beschreibt Feldzüge in Afrika und den berühmten Aufstand des politischen Abenteurers *Catilina*, der eine gewisse Ähnlichkeit mit *Adolf Hitler* hatte. *Cicero* vereitelte 63 v. u. Ztr. seine gefährlichen Umsturzversuche.
2. Das Wort Mittelalter wurde 1667 von *Horn*, Professor an der Universität in Leyden, geprägt.
3. Die bewußte Wiedererweckung antiken Geistes, antiken Lebensgefühls, antiker Kunstbegriffe und antiker Natuphilosophie. Es ist das Zeitalter einer neuen Erhöhung des so lange von der christlichen Kirche zurückgedrängten Individuums, einer stolzen Freude am Wert und an der Würde des Einzelnen. Es bedeutet das Ende des Mittelalters.
4. *Albert Einstein* (1879 bis 1955), deutscher, schweizerischer und US-amerikanischer Physiker sowie Nobelpreisträger.
5. *Max Planck* (1858 bis 1947), deutscher Physiker und Nobelpreisträger.
6. *Niels Bohr* (1885 bis 1962), dänischer Physiker und Nobelpreisträger.
7. *Werner Karl Heisenberg* (1901 bis 1975), deutscher Physiker und Nobelpreisträger.
8. *Paul Adrien Maurice Dirac*, 1902 bis 1984, englischer Physiker und Nobelpreisträger.
9. *Erwin Schrödinger* (1887 bis 1961), österreichischer Physiker und Nobelpreisträger.
10. Heute zählen die Naturwissenschaften zu den exakten Wissenschaften. Keine der Humanwissenschaften wie Anthropologie, Psychologie, Soziologie zum Beispiel haben irgend etwas zustande gebracht, das an Exaktheit und Erklärungsfähigkeit den Naturwissenschaften gleichkommt. „Es gibt keine Quantenmechanik der Psyche und keine Relativitätstheorie für die Gesellschaft" schreibt der englische Kulturjournalist *Bryan Appleyard* (geboren 1951).
11. Geboren 1952, Professor für Astronomie an der Universität Sussex in Brighton.
12. 1882 bis 1970, deutscher Physiker und Nobelpreisträger.
13. Der österreichische Kunsthistoriker *Alois Riegl* hat für die Zeit zwischen dem 2. und dem 7. Jahrhundert u. Ztr. die Epochenbezeichnung »Spätantike« eingeführt.
14. Bereits *Kepler* konnte nachweisen (?), daß diese Zuordnung falsch sei.
15. 1525 n. u. Ztr. führte der in Rom lebende Mönch *Dionysius Exiguus* die christliche Zeitrechnung ein. Sie beginnt mit dem Jahr Eins. Ein Jahr Null gibt es nicht. Vor dem Jahr Eins war das Jahr Minus Eins oder ein Jahr vor der Zeitrechnung. Das ist auch eine Erklärung für den Tatbestand, daß das 3. Jahrtausend erst am 1.1.2001 um 00.00 Uhr beginnt und nicht, wie viele glauben, schon am 1.1.2000 um 00.00 Uhr! Andererseits haben die Astronomen das Problem der vergessenen Null bei ihrer hi-

storischen Zeitzählung dadurch korrigiert, daß sie das Jahr 1 v. u. Ztr. als Jahr Null zählen.

16. Der Philosoph und Wissenschaftshistoriker *Wilhelm von Humboldt* (1767 bis 1835) schreibt, daß keine Art der Ausbildung unentbehrlicher sei, als das Studium der Antike, „da sie das ganze Wesen des Menschen zusammenfaßt und ihm die wahre Politur und den wahren Adel erteilt".

17. Die Sonne steht in der Mitte und wird von den Planeten und der Erde umkreist. *W. Papke* konnte aus seiner wissenschaftlichen Interpretation des Gilgamesch-Epos heraus zeigen, daß bereits die Chaldäer im 3. Jahrtausend v. u. Ztr. das heliozentrische System kannten. Er schreibt: „Die Kopernikanische Wende ist im südlichen Zweistromland bereits vier Jahrtausende vor *Kopernikus* vollzogen!" Diese *Kopernikanische* Wende hat später den österreichischen Psychologen und Psychoanalytiker *Sigmund Freud* (1856 bis 1939) dazu geführt, von den sogenannten »drei Kränkungen« zu sprechen. Er meint damit Kränkungen, die der Menschheit durch die Wissenschaft zugefügt worden seien und die je spezifische Widerstände erzeugt haben. Es sind dies erstens die kosmologische Kränkung, die *Kopernikus* verursachte, indem er den Menschen die Vorstellung raubte, im Zentrum der Schöpfung zu stehen; zweitens die biologische Kränkung von *Darwin*, der in seiner Evolutionstheorie die Trennung zwischen Mensch und Tier beseitigte; und drittens die psychologische Kränkung durch die Psychoanalyse, die eine schwere Verletzung des menschlichen Selbstbewußtseins bedeutete. Der Philosoph *Johannes Rohbeck* (geboren 1947; Professor für Philosophie an der TU Dresden) hat noch eine vierte Kränkung hinzugefügt: die technologische Kränkung der Menschheit. Er schreibt: „In ihr erfahren die Menschen, daß sie nicht mehr Herr ihrer eigenen Schöpfungen sind, sondern von den selbst geschaffenen Machwerken beherrscht werden."

18. Zwischen 1400 und 1700 gab es zahlreiche Reformationen, die mehr als eine in Halbheiten steckengeblieben sind. Die größte Reformation, die sich bis heute erhalten hat, war die *Lutherische*.

19. Geboren 1930; Professor für Geschichte der Naturwissenschaft an der Universität Paris-I (Sorbonne); z. Zt. lehrt er an der Universität Stanford in USA.

20. Geboren 1939, Professur für Philosophie der Naturwissenschaft der Universität Gießen.

21. Englischer Philosoph und Mathematiker: 1872 bis 1970.

22. Geboren 1944, lehrt seit 1985 Geschichte der Naturwissenschaft an der Ludwig-Maximilians-Universität München.

23. Geboren 1947; seit 1987 Professor für mathematische Physik an der Tulane Universität in New Orleans.

24. Lehre von der biologischen Evolution; *Charles Darwin* 1809 bis 1882. Durch ihn wurde die bisherige Naturtheologie (der Biologie) in eine echte Naturwissenschaft verändert. Jedoch war *Darwin* nicht der Schöpfer der Abstammungslehre (seine beiden großen Werke erschienen 1859 und 1871), die schon in seinem Geburtsjahr von *J. de Lamarck* - ein Zeitgenosse nannte ihn den *Kepler* der Biologie - existierte. Er war der erste, der mit der alten Sicht der Dinge gebrochen hatte, die von *Platons* Ideen beherrscht wurden. Die Stufenreihe von bestimmten Gruppen wirbelloser Tiere zu den Fischen, Amphibien, Reptilien, Säugetieren und dann schließlich vom Affen

über Vormenschen zum heutigen Menschen wurde als folgerichtiger Entwicklungsgang aufgestellt. Damit mußte in der Biologie die Schöpfungstheorie der Abstammungslehre weichen. Die katholische Kirche hielt weiterhin an der Vorstellung fest, daß der Mensch unmittelbar von Gott selber geschaffen wurde und die *Darwinsche* Evolutionstheorie mit dem christlichen Glauben unvereinbar sei. Erst im Oktober 1996 rehabilitierte Papst *Johannes Paul II. Darwin*: „Neue Erkenntnisse führen zu der Feststellung, daß die Evolutionstheorie mehr als eine Hypothese ist." Andererseits wandte er sich gegen eine »materialistische« Lesart der Theorie über die Entstehung des Menschen. Ansätze, die den Geist oder die Seele als Produkte der Materie betrachten, seien »mit der Wahrheit unvereinbar«. Allerdings hatte *Papst Pius XII.* noch 1950 davor gewarnt, die Evolution als bewiesene Tatsache anzusehen. 1962 warnte die katholische Kirche sogar vor der unkritischen Lektüre der Schriften des französischen Jesuitenpater, Philosophen, Geologen und Paläontologen (beschäftigt sich mit den Lebewesen vergangener Erdperioden) *Pierre Teilhard de Chardin* (1881 bis 1955) der versuchte die revolutionären Theorien in die katholische Glaubenslehre einzubauen. Er suchte nach einer Synthese von Glauben und Wissen, Sein und Evolution, Religion und Wissenschaft. Beispielsweise wird nach einer neuen Gesetzgebung (1996) des Tennessee Senates in USA jedem Schullehrer, der die *Darwinsche* Theorie der Evolution als Tatsache lehrt, gekündigt. Noch 1925 wurde in Dayton, Tennessee, USA, ein Biologielehrer mit 100 Dollar bestraft, weil er die Evolutionslehre *Darwins* gelehrt hatte, wie *Harro Heuser* (geboren 1927, em. Professor für Mathematik an der Universität Tübingen) schreibt. Im ausgehenden 20. Jahrhundert ist in den USA die Lehre von den Schöpfungen (Kreationismus) wieder auf dem Vormarsch, besonders durch die »Creation Research Society«. Mitglieder müssen ein abgeschlossenes naturwissenschaftliches Studium nachweisen und folgendes Gelöbnis (nach *John L. Casti*) ablegen: „1. Die Bibel ist das geschriebene Wort Gottes, und da wir glauben, daß sie in allen ihren Teilen von Gott inspiriert ist, sind alle ihre Aussagen in den Originalhandschriften historisch und wissenschaftlich wahr. Für die Naturforscher bedeutet dies, daß die Beschreibung der Ursprünge im biblischen Schöpfungsbericht die auf Tatsachen beruhende Darstellung schlichter historischer Wahrheiten ist. 2. Alle Grundarten von Lebewesen einschließlich des Menschen wurden durch direkte schöpferische Akte Gottes in der Schöpfungswoche erschaffen, wie es der Schöpfungsbericht beschreibt. Alle biologischen Veränderungen, die seit der Schöpfung eingetreten sind, haben nur Veränderungen innerhalb der ursprünglich erschaffenen Arten bewirkt." Der französische Philosoph *Luc Ferry* bilanzierte das 19. Und 20. Jahrhundert so: „Gott wurde Mensch und der Mensch wurde Gott." Die moderne Wissenschaft demontierte die traditionelle Gottesvorstellung, gleichzeitig übernahm der Mensch göttliche Kompetenz. Nach seiner Meinung gilt das nicht nur für die Biologie und die gesamte Naturwissenschaft, sondern auch für unsere heutige Gesellschaft. Die Evolution unterscheidet sich vom Kreationismus dadurch, daß sie von den Menschen Eigenschaften fordert, wie Autonomie, Initiative, Selbsterkenntnis, Selbstbefreiung und Selbstverantwortung. Dagegen ordnet der Schöpfungsgedanke den Menschen eher der Willkür und Gewalt, der Autorität und Macht, der Herrschaft, der Tyrannei und Despotie eines »Gottes« unter. *Sandvoss* schreibt: „Die Evolution und auch das 3. Jahrtausend nach Jesus von Nazareth fordert gebieterisch neue, ...angemessene Leitbilder."

25. Geboren 1922, war Professor für Wissenschaftstheorie und Wissenschaftsgeschichte an der US-amerikanischen Universität Princeton. Außer *Kuhn* haben sich noch ande-

re Philosophen mit Wissenschaftstheorie der Naturwissenschaften beschäftigt. Zu nennen sind *Rudolf Carnap* (1891 bis 1970),), *Auguste Comte* (1798 bis 1857), *Imre Lakatos* (ungarischer Philosoph des 20. Jahrhunderts) *Karl Popper* (1902 bis 1994) und *Peter Janich* (geboren 1942, Professor für Philosophie an der Universität Marburg) u. a. *Janich* schreibt: „..ist die Chemie eine Grundlagenwissenschaft der Physik, und nicht umgekehrt." Er begründet dies damit, daß die Physiker Atommodelle aufgrund von Experimenten entwerfen, die sie mit möglichst reinen Stoffen durchführen, welche von den Chemikern geliefert werden.

26. Eine philosophische Richtung, die eine mit rationalen Mitteln erreichte Erkenntnis von gesetzmäßigen Zusammenhängen durch den Menschen für unmöglich hält.

27. Geboren 1961; Germanistik, Philosophie und Geschichte; tätig als wissenschaftliche Angestellte am Deutschen Seminar der Albert-Ludwigs-Universität Freiburg.

28. *Günther Anders* (deutscher Philosoph, geboren 1902 und 1992 in Wien gestorben) meint: „Nicht im Zeitalter des Materialismus, wie alle Banausen klagen, leben wir, sondern im zweiten *Platonischen* Zeitalter. Erst heute, in der Epoche der Massenindustrie, kommt dem einzelnen Objekt tatsächlich ein geringerer Seinsgrad zu als seiner »Idee«. Was taugt schon die Glühbirne der Firma Soundso ...neben deren nichtphysischen Modell? Sie ist nur eine bloße Nachahmung der Idee, damit ein μη ον, ein Nicht-Seiendes... Im Vergleich mit den wenigen Ideen in *Platons* »Himmel« ist die Zahl unserer heutigen Ideen unendlich, und unendlich wachsend: durch die Inflation der Erfindungen (die als »Herstellung von Ideen« bei *Plato* nirgends vorkommen) wächst die Zahl der Ideen täglich in Richtung »unendlich«. Wenn wir früher oder später (vermutlich früher) zugrunde gehen werden, dann als Opfer des Zweiten *Platonismus*."

29. Nach *Charles Peter Snow*

30. Zusammenwirken von Natur- und Geisteswissenschaften zum gemeinsamen Nutzen.

31. Nach *K. Popper*. Auch der Wiener Philosoph *Ludwig Wittgenstein* (1889 bis 1951) meint, daß die Philosophie gut daran täte, sich auf die gewöhnliche, klare und unkomplizierte Alltagssprache zu konzentrieren

32. Geboren 1942, Physiker und Mathematiker an der Universität Cambridge, wo er 1979 zum »Lukasischen Professor« ernannt wurde. Dieses angesehene Lehramt bekleideten vor ihm *Isaac Newton* und *Paul Dirac*.

33. Geboren 1908; „Vater der Wasserstoffbombe", war Professor für Kernphysik in USA.

34. Albert Vollmer beschreibt ein Erklärungsmodell für Eiszeit und Sintflut.

35. Ein Lichtjahr ist die Strecke, die das Licht innerhalb eines Jahres durchläuft. Die Lichtgeschwindigkeit beträgt ca. 300 000 km pro Sekunde. Ein Lichtjahr beträgt $9{,}460528 \bullet 10^{12\,\text{km.}}$

36. Die bisher bekannte älteste Stadt - etwa 7. Jahrtausend v. u. Ztr. - ist bei Catal Höyük, 56 km südlich von Konya in Kleinasien ausgegraben worden. Etwas jünger wird die befestigte Stadt Jericho in Palästina (um 6000 v. u. Ztr.) geschätzt. Die Einwohnerzahl betrug etwa 2000. Die älteste Stadt auf europäischem Boden ist jedoch die Stadt Knossos auf der Mittelmeerinsel Kreta. Sie ist von dem Amateurarchäologen *Schliemann* und später dem Archäologen *Evans* ausgegraben worden. Man schätzt ihre Entstehung im 3. Jahrtausend v. u. Ztr.

37. *Leonardo da Vinci* hat einen Vorgänger in der griechischen Antike, im 2. Jahrtausend v. u. Ztr. auf der Insel Kreta gehabt. Er nannte sich *Dädalus*. Er soll ein Bau- und Kunsthandwerker (und Goldschmied) gewesen sein. Axt, Bohrer, Leim und Töpferscheibe soll er erfunden haben. Er schuf Statuen und soll in Kreta ein umfangreiches Labyrinth unter der Erde geschaffen haben.

38. Archaisch: Altertümlich, frühzeitig. Homo sapiens: der vernunftbegabte Mensch. Die wissenschaftliche Bezeichnung für den heute lebenden Menschen.

39. Philosophische Richtung, die den Zweifel zum Denkprinzip erhebt und die Möglichkeit einer Erkenntnis der Wirklichkeit und Wahrheit in Frage stellt.

40. Lehre, die die ganze Wirklichkeit - einschließlich Seele, Geist und Denken - auf Kräfte oder Bedingungen der Materie zurückführt.

41. Lehre der Sophisten, die die antike griechische Jugend zur Weisheit und Redekunst bilden wollte. Die Sophistik hat ihren Namen vom Anspruch auf Weisheit (griechisch sophia).

42. Philosophische Lehre von der Nichtigkeit alles Bestehenden und Seienden.

43. Begründer der persischen Religion, lebte wahrscheinlich im 9. Jahrhundert v. u. Ztr.

44. In der Bibel fälschlicherweise mit *Jesaias* zusammen genannt.

45. Der Name Hellenen ist seit dem 7. Jahrhundert v. u. Ztr. als Gesamtname der Griechen nachweisbar. Hellas hieß ursprünglich nur eine kleine Landschaft in Thessalien.

46. Auch der Name unseres Kontinents »Europa« stammt von Homer. Er besingt in einer Hymne an den pythischen Apoll alle, die in Europa wohnen. Er meint jedoch nur die griechischen Orte Minos und Mykene.

47. Dies bedeutet soviel wie »Wort«, »Regel«, »Gesetz«, »Sinn« und »Maß«.

48. Philo-sophie = Liebe zum Wissen. Der deutsche Philosoph *Ernst R. Sandvoss* geboren 1929, Professor für Geschichte der Philosophie an der an der Universität Saarbrücken) formuliert zehn Gebote für eine Philosophie: 1.) Philosophie sollte von den Wissenschaften ausgehen und zu ihnen zurückführen. 2.) Philosophie muß sich an den »maßgebenden Menschen« orientieren: Religionsstifter, Philosophen, Künstler und Wissenschaftler. 3.) Philosophie muß vernunftsorientiert sein. 4.) Philosophie muß nonkonformistisch (nicht nach der herrschenden Meinung orientiert) sein. 5.) Philosophie muß autonom sein. 6.) Philosophie muß sich selbst transzendieren (Grenzen überschreiten). 7.) Philosophie muß die spezifischen Herausforderungen ihres Zeitalters erkennen und annehmen. 8.) Philosophie muß einen Mittelweg Zwischen Wissenschaft und Kunst einschlagen. Mit der Wissenschaft verbindet sie die Methode, mit der Kunst die Intentiȯn einer Ganzheit. 9.) Philosophie muß der Selbstbefreiungsbewegung der Menschheit dienen. 10.) Für die Philosophie gilt im erhöhtem Maß: Der Weg ist das Ziel.

49. Später, zur Zeit *Alexanders des Großen*, gab es neben den Bauern auch Hirtenvölker. Man bezeichnete sie mit dem Spitznamen »Vlachen« (zu deutsch: Blöken der Schafe). Neben der Schafzucht war ihre Aufgabe in den Grenzbezirken Gendarme und in Kriegszeiten soldatische Grenzwächter zu sein. Nach der römischen Eroberung wurde diese Aufgabe übernommen. Heute noch tragen diese Völker längs der Begrenzung des ehemaligen römischen Reiches diesen Namen. In Tirol sind es die Walschen, in der Schweiz die Walliser, in Belgien die Wallonen, in England die Wal-

liser und in Rumänien die Walachen (s. auch *Nikos Thanos*: Literarische Beschreibung Griechenlands).

50. Man bezeichnet diese Bürgergemeinden als Poleis, Einzahl Polis. Eine solche Polis konnte so groß sein wie Athen (Fläche ca. 1600 km^2) oder so klein wie einige Inselstaaten mit 2 bis 3 km^2 (z. B. die Stadtstaaten Lalysos, Lindos und Kamiros auf der Insel Rhodos). In den großen Poleis existierte ein Verteidigungsgebiet, das gleichzeitig als Tempelanlage zur Verehrung der Götter diente. Athen besaß die acro-polis (Oberstadt), in der sich auch das Parthenon, der Tempel der Göttin Athene befand. Die riesige Statue der Athene bestand aus Gold und Elfenbein und war ein Werk des Bildhauers *Phidias*. Parthenon heißt »Kammer der Jungfrauen«. Die Göttin Athene blieb ihr Leben lang Jungfrau. Bei der Planung solcher Städte zeigte sich der Ordnungssinn der Griechen. So war der Entwurf der Stadt Milet und der Hafenstadt Athen durch den berühmten Stadtplaner *Hippodamos* aus Milet beispielgebend. Er veröffentlichte eine Lehrschrift über Stadtanlagen.

51. Der christlich orientierte Kaiser *Theodosius* schaffte die Olympischen Spiele im 4. Jahrhundert u. Ztr. ab. Er wollte mit dem »heidnischen Getue« ein Ende machen. Er schloß alle Tempel und soll auch die Zeusstatue aus Olympia demontiert und nach Byzanz geschafft haben. Über den Verbleib dieses Weltwunders ist nichts bekannt.

52. Das erste Mal wurde Sprache durch Schrift von Sumerer in Babylon festgehalten. Die vorteilhafte Schrift der Phöniker wurde von diesem semitischen Seefahrervolk im ganzen Mittelmeergebiet verbreitet und gelangte im 9. Jahrhundert v. u. Ztr. auch nach Griechenland. Dort entstanden für das Alphabet neue einfache Buchstaben, die dann über die etruskischen und römischen Abwandlungen zu den lateinischen, gotischen und kyrillischen Schriftzeichen der heutigen Zivilisationsstufe wurden. Andere Abwandlungen der altsemitischen, im Raum von Palestina entstandenen Buchstabenschrift führte zur Entstehung der hebräischen, aramäischen, syrischen, persischen, arabischen, indischen, malaiischen und koreanischen Schriftzeichen.

53. Der Gott Apoll prophezeite durch den Mund seiner Priesterin Pythia. Sie war sein »offener Mund«, also griechisch »Ora-Kel«. Diese Orakelsprüche waren für die Griechen göttliche Informationen wie göttliche Eingebungen im Christentum; zum Beispiel die des *Franziskus von Assisi* oder die Offenbarung des *Johannes*.

54. Diese Niederlassungen waren ökonomisch vom Mutterland völlig unabhängig und wurden als »apoikia« (weit ab von zu Hause) bezeichnet.

55. Lateinisch oriens – Sonnengott, Osten.

56. Gymnasion = Ort der Nacktheit. In der griechischen Antike wurde Sport nur von Männern und unbekleidet durchgeführt. Diese sportlichen Veranstaltungen wie Wettkämpfe - besonders Olympiaden - dienten der Götterverehrung. Die Sieger sportlicher Großveranstaltungen in der Antike waren keine Amateure. So ließ der Athener Staatsmann *Solon* jedem Olympiasieger seiner Stadt den Zwei-Jahres-Sold eines Soldaten zahlen. Gymnasien waren seit dem 4. Jahrhundert v. u. Ztr. Ort körperlicher aber auch geistiger Schulung der Knaben und Treffpunkt der erwachsenen Männer. Die großen Gymnasien glichen unseren Universitäten und hatten Bibliotheken und Hörsäle für Vorlesungen. Ein Hörsaal ist in Rhodos erhalten geblieben, er liegt neben dem Stadion.

57. *Xenophanes* sagt: „Wenn der Ochse ein Bild malen könnte, würde sein Gott wie ein Ochse aussehen."

58. Das Wörterbuch: „Philosophie und Naturwissenschaften" schreibt dazu: „Vermögen des Menschen, die objektive Welt vermittels geistiger Tätigkeit in ihren Zusammenhängen, Gesetzmäßigkeiten und Widersprüchen, also in ihrer Totalität, zu erfassen und im Denken widerzuspiegeln."

59. *Jakob Burckhardt* 1818 bis 1897 n. u. Ztr., Schweizer Kunstgelehrter und Professor an der Universität Basel, Verfasser der „Kultur der italienischen Renaissance", der „Griechischen Kulturgeschichte" und der „Cicerone". Seine „Weltgeschichtlichen Betrachtungen" trug *Burckhardt* 1873 vor.

60. Es sollte hier erwähnt werden, daß die alten Griechen ausschließlich in Großbuchstaben geschrieben haben. Die griechischen kleinen Buchstaben (Minuskeln) sind erst im Mittelalter entstanden. Das System der heutigen arabischen Ziffern hat der bedeutendste Mathematiker des Mittelalters *Leonardo Fibonacci* 1200 u. Ztr. (Pisa, Italien) in Europa eingeführt. Im christlichen Europa galten die Araber als Gehilfen des Teufels. Ihr Ziffern waren daher verpönt. Erst im 16. Jahrhundert konnten sich die besseren arabischen Zahlen in Europa durchsetzen.

61. Ganz Griechenland war etwa so groß wie das heutige Bundesland Bayern, und seine größten Städte würden uns heute als etwas vergrößerte Dörfer erscheinen!

62. Philosophische Haltung, die das rationale Denken als einzige Erkenntnisquelle ansieht.

63. Als Tyrann auf Lesbos führte er eine Art Bodenreform durch. Nach seiner Erkenntnis: „Gleiches haben ist mehr als mehr haben!" schenkte er jedem seiner Untertanen ein Stück Land.

64. Siehe Anmerkungen 116 u. 117.

65. Seit 1961 finden dort Ausgrabungen mit modernster Technologie statt.

66. Heute geht man davon aus, daß er um 750 v. u. Ztr. (?) geboren wurde. Auf der Ägäis-Insel Chios existiert ein sogenannter *Homer*-Felsen, auf dem er sitzend gelehrt haben soll. Vermutlich ist dies eine Legende, um den Tourismus zu fördern. Neben Chios streiten sich noch sieben griechische Städte um den Geburtsort und Wohnsitz.

67. Einige Wissenschaftler (z.B. *Hans Leisegang*) sind der Meinung, daß einiges von *Thales* Äußerungen seinem Nachfolger zugeschrieben wird.

68. Aegypthos, griechisch: Tempel des Ptah. Dieser Gott war der Schöpfer der Welt und Hüter der Ordnung.

69. Weisen aus dem Morgenland, die das Erbe der mesopotamischen Mathematik unter den Persern pflegten; *Zoroaster* oder *Zarathustra* war Gründer der Religionsgemeinschaft der Parsen, der Feueranbeter.

70. Der Begriff »Vorsokratiker« ist von dem Philologen und Gelehrten *Hermann Diels* (im 19. Jahrhundert) formuliert worden. Er hat als erster und bis heute einziger alle Fragmente und Zeugnisse der Philosophen gesammelt, die vor und gleichzeitig mit *Sokrates* lebten.

71. Bekannter antiker griechischer Geschichtsschreiber, lebte etwa 145 v. u. Ztr. in Athen.

72. Um 46 bis um 125 u. Ztr., griechischer Historiker und Moralphilosoph, Schüler des *Platonikers Ammonios*, gründete eine Art Filiale der *Platonischen* Akademie.

73. Vorahne eines Fernrohres, welches erst im 16. Jahrhundert n. u. Ztr. nach den Untersuchungen optischer Eigenschaften der Linsen des *Roger Bacon*, englischer Philosoph und Naturforscher (1214 bis 1294) und Schüler des englischen Franziskaner *Robert Grosseteste* (1168/75 bis 1253; *Aristoteles*kommentator, schrieb über Physik und Astronomie, entwickelte seine Naturphilosophie auf Mathematik und experimentellen Überlegungen, erkannte die Eigenschaften optischer Linsen und lernte sich ihrer zu bedienen), von dem niederländischen Brillenmacher *Jan Lippershey* um 1608 gebaut wurde. Durch *Lippershey* angeregt, brachte *Galilei* an die beiden Enden eines bleiernen Rohres Gläser an. Auf der einen Seite war es eine konvexe, auf der anderen Seite eine konkave Linse (Brillenglas). Mit diesem zunächst primitiven Fernrohr konnte er Gegenstände dreimal größer, als mit dem bloßen Auge, betrachten. Ein verbessertes Fernrohr ermöglichte ihm, das Objekt dreißigmal größer zu sehen. Aber nicht so sehr die Vergrößerung, sondern die Verbesserung des sogenannten Auflösungsvermögen gegenüber dem bloßen Auge brachte den großen Gewinn. Zwei Sterne, die einen so kleinen Abstand haben, daß sie gerade noch mit dem bloßen Auge als ein Stern angesehen werden, konnten jetzt einen etwa tausendmal kleineren Abstand haben und wurde gerade noch als zwei Sterne im Fernrohr erkannt. *Galilei* hat sich durch die Vervollkommnung des Fernrohres wesentliche Verdienste erworben. Ihm verdanken wir die erste Anwendung des Teleskops für astronomische Beobachtungen! So entdeckte er 1610 vier Monde des Jupiter (heute kennt man mindestens 16 Monde), u. a. Ganymed, den größten Mond unseres Sonnensystems, er übertrifft sogar den Planeten Merkur an Größe. Außerdem sah er als erster die Gebirge des Mondes, die Phasen der Venus und sogar Andeutungen des Saturnringes. Heute kennt man in der Physik zwei Arten von Fernrohren: Das *Galileische* und das *Keplersche* Fernrohr.

74. Die Periodische Überschwemmung der Nilufer wird einige Wochen vorher durch ein auffälliges Ereignis am Himmel angekündigt. Sirius, Hauptstern des Großen Hundes, erscheint erstmals am Morgenhimmel. Man nennt dieses Ereignis den heliakischen Aufgang. Die darauffolgenden heißen Tage werden heute noch Hundstage genannt. Man glaubte, daß dieser Stern noch zusätzliche Hitze brächte.

75. *Klaus Bartels* schreibt: „*Platon* spricht in seinem kosmologischen Altersdialog »Timaios« von der Anziehungskraft des Bernsteins als einem »Staunen erregenden« Phänomen und vergleicht sie mit der des »Herakleischen« Steines, den der Tragiker *Euripides* nach seinem Ursprungsland, dem thessalischen Magnesia, den »magnetischen« genannt hat. Seit jener Zeit sind die »elektrischen« und die »magnetischen« Phänomene in der Wissenschaftsgeschichte miteinander verbunden geblieben."

76. *Diogenes* aus dem Ort Laerte (250 n. u. Ztr.) hat über das Leben und die Lehre der in der Philosophie bedeutenden Leute geschrieben und ihre Aussprüche gesammelt. Er ist nicht zu verwechseln mit *Diogenes von Apollonia* (vor Beginn des Peloponnesischen Krieges - 413 bis 404 - nach Athen gezogen), griechischer Arzt (erhalten geblieben sind seine Vorstellungen des menschlichen Adernsystem) und Philosoph sowie *Diogenes von Sinope*, dem Philosophen in der Tonne und Zeitgenossen *Alexanders des Großen*. Von *Diogenes Laertius* stammt eine Unterteilung der Philosophie in drei Teile: Physik, Ethik und Dialektik. Mit dem Weltganzen und dem, was in ihm ist, beschäftigt sich die Physik. Von der Lebensführung und dem, was uns Menschen betrifft, handelt die Ethik. Die begrifflichen Verhältnisse der beiden Gebiete untersucht eingehend die Dialektik.

77. s. Anmerkung 191.

78. Noch heute beachtet man die Zahl 3 x 3 = 9 bei den neun Musen oder den neun Schiedsrichtern bei den olympischen Wettspielen.

79. Das Wort »Kosmos« bedeutete ursprünglich Ordnung, Schmuck.

80. Die Erde läuft im Laufe des Jahres auf einer elliptischen Bahn um die Sonne. Von unserem Standpunkt auf der Erde betrachtet, beschreibt die Sonne im gleichen Zeitraum einen Großkreis am Himmelsgewölbe, den Tierkreis oder die Ekliptik. Wegen der schiefen Stellung der Umdrehungsachse der Erde gegen die Bahnebene der Sonne fallen Himmelsäquator und Ekliptik nicht zusammen, sie bilden einen Winkel von 23,5 Grad. Die Schnittpunkte der beiden Ebenen, die sogenannten Äquinoktialpunkte, heißen »Frühlingspunkt« und »Herbstpunkt«. Bei einer Umdrehung der Erde um die Sonne bleibt die Stellung der Achse konstant. Langfristig jedoch dreht sich diese Rotationsachse mit dem Winkel von 23,5 Grad um die senkrechte Richtung kegelförmig (Präzessionskegel von ca. 2 x 23,5 Grad Öffnung) gegenüber der Strecke Erde - Sonne (Präzessionsbewegung). Diese Drehbewegung erfolgt in gegenläufiger Richtung zur Erddrehung. Hat die Rotationsachse der Erde den Kegel einmal durchlaufen, d. h., erreicht sie wieder die Ausgangsrichtung im Raum, sind 25 765 Jahre vergangen. Man nennt diese Zeit das *Platonische* Weltjahr. Die Ursache dafür sind Gravitationskräfte (Drehmoment) von Sonne und Mond auf die abgeplattete Erde. Die Folge dieser Präzession ist eine Rückwärtsbewegung der Äquinoktien in bezug auf die Fixsterne. Nach *Werner Papke* (siehe Anmerkung 22) ist die Präzession schon 2340 v. u. Ztr., also 22 Jahrhunderte vor *Hipparch*, bekannt gewesen. Nach den Erforschungen des Engländers *Robert Bauval* (1994) war diese Erkenntnis bereits den alten Ägyptern Jahrtausende vor dem Bau der Pyramiden bekannt und wurde als Grundlage für eine astronomische Zeitmessung genutzt.

81. Deutscher Philosoph des 20. Jahrhunderts, 1885 - 1978.

82. *Abu Rayhan Al-Biruni*, 973 bis 1048: kam u. a. zu der Einsicht: „Kein Volk ist frei von Dummköpfen und die haben wieder Anführer, die noch dümmer sind".

83. Sonnenschattenmesser (Sonnenuhr). In den Erdboden einer Ebene wird ein Stab gesteckt, mit Hilfe dessen Sonnenschattens kann man die Winkelhöhe des Sonnenstandes errechnen und damit Tagundnachtgleiche, die Sonnenwenden und den Breitengrad des Ortes bestimmen. Es war damals keine Uhr, sondern ein wissenschaftliches Forschungsinstrument!

84. In prophetischer Vorwegnahme hat der Philosoph *Immanuel Kant* den späteren *Darwin* als den »*Newton* des Grashalms« bezeichnet.

85. *Andrè Pichot* (wirkte 1985 als Forscher am „Centre National de Recherche Scientifique" in Paris in den Bereichen Wissenschaftstheorie und Wissenschaftsgeschichte) schreibt: „...*Anaximenes* ...Verdienst, ...den Begriff des kristallenen Himmelsgewölbes eingeführt (zu haben), das sich der Gunst der Astronomen bis zur Renaissance erfreuen sollte."

86. Der französischen Philosoph und Schriftsteller in der Aufklärung (1712 bis 1778) *Jean-Jacques Rousseau* schreibt: „Der Aberglaube ist der schrecklichste Feind des menschlichen Geschlechts, er setzt die Einfältigen zu den Tieren herab, verfolgt die Weisen, macht Nationen zu Sklaven und richtet überall die schrecklichsten Verwüstungen an."

87. In der heutigen Philosophie bekannt als die Lehre des Panpsychismus.

88. Hyle = Materie, zoos = lebend.

89. Psychophysiologe, Professor der Physik der Universität Leipzig und Mediziner, veröffentlichte 1851 ein Buch mit dem Titel: "Zend-Avesta". Dieses Buch enthält im kleingedruckten Anhang die erste Darstellung des später nach *Fechner* benannten, logarithmischen Grundgesetzes der Psychophysik! Er sah Körper und Seele nur als zwei Erscheinungsweisen des Gleichen an, je nachdem, ob es sich um eine innere oder eine äußere Blickrichtung handelt. Er hielt es für unwahrscheinlich, daß sich Bewußtsein räumlich und zeitlich gewissermaßen nur punktförmig in den Lebewesen eingestellt haben könnte.

90. Siehe *Parmenides*.

91. Heute kennt man neben der normalen Materie die sogenannte »Antimaterie«. Die Teilchen der Antimaterie haben dieselbe Eigenschaft, wie die der normalen Materie, allerdings mit einer umgekehrten elektrischen Ladung.

92. Forderung, These, Annahme.

93. *Xenophanes* meint: „Die Götter der Thrakier hatten blaugrüne Augen und rote Haare. Hätten die Pferde und Rinder Hände zu greifen, dann würden sie die Götter zu Pferden und Rindern machen.“ Siehe auch Anmerkung 57. Er schreibt: „Die Dichter haben den Göttern menschliche Eigenschaften zugeordnet, wie Stehlen, Ehebruch und Betrügen.“

94. Der Engländer *Alfred North Whitehead* (1861 bis 1947) lehrte angewandte Physik und später Philosophie, beschäftigte sich mit Mathematik, Physik, Philosophie und Religion. Er schuf mit *Bertrand Russel* zusammen eine axiomatische Begründung der Mengenlehre.

95. Später hat *Aristoteles* erste Schritte auf eine empirische Psychologie hin getan, besonders eine Psychologie des Irrationalen (des vom Verstand nicht faßbare, dem logischen Denken nicht zugängliche). Unglücklicherweise haben *Aristoteles* Schüler nach der ersten Generation diese Überlegungen nicht fortgesetzt.

96. *Christof Rapp* (Wissenschaftlicher Assistent am philosophischen Seminar der Universität Tübingen) schreibt dazu: „Nun rechnet es sich die *Heraklit*-Forschung des 20. Jahrhunderts als Verdienst an, gerade diese Sätze als unecht erwiesen zu haben. Demnach wäre die Lehre, wonach sich die Dinge in einem beständigen Fluß befinden, nur eine Erfindung späterer Philosophen, die man *Heraklit* zu unrecht - weil man dessen eigentliche Lehre mißverstand, weil man sie weiter entwickeln und zuspitzen wollte oder weil man sie bewußt entstellen und lächerlich machen wollte - in den Mund legte.“

97. Lehre, die das hinter der sinnlich erfahrbaren, natürlichen Welt liegende, die letzten Gründe und Zusammenhänge des Seins behandelt. Der Begriff »Metaphysik« ist später nach *Aristoteles* einem seiner Werke als Titel gegeben worden, weil man dieses Werk in der Bibliothek von Alexandria hinter dem Text mit dem Titel »Physica« angeordnet hatte. Auf griechisch heißt jedoch »nach der Physik« »meta ta physica«, also Metaphysik.

98. Das unmittelbare, nicht auf Nachdenken beruhende Erkennen oder Erfassen eines Sachverhalts oder eines komplizierten Vorganges.

99. Das wahre Selbst des Menschen, die Kraft des Denkens und Erkennens; die Seele, Verstand oder Einsicht. nous = Weltseele, Geist.

100. Diesen *Heraklitischen* Urstoff Feuer würden wir aus heutiger Sicht als Energie bezeichnen. Die Energie ist der Stoff, aus dem alle Elementarteilchen und demnach alle Materie gemacht ist. Nach der *Einsteinschen* Relativitätstheorie ist Energie in Materie und umgekehrt wandelbar. Man kann die Energie als die Ursache für alle Veränderungen in der Welt ansehen.

101. Abbé *G. F. Lemaître* (1894 bis 1966) hat als erster die Urknall-These als kosmisches Ei, Weltenei oder Uratom eingeführt. 1946 stellten die Physiker *R. Alpher, H. Bethe* und *G. Gamov* ihre These des Urknalls der Öffentlichkeit vor. Der Name big-bang stammte ursprünglich von dem englischen Astronom *Fred Hoyle* und war als Spottname gedacht. Später hat sich diese Bezeichnung bei Kosmologen für den Anfang der Welt durchgesetzt. Diese Urknallhypothese ist bezüglich der Frage einer möglichen »Schöpfung der Welt« später auch mit religiösen, also nichtwissenschaftlichen Auffassungen verknüpft worden. Jedoch ist diese Urknall-These noch keine gesicherte Theorie. So meint *Gerhard Börner* vom Max-Planck-Institut für Astrophysik in München: „Die derzeitigen Fehlergrenzen der Messungen lassen uns noch Chancen, das Urknallmodell zu retten, aber es wird allmählich knapp."

102. II. Hauptsatz der Thermodynamik.

103. Im 9. Jahrhundert v. u. Ztr. gegründet und 146 v. u. Ztr. von den Römern dem Erdboden gleichgemacht.

104. Ebenfalls wie 100 Jahre vorher *Anaximander.*

105. Diese Säftelehre, heute auch als Humoralparadigma bezeichnet, wurde von dem römischen Arzt kleinasiatischer Herkunft (Pergamon) *Claudius Galenos*, 129/131 bis 201 u. Ztr., vertreten. Ebenfalls findet man sie in einem Traktat »Über die Natur des Menschen«, welches man dem Schwiegersohn des *Hippokrates*, *Polybos*, zuschreibt. Die Lehre von den Elementen, Temperamenten und Säften stand noch im 17. Jahrhundert auf dem Lehrplan des Medizinstudiums an deutschen Universitäten.

106. Es waren die Farben der Wappenkunde.

107. Siehe *Aristoteles.*

108. Seit *Aristoteles* gilt die Logik bei fast allen Philosophen als Wissenschaft von den Normen des richtigen tatsachengerechten, menschlichen Denkens, als die Lehre von der korrekten Bildung von Begriffen, dem Fällen von Urteilen und zuverlässigen Gewinnen von Schlußfolgerungen, die zu einer Erfassung von oder Annäherung an Wahrheiten führen können. Einschränkungen dazu siehe *Aristoteles*. Die katholische Kirche hat die *Aristotelische* Logik erst 1879 mit der enzyklika »aeterni patris« durch *Papst Leo* XIII anerkannt. Vorher galt sie als „wahnwitzig und gottlos".

109. Geboren 1912; war Professor für theoretische Physik an den Universitäten Basel, Cern und Zürich. In seinen wissenschaftlichen Werken trug er zur Umwälzung in der modernen Physik bei.

110. Christliche Offenbarung, die sich mit dem schrecklichen Weltende beschäftigt; einer Offenbarung mit zwei Gesichtern - der Triumph des Bösen kündigt das ewige Reich des Guten an.

111. Heute kennt die Physik vier Grundkräfte des Weltalls: Die Gravitation, die elektromagnetische Kraft, die sogenannte schwache Kraft, die beim radioaktiven Zerfall auftritt und dessen Zustand bewahren will, und die starke Kernkraft.

112. 3. *Newton*sche Gesetz der Mechanik.

113. Gemeint ist hier im wesentlichen *Empedokles*.

114. menschlich

115. Heutige Vorstellung: Lichtquanten - Photonen - , die sich mit Lichtgeschwindigkeit bewegen!

116. Als Vorläufer der Reihe athenischer Philosophen gilt *Solon*.

117. In Athen mußte 510 v. u. Ztr. die Tyrannei vor einer ersten Demokratie »demokratia« (es regiert das Volk) weichen. Die Machtgrundlage der Adelspolitik zu brechen, war ein langfristiger Weg der Weiterentwicklung der sogenannten *Solonschen* Reform. *Solon* gilt als der Begründer der attischen (besonders athenischen) Demokratie. Er hat die Erziehung der Bürger im Sinne des Gemeinwesens durch die Poesie unternommen. Mit ihm beginnt etwa im 7. Jahrhundert v. d. Ztr. die Geschichte und Literatur Athens und die Reihe der hellenischen Philosophen. Jedoch hatten Frauen und Sklaven in der athenischen Demokratie kein Stimmrecht. Mitglied in der Volksvertretung konnte man nur zwei Jahre sein (keine Berufsbürokratie!). Für die Teilnahme der Volksvertreter an den politischen Entscheidungen führte *Perikles* entsprechende Diäten (Tagegelder) ein. Zu seiner Zeit gab es die Volksversammlung (Parlament), den Rat (Regierung) und das Geschworenengericht.

118. Dazu sagt der griechische Dichter und Tragiker *Euripides* (484 bis 407 v. u. Ztr.), die größte Gestalt der griechischen Aufklärung: „Was Sklaven schändet, ist der Name nur. In allem anderen ist ein edler Knecht um nichts geringer als der freie Mann.“

119. Gott Phoebus-Apollo

120. Es wurde der mangelnde Glaube an das Übernatürliche ebenso zum Verbrechen erklärt wie das Lehren der Astronomie, denn die Sterne galten als göttliche Wesenheiten. „Es soll Klage erhoben werden gegen die Leute, die an das Göttliche nicht glauben oder astronomische Lehren verbreiten“, so lautete das neue Gesetz. Selbst *Platon* meinte: „Wer sich der Astronomie und verwandten Wissenschaften widme, werde zum Atheisten, sobald er zur Erkenntnis gelangt sei, daß alles aufgrund von notwendigen Ursachen entstehe.“

121. Das griechische Wort »Sophistai« heißt Lehrer der Weisheit.

122. Vermutlich durch seine Freunde, den großen athenischen Staatsmann (erster Mann im Staat - die großen Feldherren der Antike waren Zivilpersonen, die Kriege führten und im Frieden herrschten. Die Macht zu befehlen ist Macht schlechthin! -), erfolgreichen griechischen Feldherren und berühmten Redner *Perikles* (war berühmt durch seine Ehrlichkeit und sein Ideenreichtum; starb an der Pest, die in Athen herrschte) und der *Aspasia*. Das *Perikleische* Zeitalter in Athen kann man zurecht als den Höhepunkt des klassischen Altertums bezeichnen, was Staat, Gesellschaft, Kunst und Poesie anbetrifft. Man spricht von dem goldenen Zeitalters Athens und der ganzen griechischen Welt. Doch sollte man diese Aussage nicht mit unseren heutigen Maßstäben sehen. Der heutige Bürger würde sich sehr unglücklich fühlen, müßte er zu der Zeit leben, selbst wenn er nicht zu der Mehrzahl der Sklaven, sondern zu den freien Bürgern der Stadt gehörte. Der Einzelne erlitt Brandanschläge auf sein Eigen-

tum, finanzielle Belastungen usw. einerseits von seiten des Staates, aber auch von Demagogen und mächtigen Persönlichkeiten. In den Jahrzehnten nach *Perikles* erfolgte der Verfall Athens und der ganzen griechischen Welt.

123. Die heutige Dardanellenstraße zwischen Mittelmeer und Schwarzem Meer. Früher nannte man sie Hellespont, Meer der Helle; d.h. Meer nach der Göttin Helle, die hier auf der Flucht ertrunken sein soll.

124. 1884 bis 1960; war Professor für klassische Philologie in Istanbul und Bonn.

125. Gleichartige, qualitativ fest bestimmte ähnliche Teilchen der Urstoffe. Im Gegensatz zu *Demokrit*, dessen »Atome« qualitätslos sind.

126. Zum ersten Mal beschreibt *Dietrich von Freiburg* (1250 bis 1310) in Deutschland die Farben des Regenbogens richtig und versucht sich in einer Theorie dieser Naturerscheinung.

127. US-amerikanischer Astronom und Geologe des 20. Jahrhunderts.

128. 1596 bis 1650. Vater aller neueren Denkmethoden, Vater und Begründer der modernen Philosophie. Er hat die Rolle einer unabhängigen kritischen Vernunft geklärt und empfohlen. Er war gleichzeitig berühmter Mathematiker und Philosoph. Auf ihn geht die Einführung des Koordinatensystems zurück.

129. Er wird von manchen Wissenschaftlern als der größte Historiker aller Zeiten bezeichnet.

130. Tragodia = Ziegenbockgesang. Gesang der Dämonen, die halb Ziege und halb Mensch waren.

131. Siehe auch *Anaxagoras*.

132. *Zenon* von Elea lebte 490 bis 430 v. u. Ztr., war Schüler des *Parmenides,* Antisensualist, war Tyrannengegner und hat gegen *Empedokles* geschrieben.

133. Lehre von der Entstehung der Welt.

134. Ethik, Mathematik, Musik, Physik und Technik.

135. Gegründet von *Alexander dem Großen* (sein General *Ptolemaios I. Soter* baute Museion und Bibliothek), war Alexandria das Symbol der hellenistischen Welt, Zentrum der Wissenschaft und Kunst. Es besaß - auf einer vorgelagerten Insel - den 122 m hohen Leuchtturm von Pharos, der gelegentlich zu den Weltwundern gerechnet wird. (Siehe auch Anmerkung 192)

136. Zum Beispiel: „Aristoteles & Co." Von Ernst Peter Fischer, Piper Verlag München 1995

137. 1. *Newton*sche Gesetz der Mechanik.

138. innewohnende, anhaftende

139. Hier ist das erste Mal versucht worden, eine gemeinsame Basis für Körper und Seele zu schaffen. *Parmenides* hatte schon gelehrt: „ ...dasselbe ist Denken und Sein". Viele bekannte Philosophen haben sich mit dieser Hypothese beschäftigt, u. a. *Spinoza* (niederländischer Philosoph, 1632 bis 1677, hat es unternommen, das menschliche Denk- und Empfindungsvermögen, losgelöst von der zufälligen Wirklichkeit, zu erklären und auf genau erkennbare Gesetze zurückzuführen). Der bedeutende Evolutionsbiologe und Naturphilosoph *Bernhard Rensch* (1900 bis 1990) hat eine Fülle von

Material zusammengetragen und ein universales, evolutionäres Weltbild geschaffen. Er nennt es panpsychischer Identitismus. Danach stellt sowohl die Evolution des Kosmos, entstanden aus dem Urknall (big bang), als auch der lebenden Materie und der tierischen und menschlichen geistigen Fähigkeiten einen einheitlichen kontinuierlichen Ablauf dar. Er nimmt an, daß alles Materielle, wie er es nennt, protopsychischer Natur sei, also auch die Eigenschaften der physikalischen Elementarteilchen, woraus die stammesgeschichtliche Entwicklung auch des Psychischen erklärbar wird. Dieser panpsychistische Identitismus benötigt zur Entwicklung eines universellen Weltbildes nicht den Dualismus von Leib und Seele. Heutige Naturwissenschaftler sind davon überzeugt, daß Seele und Geist als Kette neurochemischer Reaktionen aufzufassen sind.

140. Deutscher Philosoph und Mathematiker: 1646 bis 1717

141. Monas ist bei *Euklid* eine Einheit oder ein Punkt.

142. *Titus Carus Lucretius*, um 96 bis 55 v. u. Ztr.

143. Siehe die Vorstellung *Anaxagoras* von den gleichteiligen Stoffteilchen!

144. Genauer atomoi ideai: unzerschneidbare Formen.

145. Das Buch von *Bernhard Pabst* enthält zahlreiche, nicht übersetzte und teilweise längere, Zitate in lateinischer und griechischer Sprache und ist deshalb in der Regel für Ingenieur- und Naturwissenschaftler weniger geeignet.

146. Näheres siehe *Alfred Gierer*: „Die gedachte Natur."

147. *Petrus Gassendi* (1592 bis 1655) Kanonikus, Professor für Philosophie in Aix und Physiker; veröffentlichte 1624 seine »Exercitationes paradoxicae adversus Aristoteleos« - Übungen inform von Paradoxien gegen die *Aristoteliker* - und schrieb im Jahre 1647 das Buch »De vita, moribus et doctrina Epicuri«- Leben, Sterben und Lehre des *Epikur* -, womit die Atomistik - die Atome haben Größe, Gewicht und Form - durch *Gassendi* in die moderne Naturwissenschaft hinein kam und sie bis jetzt nicht verlassen hat. Er entwarf jedoch keine mathematische Physik wie *Galilei*, *Kepler*, *Newton* u. a.

148. Sir *Isaac Newton* 1643 bis 1727, englischer Mathematiker, Physiker und Astronom.

149. 1766 bis 1844, englischer Chemiker und Physiker.

150. *James Clerk*, schottischer Physiker, 1831 bis 1879.

151. 1853 bis 1932, deutscher Physikochemiker.

152. 1838 bis 1916, leugnete als einflußreichster Positivist aller Zeiten bis zu seinem letzten Atemzug die Existenz von Atomen.

153. Dieser Nonsensname ist dem Buch »Finnigans Wake« von *James Joyces* - three quarks for Muster Mark - entnommen.

154. Innerhalb eines Elektrons oder eines Neutrinos gibt es keine Struktur mehr, und keines von beiden läßt sich in kleinere Bestandteile zerlegen. Während jedes Proton und Neutron - sogenannte Baryonen - noch aus drei einfacheren Teilchen, den Quarks, besteht.

155. Hier zeigt sich eine Vorform der späteren Fachdisziplin Chemie. Wir würden heute sagen: molekulare Strukturen.

156. Grenzflächenspannung zwischen Wasser und Metall!

157. In neuester Zeit sind von theoretischen Physikern aus der Quantenmechanik und der Relativitätstheorie Hypothesen entwickelt worden, die besagen, daß die Physiker in der Lage sind, die Existenz Gottes und die Wahrscheinlichkeit eines Lebens nach dem Tode grundsätzlich auf die gleiche Weise zu berechnen wie die Eigenschaften eines Elektrons; z. B. die US-amerikanischen Physiker *John Gribbin* und *Frank J. Tipler*. Eine ähnliche Entwicklung erlebte man schon in der Zeit des Humanismus, der im Stil der Belle Epoque sich rühmte, die Frohe Botschaft des Evangeliums wissenschaftlich untermauern zu können. *John Gribbin* und *Frank J. Tipler* gehen davon aus, daß die Materiedichte ρ des Weltalls die kritische Dichte ρ_c übersteigt, so daß es zu späten Zeiten ein zum heißen Anfang gehörenden heißen Endzustand geben wird, dem sogenannten Omegapunkt (*Tipler* spricht vom sogenannten »Omegapunkt-Gott«). Moderne Spekulationen über ein teleologisches »Prinzip«, das sogenannte »Anthropische Prinzip«, werden z. Zt. in der Kosmologie (*Barrow*, *Tipler*, *Gribbin*, *Pagel*, *Penrose* u.a.) diskutiert. „Wir leben jedoch nicht in einem anthropisch orientierten Weltall.“ Schreibt *Kanitscheider*. Dies ist nicht ein physikalisches Prinzip im Sinne eines fundamentalen Grundsatzes der Physik, das man nicht zu beweisen braucht, wie z.B. das Energieprinzip (Energieerhaltungssatz). Hier wird versucht, den Menschen, der durch *Kopernikus* aus dem Mittelpunkt der Welt verdrängt wurde, wieder in diesen zurückzuführen. *Tipler* schreibt: „...wir brauchen irgendeine Theorie für die Zukunft des physikalischen Universums und das schönste Postulat ist: daß ein gänzlicher, umfassender Tod nicht unausweichlich ist.“ Man erkennt bei dieser physikalischen Hypothese, daß es sich um einen reaktionären Rückfall in die teleologische Naturtheologie des *Aristoteles* handelt. Zu den Prinzipien der modernen Naturwissenschaften schreibt *Alfred Gierer* (siehe Anmerkung 285): „Die Natur folgt allgemeinen Naturgesetzen, die der menschliche Geist konzipieren und begreifen kann. Sie haben mathematische Form. Die Gesetze erfassen das Verhalten von Grundbestandteilen der Materie in Raum und Zeit. Ob es dabei ein oberstes Prinzip (z.B. einen Gott: der Verfasser) gibt und welches dies ist, bleibt Ansichtssache und wäre auch durch weiteren Fortschritt der Wissenschaft kaum zu entscheiden. Schon an dieser Fragestellung zeigt sich, daß die Wissenschaft für verschiedene philosophische Deutungen offenbleibt.“ In der theoretischen Physik werden zur Zeit ganz moderne Vorstellungen diskutiert, wie Quanten-, Strings-, Superstrings- und Chaoshypothesen. Im Gegensatz zur Antike, wo das Experiment zwar möglich gewesen wäre, aber noch nicht benutzt wurde, haben diese heutigen Hypothesen enorme mathematische Schwierigkeiten und sind mit den zur Verfügung stehenden experimentellen Möglichkeiten nicht beweisbar. Dazu schreibt der US-amerikanische Physiker *Richard P. Feynman* (1918 bis 1988): „..vielleicht kann ich zur Unterhaltung zukünftiger Historiker beitragen, wenn ich behaupte, daß die ganze Geschichte mit den Superstrings verrücktes Zeug ist und in die Irre führt.“

158. Wie weit Philosophie und Physik auseinanderlaufen kann, zeigt sich zum Beispiel bei dem deutschen Philosophen *Hegel*. Er erklärt, was man unter Elektrizität zu verstehen hat, wenn er schreibt: „Die Elektrizität ist der reine Zweck der Gestalt, der sich von ihr befreit: die Gestalt, die ihre Gleichgültigkeit aufzuheben anfängt; denn die Elektrizität ist das unmittelbare Hervortreten oder das noch von der Gestalt herkommende, noch durch sie bedingte Dasein, - aber noch nicht die Auflösung der Gestalt selbst, sondern der oberflächliche Prozeß, worin die Differenzen die Gestalt verlassen, aber sie zu ihrer Bedingung haben, und noch nicht an ihnen selbständig

sind." Über Beziehungen zwischen Philosophie, Naturphilosophie und Naturwissenschaften liest man bei *Kanitscheider*, dem Astrophysiker *E. Jantsch* (1929 bis 1980, dem Humanisten *H. Kessler*, dem Physiker und Nobelpreisträger *M. Gell-Mann* (geboren 1929), dem Philosophen *Ernst R. Sandvoss* (dort sind weitere Quellen zu finden!) und dem Physiker *P. Waloscheck* (geboren 1929).

159. Daher nannte man ihn auch den Gartenphilosophen.

160. Dank des römischen Dichters und Philosophen *Lukrez* fand der *Epikureismus* in Rom, wo er noch 175 v. u. Ztr. verboten war, große Verbreitung. Neben ihm gab es noch eine Reihe bedeutender Römer, die sich als Anhänger des *Epikureismus* fühlten. Dazu zählen *Caesar*, *Horaz*, *Vergil*, *Cicero* u.a. Aber auch im späteren Christentum gab es Kirchenväter, die Epikur positiv gegenüberstanden und von ihm lernten, wie *Klemens von Alexandreia*, *Gregor von Nazians*, *Theodoret von Kyros* u. a.

161. War mit der Atomistik des *Epikur* sehr bewandert, siehe auch Anmerkung 147.

162. 1679 bis 1754; Philosoph, Jurist und Publizist, der 1688 zu Leipzig die erste Vorlesung in deutscher Sprache hielt, die jemals in einem Hörsaal gehalten wurde. Bis dahin wurde nur lateinisch gedacht und gelehrt. Die Umgangssprache entwickelte sich schon viel früher, bereits ab dem 14. Jahrhundert, als *Dante* die literarische Sprache des modernen Italiens schuf, in Frankreich, Deutschland und England. *Descartes* war der erste Philosoph, der gelegentlich in seiner Muttersprache schrieb. Die deutsche Sprache im Unterricht an den verschiedenen Universitäten setzte sich erst im Laufe des 18. Jahrhunderts, von *Leibniz* und *Thomasius* gefordert, durch.

163. Näheres zu *Epikurs* Ethik findet man bei *Michael Hauskeller*; geboren 1964, wissenschaftlicher Mitarbeiter am Institut für Philosophie der TH Darmstadt.

164. Von diesem *Epikur*schüler, der im 1. Jahrhundert u. Ztr. in der Nähe von Neapel lehrte, sind folgende Worte bekannt: „Was zerstört die Freundschaft auf der Erde am meisten? Das Handwerk der Politik. Beobachtet den Neid der Politiker auf diejenigen, die versuchen, sich hervorzutun, die Rivalität, die zwangsläufig unter den Konkurrenten entsteht, den Kampf um die Eroberung der Macht und die entschiedene Organisation von Kriegen, die nicht nur das Individuum, sondern ganze Völker zerrütten." Dem ist aus heutiger Sicht nichts hinzuzufügen.

165. Lehre von den Gestirnen als göttliche Mächte in der Welt.

166. Die Grundzüge der Infinitesimalrechnung fand bereits 1450 *Nicolaus Cusanus*, Kardinal und Bischof von Brixen (1401 bis 1464). *Leibniz* stellte die Methoden und Bezeichnungen zwei Jahrhunderte später auf.

167. Ohne Ursache

168. Ein stochastisches Verhalten erleben wir beim Würfeln. Man kann den nächsten Wurf nicht voraussagen, sondern nur für die möglichen verschiedenen Ergebnisse (Würfelzahlen 1, 2, 3, 4, 5 und 6) die Wahrscheinlichkeiten, nämlich bei einem idealen Würfel jeweils ein Sechstel. Ganz allgemein versteht man unter »stochastisch« das zufallsabhängige, statistische Verhalten der individuellen Träger eines dynamischen Prozesses.

169. Unter Chaos versteht man zufallsähnliche Bewegungen. Die Bewegung eines Systems nimmt einen völlig anderen Verlauf, sobald man nur die Anfangswerte ein kleinwenig ändert. Das Verhalten des täglichen Wetters ist ein Chaosvorgang, der von dem US-amerikanischen Meteorologen *Edward Lorenz* in den 60er Jahren des

20. Jahrhunderts als solcher dargestellt worden. Deshalb sind trotz riesigem Computeraufwand Wetterprognosen sehr unzuverlässig. Das Wort Chaos kommt aus dem Griechischen und bedeutet „der unendlich leere Raum“. Es wurde erstmals 1975 von dem US-amerikanischen Mathematiker *James Yorke* auf das scheinbar unvorhersagbare Verhalten eines deterministischen Systems bezogen, das durch mathematisch formulierte Gesetze bestimmt wird.

170. Übersetzt und herausgegeben von *F. Jürß*, *R. Müller* und *E. G. Schmidt.*

171. *Herodot von Halikarnass*, nach *Cicero* »Vater der Geschichtsschreibung«, ältester griechischer Geschichtsschreiber, etwa 485 bis 425 v. u. Ztr. Hat für seine Vortragskunst in Athen einen hohen Geldpreis erhalten. *Herodot* beschreibt auch – offensichtlich als Erster - die Naturerscheinung der Gezeiten - Ebbe und Flut -. Diese Beschreibung wurde jedoch von griechischen Naturphilosophen wenig beachtet. Dies hängt wahrscheinlich damit zusammen, daß am Mittelmeer der Unterschied zwischen Ebbe und Flut normalerweise nur 20 bis 30 cm beträgt.

172. Die Übersetzungsrechte des *Pythokles*briefes gehören dem Akademie-Verlag, Berlin.

173. *Epikurs* Ethik wirkte auch auf die Philosophen *Schopenhauer*, *Fechner*, *Feuerbach*, *Nietzsche*, *Marcuse*, *Erich Fromm*, *Wilhelm Reich* und *Karl Jaspers.*

174. In der »carmina burana«, der bekannten sinnenfrohesten Lyriksammlung des Mittelalters (vertont durch *Carl Orff*) steht der Name *Epikurs* für hemmungsloses Genießertum. *Dorothee Kimmich* schreibt dazu: „Die stoische Kritik am *Epikureismus*... prägte für lange Zeit die Urteile und Vorurteile über die Philosophen des Gartens. *Epikur* und seine Schüler seien lüsterne Vielfraße, Trunkenbolde und führten ein sittlich verdorbenes Leben, taumelten von Exzess zu Exzess, leugneten die Götter, seien überhaupt Atheisten und Gotteslästerer, glauben nicht an eine natürliche Ordnung und hielten den ganzen Kosmos für eine Ausgeburt des Zufalls. ...Gefährlicher noch als der Vorwurf sittlicher Verfehlungen waren... allerdings die Attribute Atheismus und Gotteslästerung. In der gesamten christlichen Tradition... gilt *Epikur* als der Erzfeind, der sämtliche offenbarten Wahrheiten bestreitet und mit seiner Ablehnung des Schöpfungsgedankens und eines Glaubens an ein Weiterleben nach dem Tode nicht nur das Fundament der christlichen Sündentheologie, sondern auch die Basis ihrer politisch gesellschaftlichen Macht bedroht. Die Kirchenväter, Autoritäten, die durch ihre Schriften die gesamte Kultur des Abendlandes in unvergleichlicherweise prägten, sorgten dafür, daß *Epikur* geradezu ein Inbegriff für Verwirrung stiftende, Verderben bringende Philosophie und lasterhafte Lebenspraxis wurde.“ Ebenfalls erwähnt der italienische Dichter des 13. bis 14. Jahrhunderts *Dante Alighieri Epikur* in seiner »göttlichen Komödie« in einem Dreizeiler im 10. Gesang in der Hölle. Er verbannte ihn mit anderen sogenannten Ketzern in den sechsten Kreis der Hölle. Dorthin offensichtlich wegen seines vermeintlich schlechten Lebenswandels.

175. Das in Bruchstücken erhaltene Lehrgedicht schildert eine Reise des *Parmenides* aus dem Reich der Nacht zu einer Göttin im Land des Lichts (der Wahrheit).

176. Dieses Thema ist auch heute noch aktuell, wie die berühmte Analogie von *Albert Einstein* und *Leopold Infeld* (1938) zeigt: „Bei unseren Bemühungen, die Wirklichkeit zu begreifen, machen wir es manchmal wie ein Mann, der versucht, hinter den Mechanismus einer geschlossenen Taschenuhr zu kommen. Er sieht das Zifferblatt, sieht, wie sich die Zeiger bewegen, und hört sogar das Ticken, doch hat er keine Möglichkeit, das Gehäuse aufzumachen. Wenn er scharfsinnig ist, denkt er sich viel-

leicht irgendeinen Mechanismus aus, dem er alles das zuschreiben kann, was er sieht, doch ist er sich wohl niemals sicher, daß seine Idee die einzige ist, mit der sich seine Beobachtungen erklären lassen. Er ist niemals in der Lage, seine Ideen an Hand des wirklichen Mechanismus nachzuprüfen. Er kommt überhaupt gar nicht auf den Gedanken, daß so eine Prüfung möglich wäre, ja er weiß nicht einmal, was das ist." *William Poundstone* (1988) formulierte das in der Philosophie bekannte Rätsel des sogenannten »Retortengehirns«: „Zu einem unbestimmten Zeitpunkt in der Vergangenheit ist ihr Gehirn im Schlaf aus ihrem Körper entfernt worden. Geschickte Chirurgen haben jeden einzelnen Nervenstrang durchtrennt und an eine mikroskopisch kleine Elektrode angeschlossen. Jeder einzelne dieser Millionen von Elektroden ist mit einer Maschine verbunden, die genau die gleichen schwachen Impulse produziert wie die ursprünglichen Nerven. Wenn Sie umblättern, fühlt sich die Buchseite wie eine Buchseite an, weil die Elektroden Ihr Gehirn mit genau den gleichen Nervenimpulsen füttert, wie dies echte Finger getan hätten, die eine echte Seite berühren. Aber die Seiten sind ebenso eine Illusion wie die Finger. Halten Sie das Buch näher ans Gesicht, sieht es größer aus; halten Sie es mit ausgestrecktem Arm von sich weg, sieht es kleiner aus... Sie können sich selbst in den Arm kneifen und das erwartete Gefühl verspüren, aber das beweist nichts. Es gibt tatsächlich keine Methode zu beweisen, daß dem nicht so ist. Wie rechtfertigen Sie also Ihren Glauben daran, daß die Außenwelt existiert?"

177. Diese These steht im Gegensatz zu *Heraklit* und *Demokrit.*

178. Lehre, die alles aus einem Prinzip heraus erklärt.

179. Lehre vom Sein.

180. Geschichtlich die erste, bekannt gewordene Bücherverbrennung in der abendländischen Kultur! Eine spätere Bücherverbrennung der *Pythagoräischen* „Bücher des Numa" erfolgte 181 n. u. Ztr. in Rom durch Beschluß des Senates. Von da an folgten Ausweisungen einzelner Philosophen und ganzer Schulen, späterhin Hinrichtungen und die feierliche Verbrennung von Schriften, die der Religion gefährlich werden konnten. Eine bemerkenswerte Bücherverbrennung fand 1520 n. u. Ztr. durch den Pater *Cipriano Benetti* im päpstlichen Rom statt. Er übergab *Martin Luthers* Bücher den Flammen. Auf dem Wartburgfest 1817 verbrannten studentische Burchenschaftler 28 Bücher mit »undeutscher Gesinnung«. Es wurden dabei nicht die echten Bücher, sondern Makulaturballen verbrannt, auf die man die Titel jener Bücher schrieb. Die bedeutendste Bücherverbrennung im 20. Jahrhundert wurde am 10. 5. 1933 in Deutschland durch das Naziregime durchgeführt. 1957 fand in den USA eine Bücherverbrennung statt. Die Arbeiten des österreichischen Wissenschaftlers *Wilhelm Reich* wurden auf staatliche Anweisung hin dem Feuer übergeben. Seine Bücher zum Wetterchaos und der gefährlichen Atomenergie sollte niemand lesen. Unter *Maos* Kulturrevolution gab es in Rotchina in den 60er Jahren eine Bücherverbrennung. Der Kommunismus wollte die zutiefst traditionalistische konfuzianische Tradition in seinem Land zerstören. Die letzte, bekanntgewordene Bücherverbrennung fand ebenfalls in China 1999 statt. Es wurden die Bücher der verbotenen Kultbewegung »Falun Gong« verbrannt und zahlreiche Audio- und Videokassetten beschlagnahmt und zerstört. Der französische Philosoph der Aufklärung *Francois Marie Voltaire* (1694 bis 1778) schreibt: „Es gibt Dinge, über die eine weise Verwaltung hinweg sehen muß. Wenn das Buch gefährlich war, dann muß es widerlegt werden. Ein Buch,

indem Gedanken entwickelt werden, zu verbrennen heißt soviel als: wir haben nicht genug Geist, um es zu widerlegen.“

181. Die sophistische Literatur ist leider fast vollständig vernichtet worden.

182. Die Wissenschaft ist zwar aufgeklärter Alltagsverstand, führt aber auch zur Aufklärung solcher Phänomene, die weit außerhalb der Alltagserfahrungen liegen und dann völlig anderen Gesetzen gehorchen.

183. Siehe Anmerkung 58.

184. Siehe Anmerkung 58.

185. Nach *Bruit Zaidman* und *Schmitt Pantel* sollte man bei den *Pythagoräern* zwei Richtungen unterscheiden: Die eine lehnt jede fleischliche Nahrung ab und die andere weist Hammel und Rind zurück, findet sich aber mit Schwein und Ziege ab.

186. Herrschaft des Adels, einer privilegierten Minderheit.

187. 430 bis 345 v. u. Ztr.

188. Schamanentum oder Schamanismus, das sich mit Heilung, Jenseitsreise und Geisterschau beschäftigt, ist heute noch lebendig. So glaubt *Albert Einstein*, das Geheimnisvolle jedoch rufe in uns den Drang zur Forschung erst wach... Ein Geheimnis schwebt über der schamanischen Magie, ein wirklicher Zauber, der sich wohl nie ganz aufklären läßt, es sei denn, das Menschsein ließe sich irgendwann dem Intellekt durchgängig erschließen, was jedoch wohl nie erreicht werden wird. Auch *Empedokles* war Schamane.

189. Der *Pythagoräismus* lebte auf, zwar nicht als methodisch lehrende Schule, sondern als Kult und Lebensform. *Pythagoras* galt als ein Weiser. In seinem Namen lehrte man den alten Glauben an ein ablösbares magisches Ich, an die Welt als Ort der Dunkelheit und der Strafe. Verbunden wurden diese Vorstellungen mit einem auf uralter Basis beruhenden Okkultismus (Geheimwissenschaft). Es sollten übersinnliche Fähigkeiten und Kräfte auch in gewissen Tieren, Pflanzen oder kostbaren Steinen vorhanden sein. Ein gewisser *Bolos von Mendes*, genannt der Demokriteer, soll diese okkulten Vorstellungen um 200 v. u. Ztr. das erste Mal systematisch zusammengefaßt haben. Dieser Okkultismus hat das Denken der Spätantike und des Mittelalters stark beeinflußt.

190. Um 600 u. Ztr., spätgriechischer Theologe, Physiker und *Aristoteles*kommentator.

191. Die Trinität ist an eine lange Tradition gebunden. In der griechischen Mythologie gibt es drei Parzen und drei Horen, und zu Anfang kennt man auch nur drei Musen. Berühmt ist der griechische Dreifuß als Siegerpreis. *Epikur* spricht vom »Dreifuß des Phoibos (Apollon)«. Uralt ist die allwissende Göttertrias. Bekannt ist die Dreiheit Osiris, Isis und Horus (Vater, Mutter und Sohn) und die griechische populäre Trias Zeus, Athene und Apollon. Im Christentum ist es Gottvater, heiliger Geist und Gottes Sohn. Eine weibliche Gottheit tritt im Christentum nicht auf. *Aristoteles* meint: „Die Dreiheit ist die Zahl des Ganzen, insofern sie Anfang, Mitte und Ende umschließt. Als hätten wir aus den Händen der Natur deren Gesetze empfangen, so bedienen wir uns zu den heiligen Bräuchen des Gottesdienstes dieser Zahl.“ Häufig findet sich die Zahl 3 in symbolischen Zusammenhängen wie z.B. Gott, Welt und Mensch; Anfang, Mitte und Ende; Vergangenheit, Gegenwart und Zukunft; Himmel, Erde und Unterwelt.

192. Die Zahl Sieben hatte schon im Altertum eine große Bedeutung als heilige Zahl. Sie verdankte ihre Bedeutung den damals bekannten fünf Planeten (Mars, Jupiter, Merkur, Venus und Saturn), der Sonne und des Mondes. Die Heiligkeit der Sieben führten arabische Forscher auf die Teilung des 28tägigen Mondmonats in vier Wochen zu je sieben Tage zurück. Die Woche hat sieben Tage: Sonntag = Sonnentag, Montag = Mondtag, Dienstag (französisch mardi) = Marstag, Mittwoch (französisch mercredi) = Merkurtag, Donnerstag (französisch jeudi) = Jupitertag (die im römischen Reich lebenden Germanen haben Jupiter mit dem Donnergott Donar - Donnerstag - identifiziert und Venus mit der Göttin Freia - Freitag -), Freitag (französisch vendredi) = Venustag und Samstag oder Sonnabend (niederländisch zaterdag) = Saturnstag. Die sieben Weisen, s. *Thales von Milet*, und die sieben Weltwunder: Der Tempel der Diana in Ephesos (365 v. u. Ztr. steckt *Herostrat* ihn in Brand, nur um seinen Namen publik zu machen), das Mausoleum in Karien, der Koloß von Rhodos, der Koloß des olympischen Jupiter, der Königspalast in Ekbatana, die Mauern von Babylon (enthalten die hängenden Gärten der Semiramis) und die Pyramiden in Ägypten. Die jährlichen Menschenopfer von sieben Knaben und sieben Mädchen für den Menschenfresser Minotauros. Die sieben Himmel und die sieben Pforten der Hölle beim Christengott. Die Zahl Sieben erhielt ihre große Bedeutung auch aus der Zahl der Tierkreissternbilder. *Philon* aus Alexandria erklärte die Jungfräulichkeit der Sieben aus der *Pythagoräischen* Zahlenmystik. Die Sieben innerhalb der Zehnerreihe kann weder zeugen noch gezeugt werden: Die Eins zeugt alle Zahlen, wird aber von keiner anderen gezeugt. Die Acht wird durch zwei mal vier gezeugt, zeugt aber selbst innerhalb der Zehnerreihe keine andere Zahl. Die vier zeugt die Acht - zwei mal vier - und wird gezeugt durch zwei mal zwei. Die Sieben ist innerhalb der Zehnerreihe die einzige Ausnahme! Zum Sternbild des Stieres gehört die Sterngruppe der Plejaden. Es sind sieben Sterne (in Wirklichkeit ein Sternenhaufen mit über 3000 Sternen). Schon bei den Sumerern im 3. Jahrtausend v. u. Ztr. sprach man von der »Siebengottheit« (Siebengestirn). Diese Sterne wurden als sieben Körner einer Ähre dargestellt. Sie war das Symbol für die Ernte. Wenn diese Ähre am Osthorizont erstmals sichtbar wurde, begann die Ernte. In diesem Zusammenhang ist auch das Wort von den sieben schlechten und den sieben guten Jahren entstanden. Ebenfalls bei den Sumerern gehörten sieben technische Urelemente zu den gottgeschaffenen Wesenheiten: Bauwesen, Holzbearbeitung, Korbmacherei, Leder-, Metallbearbeitung, Schmiede- und Waffenwesen. Die Bibel spricht vom »Baum des Lebens«. Er wird symbolisiert durch eine Säule mit sieben Armen. Im Mittelalter des 12. Jahrhunderts kannte man innerhalb der Artistenfakultät der Universitäten die sieben freien Künste: Grammatik, Geometrie, Arithmetik, Musica, Astronomie, Rhetorik und Dialektik.

193. Näheres s. *Andrè Pichot.*

194. Das Wort Mystik entstammt dem griechischen Wort Myein und bedeutet »die Augen schließen«. „Es meint eine Art Abkehr von der Tatsachenwelt, ein Träumen und Schauen, das der inneren Bildkraft freien Lauf läßt," wie *Axel Eggebrecht* (geboren 1899, deutscher Literaturwissenschaftler, Mitarbeit bei der »Weltbühne« und Mitbegründer des NWDR Hamburg) schreibt.

195. um 410 bis 368 v. u. Ztr., Freund *Platons.*

196. In der Astrologie bediente man sich ebenfalls des Pentagramms. Darin wurde ein Mann mit ausgestreckten Armen und Beinen gezeichnet. Die fünf Planeten, Mars,

Venus, Jupiter, Merkur und Saturn bildeten die Ecken. In der Mitte waren Sonne und Mond.

197. Die Mathematik ist nicht nur ein Formelsystem im Dienste der physikalischen Erkenntnis, sondern auch ein Werkzeug zur Strukturierung. Das besondere an den mathematischen Operationen ist, daß sie Transformationen zustande bringen.

198. *William Rowan Hamilton*, 1805 - 1865 irischer Mathematiker, Physiker und Astronom.

199. Andererseits kann ein Hinterfragen dieser »Zufälle« manchmal zu neuen physikalischen Theorien, aber auch zu philosophisch-religiösen Spekulationen führen.

200. Der Begriff Algorithmus stammt aus dem Namen des persischen Mathematikers des 9. Jahrhunderts, *Mohammed ibn Musa Al-Charisma*, dessen Name latinisiert Algorismi hieß.

201. Die Werkzeuge Zirkel und Lineal sind noch heute aktuell. So hat zum Beispiel *Dierck-Ekkehard Liebscher* 1977 im Sinne von *Felix Klein* eine Methode erarbeitet, die Relativitätstheorie mit Zirkel und Lineal darzustellen.

202. *Hippias* - 5. Jahrhundert v. u. Ztr. - hat dieses Problem mit Hilfe einer transzendenten Kurve, der sogenannten Quadratrix, gelöst.

203. Lösung der kubischen Gleichung: das sog. Delische Problem.

204. Die Fläche eines Quadrates allein mit Lineal und Zirkel in die gleiche Fläche eines Kreises zu überführen.

205. *Ferdinand von Lindemann*, Münchener Mathematikprofessor, 1852 bis 1939. Der deutsche Mathematiker *Robert C. Groll* hat 1988 ein bisher unbekanntes Bildungsgesetz für eine Folge entdeckt, nachdem es möglich ist, die Quadratur des Kreises bei bestimmten ganzzahligen Vielecken vollständig durchzuführen.

206. 4. Jahrhundert v. u. Ztr.

207. Die Drehung der Sonne um ihre eigene Achse postulierte der Dominikanermönch, Naturwissenschaftler und Philosoph *Giordano Bruno* (1600 im Auftrag der katholischen Kirche nach siebenjährigem Kerker auf dem Blumenfeld - Richtplatz des damaligen Roms - öffentlich verbrannt). Diese Drehung der Sonne hat *Galilei* aus seiner erstmaligen Beobachtung der Sonnenflecken entdeckt. Experimentell wurde sie erst 1951 nachgewiesen. Die Sonne dreht sich einmal in 27 Tagen am Äquator und einmal in 31 Tagen an den Polen um ihre eigene Achse. Der Unterschied kommt dadurch zustande, weil die Sonne ein gasförmiger Körper ist.

208. *Pontikos Herakleides* um 415 v. u. Ztr.

209. 450 v. Ztr., Philosoph und Astronom.

210. *Jean Bernard Leon Foucault*, 1819 bis 1868, französischer Physiker und Astronom. Das Original pendelt in etwas verkleinertem Maßstab (ursprünglich eine Kugel von 28 Kg an einem 67 m langen Faden) im Conservatoire des Arts et Metiers in Paris. Weitere *Foucaultsche* Pendel gibt es im Palais der Vereinten Nationen in New York, im Technischen Museum in San Francisco, im Deutschen Museum in München und im Kölner Dom.

211. Die fünf antiken Planeten tragen die Namen römischer Götter, die auf die hellenischen Götter zurückgehen und deren Ursprung in der alten chaldäischen Astralreligi-

on des 3. Jahrtausends v. u. Ztr. zu suchen ist. Mars (griechisch: Ares) ist der Kriegsgott, der dem chaldäischen Lugalbanda entspricht. Jupiter (griechisch: Zeus), Sohn des Kronos und geht zurück auf Pa.Bil.Sag der Chaldäer. Merkur (griechisch: Hermes) ist der Götterbote und der Bote der Göttin Ischtar und des Himmelsgottes Anu der chaldäischen Sternenreligion. Saturn (griechisch: Kronos), Vater des Jupiter, erfährt seinen Ursprung am chaldäischen Himmel durch seine Zuordnung zum Sternbild Greis oder Alten. *W. Papke* schreibt dazu: „Die Mythologie der Griechen und Römer ist somit in ihren Wurzeln eindeutig astral und kann nur von ihrem chaldäischen Ursprung im 3. Jahrtausend v. Chr. her richtig gedeutet werden.“ Später hat man drei weitere große Planeten entdeckt: Uranus, Neptun und Pluto. Uranus ist der Gott des Himmels und der Gatte der Erde. Seine Entdeckung (vom englischen Astronom Sir *William Herschel* 1781) war ein besonderes Ereignis und wurde als der Beginn einer neuen Epoche der Wissenschaften gefeiert, da er der erste Planet war, der nach Jahrtausenden zu den bisher bekannten hinzukam. Er ist Vater des Saturn, Großvater Jupiters und Urgroßvater von Merkur, Venus, Mars und der Sonne. Neptun und Pluto waren in der griechischen Mythologie Jupiters Brüder und Mitregenten. Pluto (entdeckt 1930 von dem US-amerikanischen Amateur-Astronom *Clyde Tombaugh*) ist der kleinste Planet unseres Sonnensystems. Er baut wie ein Komet eine Atmosphäre auf, die sich dann wieder verliert. 1998 haben französische Astronomen zwei neue Planeten entdeckt. Sie befinden sich 15 und 60 Lichtjahre von unserer Sonne entfernt. Einer der Planeten ist dreimal so groß wie der Jupiter und der zweite eineinhalb mal so groß. Amerikanische Astronomen berichten 1998, daß unser Sonnensystem möglicherweise eine „kleine Schwester“ hat. Der helle Stern Epsilon Eridani (Sternbild Orion) sei von einem Staubring umgeben, aus dem sich neue Planeten um diese Sonne zusammenklumpen könnten.

212. Den *Pythagoräern* war bekannt, daß die Bewegung der Gestirne unregelmäßig erfolgt. Sie erklärten jedoch dies für Schein. Man sollte Methoden entwickeln, die Unregelmäßigkeiten durch Kombination von gleichmäßigen Kreisbewegungen zu deuten (die spätere Epizykelhypothese).

213. Eine erste Erklärung für die Milchstraße soll *Anaxagoras* gegeben haben (s. *Anaxagoras*). *Galilei* konnte mit Hilfe seines Fernrohres nachweisen, daß die Milchstraße aus zahllosen Sternen besteht. Nach einem kosmologischen Modell des *Friedrich Wilhelm Herschel* (1785) ist unsere Sonne in der Nähe des Kerns der Milchstraße lokalisiert. *Harlow Shapley* konnte 1922 feststellen, daß unsere Sonne sich im äußeren Drittel unserer Galaxie befindet. 1952 machte *Walter Baade* die Entdeckung, daß unsere Milchstraße eine Spiralgalaxis ist und sich in Größe und Aufbau nicht vom Andromeda-Nebel - unserer nächsten Nachbargalaxie - unterscheidet.

214. Die mathematische Astronomie war im 3. Jahrhundert n. u. Ztr. soweit, daß sie schon damals den nächsten Schritt hätte tun können. Er unterblieb jedoch, und erst im 16. Jahrhundert haben Astronomen wie *Kopernikus* und *Kepler* ihn vollzogen.

215. Besonders die Stoa hat durch ihren großen Einfluß versucht, die heliozentrische Hypothese zu Fall zu bringen. Diese hätte die stoische Religion und auch die Fundamente der Astrologie umgestürzt.

216. ca. 190 bis ca. 125 v. u. Ztr., griechischer Astronom, der bedeutendste Himmelsbeobachter mit bloßem Auge.

217. Papst *Johannes Paul II.* erklärte, daß die Verdammung *Galileis* das Ergebnis „eines tragischen wechselseitigen Unverständnisses zwischen dem Pisaner Wissenschaftler und den Richtern der Inquisition“ gewesen sei. Er hatte 1979 eine Kommission zur Untersuchung des Prozesses von *Galilei* eingesetzt. Später, am 9.5.1983, sagt er vor Gelehrten, daß die Kirche sich in der Verurteilung *Galileis* geirrt habe.

218. Der Wissenschaftler *Thomas Michael Schmidt* hat (1996) eine Analyse der Zeitstrukturen unseres Planetensystems durchgeführt und festgestellt, daß die Bewegungen der Planeten höchst einfach und systematisch aufeinander abgestimmt sind. Die Umlaufszeiten benachbarter Planeten sind zu Gruppen zusammengefaßt. Die Summe einer Gruppe von Umlaufszeiten entspricht einem weiteren Umlauf. Er stellte fest, daß alle Verhältnisse benachbarter Planeten in Beziehungen zueinander stehen. Ein drittes Ergebnis seiner Untersuchungen zeigt, daß die Umlaufszeiten sich in bestimmten Gruppierungen verhalten wie ganze Zahlen. Man erkennt hierbei eine Rückbesinnung auf *Pythagoräische* Denktraditionen.

219. *Johannes Kepler*, 1571 bis 1630, Mathematiker, Optiker und Astronom, lebte in Prag.

220. 1854 bis 1912, französischer Mathematiker, Physiker und Philosoph.

221. Deutlichkeit, einleuchtende Erkenntnis.

222. 1857 bis 1894, deutscher Physiker.

223. Die *Einsteinsche* allgemeine Relativitätstheorie ist eine Gravitationstheorie. Sie weicht im wesentlichen von der *Newtonschen* ab. Newtons Massenanziehung, die als Kraft über kosmische Räume wirken soll (Fernwirkung), ist als unbefriedigende Hypothese von *Einstein* geändert worden. Die allgemeine Relativitätstheorie geht von einer Krümmung von Raum und Zeit, bedingt durch die Existenz schwerer Massen, aus. Nach dieser Vorstellung gibt es keine fernwirkende Kraft, sondern Krümmungen der Raumzeit.

224. 1901 bis 1975, deutscher Physiker und Nobelpreisträger

225. *Herophilus* und *Erasistratus* haben das erste Mal Sektionen am Leichnam vorgenommen. Wahrscheinlich hat sie die Einbalsamierung der ägyptischen Mumien dazu angeregt.

226. Untersuchung der Struktur lebender Organismen.

227. Untersuchung der Organismen vor der Geburt.

228. Nur wenige Jahrzehnte nach der großen Pest in Athen gedieh der Tempel des Asklepius (durch seine Heilige Schlange – das Sinnbild der Selbstverjüngung - repräsentiert) in Epidauros zu einem Wallfahrtsort, der mit dem heutigen Lourdes konkurrieren konnte. Im Theater der sizilianischen Stadt Syrakus wurde das bärtige Haupt einer Plastik Asklepius ausgegraben.

229. Der Ärzte-Eid hat folgenden Wortlaut: Ich schwöre bei dem Heilgott Apollo und bei Asklepios, bei Hygieia und Panakeia sowie bei allen Göttern und Göttinnen, und ich rufe sie als Zeugen dafür an, daß ich, soweit es in meiner Macht und in meinem Verständnis liegt, folgenden Schwur und folgende Verpflichtung erfüllen werde:
1. Ich werde meinen Lehrer in dieser Kunst so hoch wie meine Eltern achten, er soll teilhaben an meinem Hab und Gut, und im Fall der Not werde ich ihm geben, was er bedarf. Seine Söhne werde ich als meine Brüder betrachten und sie in der Heilkunst

unterrichten, wenn sie sie lernen wollen, ohne Entgelt und ohne Vertrag. 2. Ich werde die Lehre, sowohl die mündliche Unterweisung wie alles, was zu diesem Fach gehört, an meine Söhne und an die Söhne meines Lehrers, ferner an die Schüler weitergeben, die auf das ärztliche Gesetz schriftlich verpflichtet und vereidigt sind, an sonst aber niemand. 3. Meine ärztlichen Verordnungen werde ich zum Nutzen der Kranken geben, soweit ich es vermag und verstehe. Was Verderben und Schaden bringt, will ich von ihnen fernhalten. 4. An niemand werde ich ein tödlich wirkendes Gift abgeben, auch dann nicht, wenn man mich darum bittet, ich werde auch keinen solch verwerflichen Rat erteilen, ebensowenig werde ich einem Weib ein Mittel zur Vernichtung des keimenden Lebens geben. 5. Lauter und gottgefällig will ich mein Leben und meine Kunst bewahren. 6. Ich werde niemals an Steinleidenden den Steinschnitt selbst vornehmen, sondern solches Tun Leuten überlassen, die besondere Übung darin haben. 7. In alle Häuser, in wie viele ich auch kommen mag, werde ich zum Heil der Kranken eintreten und mich jeden vorsätzlichen Vergehens und jeder schädlichen Handlung enthalten, insbesondere geschlechtlicher Handlungen, sowohl gegenüber dem weiblichen wie dem männlichen Geschlecht, den Freien gegenüber wie den Sklaven. 8. Über alles, was nicht außerhalb weitererzählt werden soll, mag ich während der Behandlung sehen oder hören, oder mag ich außerhalb meines Wirkens etwas im gewöhnlichen Leben erfahren, werde ich Stillschweigen bewahren und derartiges als Geheimnis ansehen. 9. Wenn ich diesen Schwur halte und nicht breche, so möge ich den verdienten Lohn für mein Leben und Wirkung ernten und ich möge geachtet sein unter meinen Mitmenschen für alle Zeit. 10. Übertrete ich aber diesen Schwur und werde ich meineidig, so soll das Gegenteil davon mir widerfahren.
Schon der in der babylonischen Geschichte auf das Jahr 1920 v. u. Ztr. zurückgehende »Code von Hammurabi« enthielt bis ins einzelne gehende Richtlinien für den medizinischen Berufsstand. Es hat zu der Zeit Ärzte gegeben, deren Kenntnisse auf der generationslangen Sammlung praktischer Erfahrung beruhten. Sie waren zugleich nützlich und hilfreich.

230. Unter Epilepsie versteht man eine Störung der Gehirnfunktion, bei welcher die normale Kontrolle des Gehirns über den Körper versagt. Um 400 v. u. Ztr. hat *Hippokrates* dazu ein Buch mit dem Titel: „Über die heilige Krankheit" geschrieben.

231. Auf der Höhe ihres Schaffens 300 und respektive 250 v. u. Ztr.

232. *Kant* vertrat dazu die Meinung: „Ich behaupte, daß in jeder besonderen Naturlehre nur soviel eigentliche Wissenschaft angetroffen werden könne, als darin Mathematik anzutreffen ist."

233. Verweltlichung durch Loslösung aus der Bindung an die Religion.

234. *Karl Popper* bezeichnet *Platon* als den größten Philosophen aller Zeiten. *Axel Eggebrecht* (s. Anmerkung 194) schreibt: „Freilich stellte ihn (gemeint ist *Aristoteles*) das Mittelalter zu Unrecht über *Platon*. Zu diesem tiefen und durchaus schöpferischen Geist verhält sich der fleißige Systemboßler *Aristoteles* etwa zu einem Dichter ein bemühter Kommentator; oder auch nur ein Konversationslexikon. *Aristoteles* trug emsig alles erreichbare Wissen zusammen. Er organisierte ein Dutzend Wissenschaften; und leider auch die Künste, denen er starre Regeln vorschreibt. Darin aber kündigt sich stets das kommende Ende schöpferischer Zeiten an."

235. *Sokrates* sagt: „Ich bin die Stechfliege, die Gott in die Stadt gesetzt hat und den ganzen Tag lang und an allen Stellen hefte ich mich an euch und wecke euch auf; überrede euch und mache euch Vorwürfe. Ihr werdet nicht so bald einen anderen finden, wie mich, und daher rate ich euch, mich zu schonen... Wenn ihr nach mir schlagt, ...und mich vorschnell tötet, dann werdet ihr für den Rest eures Lebens schlafen, außer wenn Gott in seiner Weisheit euch eine andere Stechfliege schickt." *Sokrates* meinte von sich, daß das Orakel von Delphi ihn nur deshalb zum weisesten Mann erklärt hat, weil er der einzige sei, der wisse, daß er nichts wisse.

236. Umstürzlerisch, zerstörend

237. Es handelt sich hier um eine uralte Legendenbildung: Die 5. Dynastie der Pharaonen entstand dadurch, daß die Frau eines hohen Priesters von dem Sonnengott Rê schwanger wurde, der griechische Gott Zeus-Ammon habe sich Olympia genähert und ihren Sohn *Alexander den Großen* gezeugt, *Caesar* behauptete, die römische Göttin Venus Genetrix sei die Stammutter des julischen Hauses, *Maria von Bethlehem* habe den christlichen Messias von einem Erzengel empfangen und nach 23 Jahren Kinderlosigkeit zwischen dem französischen Kaiser *Ludwig XIII.* und *Anna von Österreich* wurde der »Sonnenerbe« *Ludwig XIV.* mit dem Beinamen »Dieudonné« (der von Gott Gegebene) geboren.

238. Die heutige Bedeutung der Akademie als Forschungs- und Lehreinrichtung bekam sie durch den Florentiner *Cosimo de Medici*, als er 1470, nach tausend Jahren, eine *Platonische* Akademie wiedererstehen ließ.

239. *Platon* hat als erster einen Lehrstuhl für Philosophie an einer Universität errichtet.

240. Vom griechischen Wort eidos (Bild) kommt das Wort Idee. Siehe auch Anmerkung 28.

241. Professor für Philosophie und Wissenschaftstheorie an der Universität Augsburg 1996.

242. Philosophische Lehre, die eine von der Erfahrung unabhängige Erkenntnis annimmt. Die Europäische Enzyklopädie (1990) definiert Erfahrung: „Prozeß der Gewinnung von Erkenntnissen oder das Resultat eines solchen Prozesses bei konkreten Individuen, wobei die Spezifikation dieser Erkenntnisgewinnung darin besteht, daß die Erkenntnis durch die Subjekte in ihrer eigenen materiellen oder ideellen Tätigkeit selbst gewonnen wurde und unmittelbar einzelne durch die Subjekte erlebte Ereignisse betrifft." Von dem englischen Schriftsteller *Oscar Wilde* ist das Bonmot bekannt: „Erfahrung ist der Name, den die Leute ihren Fehlern geben!"

243. *Popper* schreibt dazu: „...wir müssen uns... darüber klar werden, daß alle Denker, die, ...durch die hochtrabenden Worte *Platons* getäuscht, seinen Ruf als Sittenlehrer in den Himmel heben und seine Ethik als die nächste Annäherung an das Christentum anführen, die vor Christus erreicht worden sei, daß sie alle den totalitären Ideen und insbesondere einer totalitären antichristlichen Interpretation des Christentums den Weg bereiten. Und das ist gefährlich, denn es gab Zeiten, in denen das Christentum von totalitären Ideen beherrscht war. Es gab eine Inquisition; und sie kann in einer anderen Form wiederkommen." *Jakob Burckhardt* schreibt von der „politischen Utopie *Platos*".

244. *Popper* schreibt: „In *Platons* Staat hätte *Sokrates* nie die Gelegenheit gehabt, sich öffentlich zu verteidigen: man hätte ihn der geheimen nächtlichen Fehme zur »Behand-

lung« und schließlich zur Bestrafung seiner kranken Seele übergeben." *Popper* hat *Platon* als den Urheber vieler Fehlentwicklungen des europäischen Staatsdenkens und damit unserer Geschichte angesehen. Er sah in ihm den Ahnherrn des totalitären Staates.

245. Häufig dienten komplizierte mechanische Erfindungen der Technik kultischen Zwekken oder als Spielerei der Herrschenden. Technik förderte auf diese Weise die Machtentfaltung und Machterhaltung. Technik war etwas für Eingeweihte. Kriegstechnisches Wissen war an Macht gebunden und brachte dem Erfinder im Dienst weltlicher und geistlicher Auftraggeber Privilegien. (S. *Archimedes*!) *Platon* meint: „Aber du verachtest ihn (gemeint ist der Techniker: Autor) und seine Kunst nichtsdestoweniger und würdest ihn fast zum Spott »Maschinenbauer« nennen, und seinem Sohn würdest du deine Tochter nicht geben, noch die seinige für deinen Sohn freien wollen." Zwischen naturphilosophischem und technischem Denken bestand in der Antike ein unversöhnlicher Gegensatz.

246. Siehe Anmerkung 24.

247. Geboren 1934, Genetikprofessor an der Londoner Universität, Prediger an der Anglikanischen Kirche.

248. Der Kern oder der wesentliche Teil von etwas.

249. Schöpfer der Welt.

250. offensichtlich von *Anaximander* übernommen.

251. Wir sehen hier die spätere *Aristotelische* Teleologie durchschimmern!

252. Geboren 1903; wichtige Publikation: »Die *Pythagoräer*« 1979. Professor für Mathematik, Astronomie und Physik an verschiedenen Universitäten z. B. Amsterdam und Zürich.

253. *A. G. M. van Melsen* wurde 1912 in den Niederlanden geboren und war in den 50er Jahren des 20. Jahrhunderts Professor für Geschichte der Naturwissenschaften an den Universitäten Nijmwegen (Niederlande), Groningen (Niederlande) und Pittsburgh (USA).

254. Sehr genau ist der Unterschied zwischen *Platon* und *Aristoteles* durch den bildenden Künstler *Raphael* in seinem Bild die „Schule von Athen" dargestellt. Hier ist *Aristoteles* der Erde, als sein Forschergebiet, und *Platon* dem Himmel, als dem Reich seiner Ideen, zugewandt. *Oswald Spengler* schreibt in seinem Buch „Untergang des Abendlandes": „*Platon* und *Goethe* repräsentieren die Philosophie des Werdens, *Aristoteles* und *Kant* die des Gewordenen."

255. 1200 bis 1280 u. Ztr. Er schrieb: „ Nicht die Theorie, sondern die Erfahrung aus wiederholter Beobachtung sei die beste Lehrmeisterin in der Naturkunde." *Albertus Magnus* vertrat die Ansicht, daß philosophische Fragen nur philosophisch, christliche nur theologisch diskutiert werden dürften, weil Offenbarungen nicht vom Verstande erfaßbar sein.

256. 1225 bis 1274 u. Ztr., berühmtester Dominikaner.

257. Geboren 1940, katholischer Theologe, Entzug der Lehrerlaubnis, Psychotherapeut.

258. überlieferten

259. Geboren 1927, em. Professorin für Religionsgeschichte an der Universität und Gesamthochschule Essen.

260. Unter einem Tyrannen versteht man einen König, der mit Gewalt und ohne Rücksicht auf Gerechtigkeit und Gesetz regiert. So faßten die Griechen das Wort Tyrann auf. Jedoch unterscheidet *Aristoteles* den Tyrannen vom König, insofern jener zu seinem eigenen Vorteil und dieser nur zum Wohle seiner Untertanen regiert. Aus dieser Unterscheidung folgt, daß es seit Anfang der Welt bisher noch keinen einzigen König gegeben hat.

261. Später der berühmte Heerführer *Alexander der Große*. Nach der Legende hat Gott Ammon die makedonische Königin besucht. Neun Monate später bringt sie *Alexander* zur Welt. Es bestätigte sich hier das Orakel des Ammon, *Alexander* ist Sohn Gottes. *Plutarch* berichtet von einem Wunder *Alexander* des Großen, es gelang ihm, auf dem Wasser eine Meerenge zu überqueren.

262. Die Medien meldeten im Januar 1997, daß in Athen der Ort des Lykeion gefunden sei!

263. *Aristoteles* verbrachte drei Jahre seines Lebens auf der Insel Lesbos, wo er sich ausschließlich mit der Meeresbiologie beschäftigte.

264. Erforschung des Tierreiches

265. Griechischer Philosoph um 336 bis um 264 v. u. Ztr., Gründer der »Stoa«, einer ethisch orientierten Lehre - Logik, Ethik und Physik -, sucht mit Hilfe berühmter Paradoxien zu beweisen, daß der Raum und die Bewegung durchaus kein Gegenstand wissenschaftlicher Erkenntnis sein könnten. *Zenon* war der Meinung, daß der menschliche Intellekt nicht nur mit Gott verwandt war, sondern er war Gott, ein Teil der göttlichen Substanz in ihrem reinen oder aktiven Zustand. Er empfahl eine bewußte Abwendung vom Irdischen, Verzicht auf die Freuden des Daseins, Entsagung, Selbstbescheidung und Hingabe an die höheren Mächte. Die Philosophie ist nach *Zenon* ein Obstgarten, indem die Logik die Ummauerung, die Physik die Bäume und die Früchte dieser die Ethik darstellen. Nach *Diogenes Laertius* teilten die Stoiker die Physik ein „in die Lehre von den Körpern, von den Urgründen, von den Elementen, von den Göttern, von den Grenzen, vom Raum, vom Leeren". Die Stoiker lehrten die Einheit von Welt und Gottheit. In den folgenden Jahrhunderten hat diese Lehre vielerlei Einfluß geübt; auch auf das junge Christentum, dessen Grundgedanken mehrfache Ähnlichkeit mit dem Stoizismus zeigen. Sie ist die Lehre, die am wenigsten der griechischen Mentalität entspricht, denn der griechischen Auffassung fehlte der Sinn für die Sünde und daher kannte sie auch kein Erlösungsproblem. Die Lehre des Stoizismus dagegen bereitete den Übergang zum Mittelalter vor. Die Philosophie erhielt eine religiöse Aufgabe und „so wird die Philosophie zur Magd der Theologie", wie *Bertrand Russel* meint. Die weltliche Bildung an den Schulen und Universitäten wurde nun von Klerikern vermittelt. Es sollen Vernunft im Sinne der hellenischen und römischen Tradition – besonders im Sinne von *Aristoteles* – und Glaube im Sinne der christlichen Lehre miteinander versöhnt werden. Das Denken soll in einer ganz bestimmten Weise geschult und damit zugleich an das Dogma gebunden werden. Es ist dies die scholastische Methode. Die Einheit von Philosophie und Theologie bestand so lange, wie die Vernunft den Glauben stützen konnte. Im 14. Jahrhundert begannen die ersten Schritte zur Trennung von Vernunft und Glaube und damit zum Abbau der mittelalterlichen Auffassung. Der heutige Mensch trennt

rationale und theologische Tätigkeiten voneinander. Eine Religion kann sich nur auf diese Weise vor den Angriffen des Zweifels retten. Anknüpfend an *Heraklit* wurden die Stoiker die Begründer des Pantheismus (das Göttliche ist mit dem lebendigen Weltganzen identisch). Die »Stoa« war eigentlich eine Wandel- und Handelshalle und wurde später zum Treffpunkt und Diskutierklub. Die »Stoa poikile« (bunte Halle) war es, in der *Zenon* lehrte. Die Schüler *Zenons* nannten sich daher nach dem Namen der Halle. Die Stoa lehrte den Zusammenhang von allem mit allem. Dieser wird durch das alle Körper durchdringende Pneuma bewirkt. Es hat eine Art Spannung, die die physikalischen Eigenschaften bestimmen. Treten an einer Stelle Änderungen dieser Spannung auf, so breiten diese sich aus. Eine solche Fernwirkung könnte als eine Vorform der heutigen Feldtheorie der physikalischen Kräfte angesehen werden. Weiterhin lehrte die Stoa, daß die Schallausbreitung ähnlich einer Wasserwelle erfolgt. Eine Folge der Einwirkung des Mondes sind die Gezeiten der Meere, die schon von *Herodot von Halikarnass* (s. Anmerkung 171) beschrieben wurden. Ursachlose Ereignisse lehnt die Stoa ab. Der Zufall hat Ursachen, die uns verborgen sind. Die Ansichten der Stoa haben jedoch zu keinen konkreten physikalischen Theorien geführt, sie lehrte nur allgemeine Gedanken über physikalische Wirkungszusammenhänge.

266. Die Akademie wurde 529 u. Ztr. vom Kaiser *Justinian* I. geschlossen. Heute gibt es eine *Aristoteles*-Universität in der griechischen Stadt Thessaloniki.

267. Diese Zielstrebigkeit *Aristoteles* hat die christliche Kirche im Mittelalter übernommen. Sie sieht jedoch die einheitliche Zielsetzung der Welt im Aufstieg der menschlichen Seele in ein transzendentes Jenseits.

268. Die moderne Quantenmechanik erfordert durch die *Heisenbergsche* Ungenauigkeitsrelation ein statistisches Kausalitätsprinzip. Der bedeutende deutsche Physiker *Max Planck* schreibt: „In dem Weltbilde der Quantenphysik herrscht der Determinismus ebenso streng wie in der klassischen Physik, nur sind die benutzten Symbole andere, und es wird mit anderen Rechenvorschriften operiert." Aus heutiger Sicht genügt es nicht zu sagen: „Zu jeder Wirkung gehört eine Ursache." Das Kausalitätsprinzip besagt, daß die Natur eine Beschaffenheit hat, die es ermöglicht, vom gegenwärtigen Zustand eines Systems auf die zukünftigen Zustände zu schließen. Die moderne Physik versteht dabei den Begriff »Zustand« anders als die klassische Physik. In der heutigen naturwissenschaftlichen Literatur (besonders bei einigen Physikern aus dem englischsprachigen Raum) findet man den »Irrtum«, daß die moderne Physik von der Kausalität abgerückt sei. Jede Physik muß von dem Grundsatz ausgehen, von der Gegenwart auf die Zukunft zu schließen. Gibt man diesen jedoch auf, so vertritt man die Auffassung, daß sich das Naturgeschehen völlig gesetzlos abspielt. Damit verliert jede Physik ihren Inhalt. Ein Beispiel für die Ungenauigkeitsrelation stellt die quantenmechanische Unschärfe im makroskopischen Bereich beim Billardspiel dar. Nur acht Stöße sind nach der klassischen Physik berechenbar. Anschließend verstärkt sich die Quantenunschärfe so weit, daß jede weitere Vorhersage über das Schicksal der Billardkugel unmöglich wird. In der modernen physikalischen Chaosforschung unterscheidet man die sogenannte starke Kausalität (ähnliche Ursachen besitzen ähnliche Wirkungen) und die schwache Kausalität (ein System entwickelt sich aus identischen Anfangsbedingungen immer in identische Zukunftszustände). *Sandvoss* schreibt: „...das Zeitalter der unumschränkten Herrschaft des Determinismus, der Kausalität... ist offensichtlich vorbei."

269. 1561 bis 1626, englischer Philosoph und Staatsmann. Er besinnt sich wieder auf *Platon*. *Francis Bacon* erscheint als Vorläufer der exakten Naturwissenschaften. Schrieb als erster das Wort „Wissen ist Macht“ und „Wer Neues nicht zuläßt, muß nur Übel erwarten, denn die Zeit ist der größte Erneuerer“. Die Gesellschaft kann die Gesetze der Natur in ihren Dienst nehmen, wenn sie die Praxis mit der Wissenschaft vereint betreibt, vertrat *Bacon*. Er meint damit, Technik und Philosophie sollten an einem Strang ziehen. Aufgabe der Wissenschaftler wäre es, die Natur zu beobachten, Schlüsse daraus ziehen und Experimente durchzuführen, um diese zu überprüfen.

270. Lehre, die als einzige Erkenntnisquelle die Sinneserfahrung, die Beobachtung, das Experiment gelten läßt.

271. Deutscher Sozialphilosoph (1898 bis 1979), Mitglied der »Frankfurter Schule«, zu der auch *Max Horkheimer*, *Theodor W. Adorno*, *Erich Fromm* u. a. gehörten.

272. Verfälschung durch die *Aristotelische* Physik.

273. Auch heute noch gilt das Kausalitätsprinzip bei allen biologischen Untersuchungen als eine selbstverständliche Voraussetzung.

274. *Carl, Friedrich*, geboren 1912, deutscher Physiker und Philosoph - gilt als *Platoniker* -. Er sagt: „...habe ich erfahren, daß ich nicht imstande war, die Quantentheorie zu verstehen, und bis heute kann ich die Quantentheorie nicht verstehen, wenn ich Plato nicht verstanden habe.“

275. Die in dem Werk beschriebenen 36 mechanischen Probleme dienten später einer kritischen Auseinandersetzung mit der *Aristotelischen* Physik. Die *Aristotelische* Hypothese der Bewegung durch einen äußeren Beweger stand einer physikalischen Behandlung technischer Vorgänge entgegen. Es entstand eine Mechanik, die natürliche und technische Prozesse nicht mehr gegenseitig ausschloß. Das Werk hat für die neuzeitliche Entwicklung der Technik mehr Anregungen gegeben, als heute allgemein angenommen wird.

276. Weitere Erläuterungen zur Aristotelischen Lehre der Bewegung findet man bei *Friedrich Hund*, geboren 1896, deutscher theoretischer Physiker und Professor in Rostock, Leipzig, Jena, Frankfurt/M, Göttingen und Berlin.

277. *Einstein* meint, es liegt ein tiefer physikalischer Sinn darin, daß alle Körper unabhängig von ihrer Masse und ihrer physikalischen und chemischen Beschaffenheit mit gleicher Beschleunigung fallen. Daraus formte er sein Äquivalenzprinzip, welches die lokale Gleichwertigkeit von Schwerebeschleunigung und angetriebener Beschleunigung ausdrückt.

278. ca. 408 bis ca. 355 v. u. Ztr., griechischer Mathematiker und Astronom.

279. Trotz der ihm bekannten Vorstellung stofflicher Einheit des Universums vollzogen durch *Leukipp*, *Demokrit* und *Epikur*.

280. Spätgriechischer Theologe, Physiker und *Aristoteles*kommentator.

281. Die Kugelgestalt der Erde ging im Wissen der Menschen mit der römischen Antike und dem Untergang des römischen Reiches verloren und wurde, wie schon bei Demokrit, durch die Scheibengestalt ersetzt. Erst nachdem Thomas von Aquin die Schriften Aristoteles für die damalige christliche Gesellschaft aufbereitete, wurde die Scheiben- wieder durch die Kugelgestalt in der Vorstellung der Menschen ersetzt.

282. *Ernst Cassirer*, Philosoph und Sprachtheoretiker: 1874 bis 1945

283. *Lotfi Asker Zadeh* wurde 1921 geboren; sowjetisch-US-amerikanischer Naturwissenschaftler, war 1959 Professor für Elektrotechnik an der Berkeley Universität in Kalifornien. Dort entwickelte er die Fuzzy Logic, die 1964 veröffentlicht wurde.

284. Die zweiwertige Logik hat *Aristoteles* aus der Mathematik der *Pythagoräer* entwikkelt. Sie galt bis heute. Allmählich wird sie abgelöst durch die von *Lotfi Zadeh* entwickelte mehrwertige Logik. Sie enthält zwischen den beiden Werten wahr und falsch Zwischenwerte; d. h., zwischen 0 und 1 liegen Werte wie 0,9; 0,8; 0,7; usw. Dies stellt Abstufungen der Aussagen wahr und falsch dar, die realistischen Problemen besser angepaßt sind. Eine Aussage ist daher nicht wahr (Wahrheitswert 1), sondern nur 0,9 wahr. Die scharfe Abgrenzung in wahr (1) und falsch (0) wird abgelöst durch sogenannte »unscharfe« Aussagen. Man nennt diese Logik daher auch Fuzzy (unscharfe) Logic, besser Logik der Unschärfe. Die Vorstellungen der Unschärfe gehen bereits auf die Paradoxe der antiken Griechen und der Ideenlehre *Platons* zurück. Dieser entdeckte überall Abstufungen der Wahrheit. Kein Ding, so erkannte er, ist vollkommen; beispielsweise verkörpert jeder Stuhl nur bis zu einem gewissen Grad das Idealbild des Stuhles schlechthin. Ebenso verhält es sich mit allen Phänomenen in der physischen Welt. Das Problem der Unschärfe in der Welt löste *Platon* durch seine Ideenlehre. Die Ablösung der *Aristotelischen* zweiwertigen Logik durch die mehrwertige Logik wird deutlich, wenn der US-amerikanische Mathematiker *Bart Kosko* schreibt: „Es ist die Wissenschaft, die die Gesellschaft in Bewegung hält. Die Sprache der Wissenschaft aber ist die Mathematik, die Struktur der Mathematik ist die Logik, und das Grundgestein, auf dem die Logik ruht, ist *Aristoteles* - und das ist es, was mit Fuzzy Logic nicht zusammengeht." Die Fuzzy Logic hat bereits zahlreiche Anwendungen in der Technik gefunden. Der Grundbaustein der zweiwertigen Logik ist ein Halbleiterbaustein mit den beiden Möglichkeiten, es fließt ein elektrischer Strom (1) oder nicht (0). Ein unscharfer Chip wirkt wie ein Sieb. Er läßt verschiedene Stromstärken durch. Durch Änderung der »Öffnungsweiten« kann man unscharfe logische Operationen durchführen. Auch solche Chips arbeiten heute immer noch mit der binären digitalen Datenverarbeitung. Die berühmteste Anwendung ist das U-Bahnsystem (eingeweiht 1987) der japanischen Stadt Sendai. Die Bahn hält punktgenau an, mit einem Spielraum von 7 cm und hält damit dreimal genauer als ein menschlicher Zugführer. Sie braucht 10 % weniger Energie und gestattet die sanfteste Fahrweise von allen U-Bahnen der Welt.

285. Geboren 1929, Direktor des Max-Planck-Instituts für Entwicklungsbiologie, em. Professor für Biophysik an der Universität Tübingen.

286. Griechisch ta biblia = die Bücher

287. Lebte 322 bis 285 v. u. Ztr., *Euklid* wurde geboren, als *Aristoteles* starb.

288. Berühmtester griechischer Mathematiker des 5. Jahrhunderts v. u. Ztr. Faßte in einem Lehrbuch die ihm bekannten geometrischen Erkenntnisse zusammen. Er führte die Bezeichnungsweise von geometrischen Figuren mit Buchstaben ein und verwendete den Begriff der Ähnlichkeit.

289. Um 430 bis um 345 v. u. Ztr.; griechischer Mathematiker und Philosoph, lebte in Tarent.

290. Hellenistischer Mathematiker und Astronom; um 262 bis um 180 v. u. Ztr. Er führte die heute üblichen Bezeichnungen für die Kegelschnitte Ellipse, Hyperbel und Parabel ein.

291. Erst der arabische Naturwissenschaftler *Ibn-al-Haitham* hat im Jahre 1030 u. Ztr. in seiner Abhandlung „Opticae thesaurus„ über das Licht folgendes geschrieben: „Lichtstrahlen, die sich in durchsichtigen Körpern ausbreiten, tun dies in einer sehr schnellen Bewegung, die wegen dieser Schnelligkeit nicht wahrnehmbar ist. Trotzdem ist ihre Bewegung in dünnen Körpern, d.h. solchen, die durchsichtig sind, schneller als ihre Bewegung in dichten Körpern. In der Tat setzt jeder durchsichtige Körper dem Licht, wenn es ihn durchquert, einen kleinen Widerstand entgegen, der von seiner Beschaffenheit abhängt.„ Diese Darstellung könnte auch in heutigen Physikbüchern stehen! Sehr eingehend hat sich später, 1637, der große Naturforscher, Naturphilosoph und Mathematiker *René Descartes* in seiner Schrift »Dioptique« mit der Funktion des Auges beschäftigt.

292. Ca. 285 bis 210 v. u. Ztr., hervorragender Gelehrter und Leiter der alexandrinischen Bibliothek. Er besaß eine umfassende Gelehrsamkeit (Polyhistor) in: Geografie, Arithmetik, Astronomie, Philosophie (war der erste, der sich selbst als »Philologe« bezeichnete), Philosophie, Poesie, Theaterwissenschaft (speziell Komödie), Schauspiel- und Dichtkunst. Er huldigte der stoischen Weltanschauung.

293. Bereits von dem *Pythagoräer Ekphantos* und dem Astronomen *Herakleides* und viel früher von den Chaldäern gefunden.

294. Geboren 1890, betrieb geschichtsphilosophische Studien und beschäftigte sich mit dem Problem der Genies.

295. Babylonischer Astronom, der im 2. Jahrhundert v. u. Ztr. lebte.

296. Dänischer Astronom 1546 bis 1601.

297. Der polare Umfang der Erde beträgt nach heutiger Messung 40 008 km und der Äquatorialumfang 40 075 km.

298. Ein späteres, schlechteres Meßergebnis, ein zu kleiner Erdumfang, durch *Ptolemaios* (siehe *Ptolemaios*!) überliefert, kam *Kolumbus* zur Kenntnis. Der Seefahrer glaubt aufgrund dieser Angabe, schon in Indien oder China zu sein. Es fehlen ihm jedoch noch etliche tausend Kilometer. Vielleicht hätte er diese Reise nicht gemacht, wenn er dies gewußt hätte?

299. *Gaius Julius Caesar*, römischer Feldherr und Staatsmann, lebte 100 bis 44 v. u. Ztr.

300. Als einen der besten Kalender, der jemals existierte, bezeichnet man den ägyptischen Kalender. Er wurde in der ägyptischen Hochkultur vor der griechischen Antike entwickelt. Das Jahr dauert 365 Tage mit zwölf Monaten zu je 30 Tagen und fünf Zusatztagen. Er unterscheidet sich von unserem Kalender dadurch, daß es weder Monate von ungleicher Länge, noch Wochen, die über Monate und Jahre hinüber greifen, gibt. Die Einteilung des Tages in 24 h haben wir von den Ägyptern übernommen. Jedoch waren die Stunden in Ägypten nicht gleich lang. Sie veränderten ihre Länge je nach der Jahreszeit. Im Sommer waren die Tag- und im Winter die Nachtstunden länger (eine andere Lösung, als unsere Sommerzeit!). *Kopernikus* benutzte diesen Kalender für seine Berechnungen.

301. Winkelabstand eines Gestirns vom Himmelsäquator (analog der geografischen Breite). Die Deklination wird vom Himmelsäquator zum Nordpol von 0 bis $+90^0$, vom Himmelsäquator zum Südpol von 0 bis -90^0 gezählt.

302. US-amerikanischer Physiker des 20. Jahrhunderts, Professor an der Universität Colorado.

303. Siehe auch Anmerkung 80. *Anaximander* und der Pythagoräer *Philolaos* aus Kroton sollen die Ekliptik vorhergesagt haben.

304. 1888 bis 1939, war Mitarbeiter im Österreichischen Bundesamt für Statistik; schrieb Bücher über Mathematik und Sachromane.

305. Die Behauptung, daß *Archimedes* die römische Belagerungsflotte vor Syrakus mit Brennspiegeln in Brand gesetzt hätte, ist eine Legende und war physikalisch-technisch damals nicht durchführbar.

306. Lebte 106 bis 43 v. u. Ztr., römischer Politiker, Schriftsteller, Anwalt, berühmter Redner und hochgebildeter Zeitkritiker.

307. 1998 ist ein Manuskript aufgetaucht, das die einzige Kopie Archimedes´ „über schwimmende Körper„ enthalten soll (?). Es wird als Palimpsest bezeichnet. Darunter versteht man einen Text, der über einen teilweise ausradierten oder abgekratzten früheren Text geschrieben worden ist. Dieses Archimedes-Palimpsest wurde im 10. Jahrhundert in Konstantinopel von einem Original abgeschrieben. Zwei Jahrhunderte später hat man den Text mit einem religiösen Text überschrieben. Das Manuskript enthält 174 Seiten und ist noch gut lesbar. Nach Einschätzung von Fachleuten soll dieses Palimpsest das wichtigste der griechischen Antike sein.

308. In Bagdad gründeten die Araber eine *Platonische* Akademie, das sogenannte »Haus der Weisheit«, in der die Schriften vieler griechischer Philosophen und Naturphilosophen übersetzt wurden, ebenfalls 800 n. u. Ztr. die Syntax. Vermutlich hat dieses Werk auf griechisch „Megiste techne“ geheißen. Die Araber machten dann daraus „Al midschisti“. Im Mittelalter wurde dies zu „Almagestum“, heute verkürzt zu „Almagest“, deutsch „große Zusammenstellung“.

309. In Thessalien, südlich von Pinda, findet man in der Bibliothek des Klosters der heiligen Dreifaltigkeit alte Kodices (Handschriftensammlungen aus dem Mittelalter) und seltene Bücher, wie die »Weltentstehungslehre« von *Ptolemaios*, *Homer*-Interpretationen, Bücher von *Xenophon* u.a.

310. Erfunden wurde die Astrologie in Babylonien im Zusammenhang mit der babylonischen Astronomie und hat sich dann nach Ägypten ausgebreitet. Später vertraten *Platons* Akademie, *Aristoteles* Lykeios und die Stoa die sogenannte Sternen-Theologie. Sie und das geozentrische Weltbild waren die intellektuelle Basis für die Entwicklung der Astrologie. Vor ihren Gefahren warnte *Epikur*. *Dorothee Kimmich* schreibt: „Die Entmystifizierung und Entmythisierung der Welt gelingt Epikur zum einen, indem er vorführt, daß Götterfurcht überflüssig ist, da die Götter sich ihrem Wesen nach gar nicht um das Weltgeschehen kümmern können, und zum anderen, indem er darlegt, daß alle Phänomene im Himmel, auf der Erde, in der Natur und im Menschen sich nur mit Hilfe der Physik und ohne Religion erklären lassen.“ Im 2. Jahrhundert v. u. Ztr. sollten alle Astrologen aus Rom und sogar aus ganz Italien ausgewiesen werden, was aber ziemlich wirkungslos blieb. Der römische Kaiser *Augustus* ließ sein Horoskop veröffentlichen und Münzen mit seinem Sternbild Steinbock herstellen. Der Höhepunkt der Astrologie war am Ende des Mittelalters erreicht. Papst *Paul III.* ließ sich die günstigste Stunde für jedes Konsistorium astrologisch berechnen. *Leo IX.* gründete sogar an der päpstlichen Universität eine astrologische Professur, nachdem bereits 1125 in Bologna und im 9. Jahrhundert in Byzanz erstmals Lehrstühle für Astrologie eingerichtet worden waren. Papst *Paul Sixtus* hat 1586 u. Ztr. in einer Bulle den astrologischen Aberglauben verurteilt: „Groß ist die

Würde der Seelen. Der Mensch ist nämlich nicht um der Sterne willen geschaffen, sondern die Sterne um der Menschen willen." Heute ist die katholische Kirche eindeutig gegen die Sterndeutung: Die Ausübung der Astrologie verstoße gegen das erste Gebot und müsse als eine Form der Gottlosigkeit verurteilt werden. Der letzte astrologische Lehrstuhl erlosch Anfang des 19. Jahrhunderts in Erlangen. Die Astrologie hatte endgültig ausgespielt und wird seit dieser Zeit wissenschaftlich nicht mehr ernst genommen, obwohl sie heute immer noch in weiten Volksschichten eine Rolle spielt. Neben der Astrologie hatte auch die Wahrsagekunst (Mantik), bei der Weissagung und Erkundung zukünftiger Geschehnisse durch die Auslegung natürlicher oder künstlich herbeigeführter „Zeichen" praktiziert wurden, im hellenistischen Griechenland eine große Bedeutung. Die Mantik wurde sogar als eigenständige Wissenschaft geführt und war Teil der stoischen Gottesbeweise. Heutzutage gehört ebenfalls der Aberglaube über UFOs nach *Erich von Däniken* und seinesgleichen zu den Pseudowissenschaften.

311. Nach neuesten (1996) Statistiken lesen ca. 60% der Bundesbürger regelmäßig die Horoskope. *Goethe* schrieb 1798 in einem Brief an *Schiller*: „Der astrologische Aberglaube ruht auf dem dunkelen Gefühl eines ungeheuren Weltganzen... Diesen und ähnlichen Wahn möchte ich nicht einmal Aberglaube nennen, er liegt unserer Natur so nahe, ist so leidlich und läßlich als irgendein Glaube."

312. Die heutige Naturwissenschaft versucht nach neu gewonnenen experimentellen Erkenntnissen das alte theoretische Modell zu revidieren und gleichzeitig nach neuen Modellen zu suchen, die das physikalische Verhalten besser wiedergeben. *Einstein* definiert: „Eine Theorie ist um so eindrucksvoller, je einfacher ihre Prämissen sind und je differenzierter sie zueinander in Beziehung zu setzen sind und je ausgedehnter der Bereich ihrer Anwendbarkeit ist." Zu damaliger Zeit spielten jedoch irrationale Gesichtspunkte in der astronomischen Forschung eine große Rolle. Der bekannte Mediziner *Rudolf Virchow* erläutert: „Was wir Naturgesetz nennen ist veränderlich, weil ihre Auffindung menschliches Werk, und nur nach dem besten Wissen ihre Anerkennung erfolgt. Neuere Erfahrungen aber sind vollständig geeignet, bestehende Gesetze ganz und gar umzustoßen und jene großen Veränderungen in den Naturwissenschaften herbeizuführen, an denen die neuere Zeit so überaus reich ist." *Kanitscheider* schreibt: „Ein Erkenntnisfortschritt ist also dann zu verzeichnen, wenn eine neue Theorie entsteht, die die alte als Grenzfall enthält, darüber hinaus aber mehr und präzisere Voraussagen und Erklärungen liefert und sagen kann, aus welchen Gründen die alte Theorie unzureichend war. Umgekehrt kann aus demselben Grund keine Theorie ihre eigene Grenze angeben. Daraus folgt für die Wissenschaft insgesamt, daß zu keinem Zeitpunkt ihre Reichweite und Leistungsfähigkeit definitiv bestimmbar sind. Die Grenzen der Naturwissenschaft sind permanent offen." In diesem Zusammenhang sind auch die Vorstellungen von *Thomas Kuhn* bezüglich seines Begriffes »Paradigma« interessant. Siehe auch Anmerkung 25. Einen Gedanken dazu hat der deutsche Physikochemiker *Robert Wilhelm Bunsen* (1811 bis 1899) geäußert. Der Mensch wiederhole mit jedem bedeutenden Schritt, den er auf dem Gebiet der Naturerkenntnis tut, die Tat des unsterblichen Titanen der griechischen Religion, Prometheus, indem er durch die Eroberung eines jeden neuen Bereichs der objektiven Wissenschaften auch das menschliche Selbstbewußtsein auf eine höhere Stufe hebe.

313. Das *Kopernikanische* System benötigte anstelle der 80 des *Ptolemaios* nur 34 Kreise. *Kopernikus* ist, was die Berechnung der Planetenbahnen anbetrifft, eigentlich nicht

der Beginn einer neuen, sondern der Abschluß einer alten Ära. Er blieb bei dem *Aristotelischen* Dogma der gleichförmigen Kreisbewegung. Das entscheidende Neue (eigentlich Rückbesinnung auf die Antike!) ist naturphilosophisch betrachtet die Aufgabe der durch die *Aristotelische* Naturphilosophie und die christliche Kirche dogmatisierte Sonderstellung der Erde. Auf eine Formel gebracht, kann man sagen: *Kopernikus* zeigte, **daß** die Erde sich um die Sonne dreht; *Kepler*, **wie** sich die Erde um die Sonne dreht und *Newton*, **warum** sich die Erde um die Sonne dreht. *Einstein* hat die *Keplerschen* Ellipsenbahnen durch rotierende Ellipsenbahnen »Rosettenbahnen« und die *Newtonschen* (fernwirkenden) Gravitationskräfte durch die Krümmung der Raumzeit ersetzt.

314. *Willebrord van Snel van Royen*, 1591 bis 1626, niederländischer Mathematiker, Physiker und Geograph.

315. *Delambre* schrieb ein Buch: „Histoire de l'astronomie ancienne“ (Paris 1817).

316. Veröffentlichung fremder wissenschaftlicher Arbeiten unter eigenem Namen.

317. Von *R. R. Newton* erschien 1977 ein Buch mit dem Titel: „The Crime of Clausius Ptolemy“.

318. Siehe Anmerkung 252.

319. Winkelabstand eines Planeten von der Sonne. Die größte Elongation ist der, von der Erde aus gesehene, größte Winkelabstand während eines Umlaufs des Planeten. Der Winkelabstand wird bei der Venus nicht größer als 47°.

Literaturhinweise

Für das vorliegende Buch wurden - außer der allgemeinen physikalischen und mathematischen Literatur, Lehrbücher, Wörterbücher usw. - vorwiegend folgende Spezialwerke benutzt:

Ackermann, Peter, Eisenberg, Wolfgang, Herwig, Helge u. Kannegießer, Karlheinz: Erfahrung des Denkens - Wahrnehmung des Ganzen, Akademie-Verlag Berlin 1989

Adams, George: Geometrische und graphische Versuche,Wissenschaftliche Buchgesellschaft Darmstadt 1985

Anders, Günther: Die Antiquiertheit des Menschen, Verlag C. H. Beck München 1987

Appleyard, Bryan: Der halbierte Mensch; Die Naturwissenschaften und die Seele des modernen Menschen, Kindler Verlag GmbH München 1992

Archimedes: Abhandlungen, (in der Reihe: Ostwalds Klassiker der exakten Wissenschaften) Verlag Harri Deutsch Thun, Frankfurt/M. 1996

Aristoteles: Metaphysik, Rowohlt Verlag Reinbek 1966

Aristoteles: Philosophische Schriften, Wissenschaftliche Buchgesellschaft Darmstadt 1998

Asimov, Isaac: Geschichte der Biologie, Fischer Verlag Frankfurt/M 1968

Asimov, Isaak: Wege und Irrwege der Naturwissenschaft, Econ Verlag Düsseldorf 1969

Audretsch, J., Mainzer, J.: Vom Anfang der Welt, C. H. Beck Verlag München 1990

Austin, M., Vidal-Naquet, M.: Gesellschaft und Wirtschaft im alten Griechenland,Verlag C. H. Beck München 1984

Balmer, Hans Peter: Freiheit statt Teleologie, Verlag Karl Alber Freiburg 1977

Barrow, John D.: Die Natur der Natur; Wissen an den Grenzen von Raum und Zeit, Rowohlt Verlag Reinbek 1996

Barrow, John D.: Die asymmetrische Schöpfung, Rowohlt Verlag Reinbek 1992

Barrow, John D.: Die linke Hand der Schöpfung: Der Ursprung des Universums, Wissenschaftliche Buchgesellschaft Darmstadt 1995

Barrow, John D.: Warum die Welt mathematisch ist, Deutscher Taschenbuch Verlag 1996

Bartels, Klaus: Sokrates im Supermarkt, Streiflichter aus der Antike, Wissenschaftliche Buchgesellschaft Darmstadt 1997

Bartels, Klaus: Wie Berenike auf die Vernissage kam – 77 Wortgeschichten –, Wissenschaftliche Buchgesellschaft Darmstadt 1996

Barthel, Manfred Glanz und Geheimnis der Antike, Econ Verlag Düsseldorf 1992

Bauval, Robert, Gilbert, Adrian: Das Geheimnis des Orion, List Verlag München – Leipzig 1994

Bayer, Erich: Griechische Geschichte in Grundzügen, Wissenschaftliche Buchgesellschaft Darmstadt 1988

Bergamini, David: Mathematik, Rowohlt Verlag Hamburg 1969

Berry, Robert J.: Adam und der Affe Claassen, Verlag Düsseldorf 1989

Al-Biruni: In den Gärten der Wissenschaften, Reclam-Verlag Leipzig 1991

Blanck, Horst: Einführung in das Privatleben der Griechen und Römer, Wissenschaftliche Buchgesellschaft Darmstadt 1996

Bloch, Ernst: Naturrecht und menschliche Würde, Suhrkamp Verlag Frankfurt/M 1961

Bloch, Ernst: Antike Philosophie, Suhrkamp Verlag Frankfurt/M 1989

Böhme, G. u. H.: Feuer - Wasser - Erde - Luft, Eine Kulturgeschichte der Elemente, Verlag C. H. Beck München 1996

Böhmer, Otto A.: Neue Sternstunden der Philosophie, Verlag C. H. Beck München 1995

Born, Max: Physik im Wandel meiner Zeit, Verlag Vieweg Braunschweig 1966

Borzeszkowski, Horst-Heino von, Wahsner, Renate: Physikalischer Dualismus und dialektischer Widerspruch, Wissenschaftliche Buchgesellschaft Darmstadt 1989

Bremmer, Jan N.: Götter, Mythen und Heiligtümer im antiken Griechenland, Wissenschaftliche Buchgesellschaft Darmstadt 1996

Brodersen, Kai: Legendäre Kunst- und Bauwerke der Antike, Verlag C. H. Beck München 1996

Brodersen, Kai: Die sieben Weltwunder, Verlag C. H. Beck München 1996

Buchheim, Gisela, Sonnemann, Rolf: Geschichte der Technikwissenschaften, Edition Leipzig 1990

Burckhardt, Jakob: Weltgeschichtliche Betrachtungen, Verlag das Goldene Vlies GmbH. u. Co, Frankfurt/M 1925

Burkert, Werner: Weisheit und Wissenschaft, Studien zu Pythagoras, Philolaos und Platon, Nürnberg 1962

Carus, T. Lucretius: Von der Natur der Dinge, Reclam-Verlag Leipzig 1947
Cassirer, E.: Substanzbegriff und Funktionsbegriff, 1910
Casti, John L.: Verlust der Wahrheit, Streitfragen der Naturwissenschaften, Knauer Verlag München 1990
Cavarero, Adriana: Platons Töchter, Frauengestalten der antiken Philosophie, Rotbuch Verlag Hamburg 1997
Cherniss, H.: Aristotle's Criticism of Presocratic Philosophy, Baltimore 1935
Christ, Karl: Antike Numismatik - Einführung und Bibliographie, Wissenschaftliche Buchgesellschaft Darmstadt 1991
Colerus, Egmont: Von Pythagoras bis Hilbert, Paul Zsolnay - Verlag Wien 1935
Cornell, J.: Die ersten Astronomen, Stuttgart 1983
Coulanges, Fustel de: Der antike Staat, Phaidon Verlag Essen 1995
Curtius, Ernst: Griechische Geschichte, Emil Vollmer Verlag Essen 1996
Davies, Paul: Gott und die moderne Physik, Bertelsmann Verlag München 1987
Davies, Paul: Die Urkraft, Rasch und Röhring Verlag Hamburg 1987
Delambre: Histoire de l'astronomie ancienne, Paris 1817
Dempf, Alois: Sacrum imperium, Wissenschaftliche Buchgesellschaft Darmstadt 1954
Desmond, Adrian, Moore, James: Darwin, Rowohlt Verlag Reinbek 1994
Detel, Wolfgang: Macht, Moral, Wissen, Foucault und die klassische Antike, Suhrcamp Verlag Frankfurt/M 1998
Diels, Hermann: Die Fragmente der Vorsokratiker, Rowohlt - Verlag Hamburg 1957
Laertius, Diogenes von: Leben und Meinungen berühmter Philosophen, Felix Meiner Verlag Hamburg 1998
Dihle, Albrecht: Griechische Literaturgeschichte, Von Homer bis zum Hellenismus, Verlag C. H. Beck München 1991
Dihle, Albrecht: Die griechische und lateinische Literatur der Kaiserzeit, Verlag C. H. Beck München 1989
Doblhofer, Ernst: Die Entzifferung alter Schriften und Sprachen, Verlag Philipp Reclam jun. Stuttgart 1993
Drewermann, Eugen: Giordano Bruno oder der Spiegel des Unendlichen, Kösel-Verlag München 1992
Drewermann, Eugen: Psychogramm eines Ideals, Deutscher Taschenbuch Verlag München 1991
Droysen, Johann Gustav: Geschichte des Hellenismus, Wissenschaftliche Buchgesellschaft Darmstadt 1998

Dürr, Hans Peter: Das Netz des Physikers, Carl Hanser Verlag München, 1988

Eggebrecht, Axel: Weltliteratur im Überblick, Verlag Bruno Henschel und Sohn Berlin 1948

Eigen, Manfred: Das Spiel - Naturgesetze steuern den Zufall, Piper Verlag München 1984

Euklid: Die Elemente, (in der Reihe: Ostwalds Klassiker der exakten Wissenschaften) Verlag Harri Deutsch Thun, Frankfurt/M. 1997

Ferry, Luc: Von der Göttlichkeit des Menschen oder der Sinn des Lebens, Wissenschaftliche Buchgesellschaft Darmstadt 1997

Fierz, Markus: Naturwissenschaft und Geschichte, Birkhäuser Verlag Basel 1988

Fink, Gerhard: Who's who in der antiken Mythologie, Deutscher Taschenbuchverlag München 1993

Fischer, Ernst Peter: Aristoteles & Co, Piper Verlag München 1995

Furley, D. J.: The Formation of the Atomic Theory and ist Early Critics, Cambridge 1987

Gamow, George: Sonne Stern, unter Sternen, Ehrenwirth Verlag München 1964

Gebler, Karl von: Galileo Galilei - Leben und Werk, Phaidon Verlag Essen 1995

Gellner, Ernest: Descartes & Co, Junius Verlag Hamburg 1995

Genz, Henning: Symmetrie - Bauplan der Natur, Piper Verlag München 1987

Geyer, Carl-Friedrich: Von den Vorsokratikern bis zum Ende des römischen Reiches, Wissenschaftliche Buchgesellschaft Darmstadt 1996

Gheyselinck, R.: Die ruhelose Erde, Verlag des Druckhauses Tempelhof Berlin 1947

Gierer, Alfred: Die Physik, das Leben und die Seele, Pieper Verlag München 1988

Gierer, Alfred: Die gedachte Natur - Ursprünge der modernen Wissenschaft, Rowohlt Taschenbuch Verlag Reinbeck 1998

Göbel, Peter: Das Abenteuer des Denkens, Fourier Verlag Wiesbaden 1988

Göll, Hermann: Die Gelehrten des Altertums, Reprint Verlag Leipzig 1876

Goldschmit-Jentner, Rudolf K.: Die Begegnung mit dem Genius, Christian Wegener Verlag Hamburg 1940

Gomperz, Theodor: Griechische Denker, Eichborn Verlag Frankfurt/M 1996

Grant, Michael: Die klassischen Griechen, Verlag Bastei-Lübbe 1990

Grau, Conrad: Berühmte Wissenschaftsakademien, Verlag Harri Deutsch Edition Leipzig 1988
Golop, Richard, Brus, Eric (Herausgeber): Almanach der Naturwissenschaften und Technik, Knaur Verlag München 1990
Gribbin, John: Auf der Suche nach dem Omega-Punkt, Piper Verlag München 1990
Grünwald, Michael: Die Anfänge der abendländischen Philosophie, Fragmente der Vorsokratiker, Artemis Verlag München 1991
Guthrie, W. K.: Die griechischen Philosophen von Thales bis Aristoteles, Verlag Vandenhoeck & Ruprecht Göttingen 1963
Haag, K. H.: Die Lehre vom Sein in der modernen Philosophie, Akademische Verlagsgesellschaft Frankfurt/M 1963
Hägermann, Dieter, Schneider, Helmut: Propyläen Geschichte Technik, Propyläen Verlag Berlin 1991
Haken, Hermann: Erfolgsgeheimnisse der Natur, Deutsche Verlagsanstalt Stuttgart 1981
Hartmann, Nicolai: Philosophie der Natur, Verlag Walter de Gruyter Berlin, 1950
Haseloff, O. W., Stachowiak, H.: Grundfragen und Fortschritte der Physik, Dr. Georg Lüttke Verlag Berlin 1958
Hauskeller, Michael: Geschichte der Ethik – Antike –, Deutscher Taschenbuch Verlag München 1997
Hawking, Stephen W.: Einsteins Traum, Rowohlt Verlag Reinbek 1996
Heast, Thomas: Aristarchus of Samos, the Ancient Copernicus, Oxford 1913
Ranke-Heinemann, Uta: Nein und Amen, Knaur Verlag München 1994
Heisenberg, Werner: Der Teil und das Ganze, Piper Verlag München 1973
Heisenberg, Werner: Physik und Philosophie, Ullstein Verlag Berlin 1965
Heraklit: Fragmente, Wissenschaftliche Buchgesellschaft Darmstadt 1995
Herausgebergremium von 237 Autoren: Griechische und römische Antike von A bis Z, Artemis Verlag Zürich 1994
Herodot: Neun Bücher der Geschichte, Phaidon Verlag Essen 1996
Herrmann, Joachim: Das falsche Weltbild: Astronomie und Aberglaube, Deutscher Taschenbuchverlag München 1973
Heuser, Harro: Als die Götter lachen lernten, Griechische Denker verändern die Welt, Piper Verlag München 1996
Hörz, Herbert, Liebscher, Heinz, Löther, Rolf, Schmitzer, Ernst, Wollgast, Siegfried: Philosophie und Naturwissenschaft, Fourier Verlag GmbH, Wiesbaden 1996
Hofstätter, Peter R.: Individuum und Gesellschaft, Ullstein Verlag Berlin 1972

Homer: Ilias Odyssee, Emil Vollmer Verlag Essen 1996
Horn, Christoph: Augustinus, Verlag C. H. Beck München 1995
Hossenfelder, Malte: Epikur, Verlag C. H. Beck München 1998
Howald, Ernst: Die Kultur der Antike, Artemis Verlag Zürich 1965
Hoffmann, Ernst: Platon, Artemis Verlag Zürich 1965
Hund, Friedrich: Geschichte der physikalischen Begriffe, Bibliographisches Institut Mannheim 1972
Jammer, Max: Das Problem des Raumes, Wissenschaftliche Buchgesellschaft Darmstadt 1960
Jammer, Max: Der Begriff der Masse in der Physik, Wissenschaftliche Buchgesellschaft Darmstadt 1964
Janich, Peter: Kleine Philosophie der Naturwissenschaften, Verlag C. H. Beck München 1997
Jaspers, Karl: Vom Ursprung und Ziel der Geschichte, R. Piper & Co. Verlag München 1955
Jordan, Pascal: Das Bild der modernen Physik, Ullstein Verlag Frankfurt/M. 1957
Jürß, Fritz, Müller, Reimar, Schmidt, Ernst Günther: Griechische Atomisten, Reclam - Verlag Leipzig 1977
Kalweit, Holger: Die Welt der Schamanen, Fischer Verlag Frankfurt/M 1988
Kanitscheider, Bernulf: Von der mechanistischen Welt zum kreativen Universum, Wissenschaftliche Buchgesellschaft Darmstadt 1993
Kanitscheider, Bernulf: Im Innern der Natur, Wissenschaftliche Buchgesellschaft Darmstadt 1996
Kerenyi, Karl: Die Mythologie der Griechen, Deutscher Taschenbuchverlag München 1966
Kimmich, Dorothee: Epikureische Aufklärungen, Wissenschaftliche Buchgesellschaft Darmstadt 1993
Kesten, Hermann: Copernikus und seine Welt, Verlag Kurt Desch München, 1948
Klingner, Friedrich: Römische Geisteswelt, Reclam Verlag Stuttgart 1979
Klotz, Heinrich: Die Entdeckung von Catal Höyük, Der archäologische Jahrhundertfund, Verlag C. H. Beck München, 1997
Koyré, Alexandre: Vergnügen bei Platon, Verlag Klaus Wagenbach Berlin 1997
Kranz, Walther: Die griechische Philosophie, Carl Schünemann Verlag Bremen 1962
Kreuzer, Helmut: Literarische und naturwissenschaftliche Intelligenz - , Dialog über die »zwei Kulturen«, Ernst Klett Verlag Stuttgart 1969

Kuhn, Thomas: Die Struktur wissenschaftlicher Revolutionen, Suhrkamp Verlag Frankfurt/M 1996
Kurts, Friedrich: Handbuch der Mythologie, Phaidon Verlag Essen 1997
Laertius, Diogenes: Leben und Meinungen berühmter Philosophen, Verlag Meiner Hamburg 1998
Lauffer, Siegfried: Alexander der Große, Deutsche Taschenbuch Verlag München 1993
Lauter, Hans: Die Architektur des Hellenismus, Wissenschaftliche Buchgesellschaft Darmstadt 1986
Lefkowitz, M. R.: Die Töchter des Zeus, Frauen im alten Griechenland, Verlag C. H. Beck München 1990
Lederman, Leon: Das schöpferische Teilchen, Der Grundbaustein des Universums, C. Bertelsmann Verlag München 1993
Lehmann, Johannes: So rechneten Griechen und Römer, Urania -Verlag Berlin 1994
Lendle, Otto: Einführung in die griechische Geschichtsschreibung, Wissenschaftliche Buchgesellschaft Darmstadt 1992
Levi, Peter: Weltatlas der alten Kulturen: Griechenland, Christian Verlag München 1995
Liebscher, Dierck-Ekkehard: Relativitätstheorie mit Zirkel und Lineal, Akademie Verlag Berlin 1991
Löbl, Rudolf: Demokrits Atomphysik, Wissenschaftliche Buchgesellschaft Darmstadt 1987
Lorenzen, Paul: Formale Logik, Verlag Walter de Gruyter & Co Berlin 1967
Lotze, Detlef: Griechische Geschichte, Verlag C. H. Beck München 1995
Lüdemann, Gerd: Ketzer: die andere Seite des frühen Christentums, Radius-Verlag Stuttgart 1995
Lutz, Bernd (Herausgeber): Metzler Philosophen Lexikon, Verlag J. B. Metzler Stuttgart 1995
Macrone, Michael: Heureka! Das archimedische Prinzip, Deutscher Taschenbuch Verlag München 1998
Mainzer, Klaus: Von der Urmaterie zum Leben, Verlag C. H. Beck München 1996
Mainzer, Klaus: Zeit - Von der Urzeit zur Computerzeit, Verlag C. H. Beck München 1996
March, Arthur: Das neue Denken der modernen Physik, Rowohlt - Verlag Hamburg 1957
Marcuse, Herbert: Der eindimensionale Mensch, Luchterhand Verlag Berlin 1967
Markus, S.M.: Der Gott der Physiker, Birkhäuser Verlag Basel 1986

McNeill, Daniel, Freiberger, Paul: Fuzzy Logic, Die unscharfe Logik erobert die Technik, Droemer Knaur München 1994
Melsen, A. G. M. van: Atom - gestern und heute, Die Geschichte des Atombegriffs von der Antike bis zur Gegenwart, Verlag Karl Alber Freiburg/München 1957
Meier, Christian: Athen – ein Neubeginn der Weltgeschichte –, Wolf Jobst Siedler Verlag Berlin 1993
Meyer, Eduard: Geschichte des Altertums, Phaidon Verlag Essen 1997
Metzler: Philosophenlexikon, Verlag J. B. Metzler Stuttgart 1995
Moosleitner, G. P. (Herausgeber): Das antike Griechenland, P. M. Perspektive München 1996
Müller, Klaus E.: Geschichte der antiken Ethnologie, Rowohlt Verlag Reinbeck 1997
Müri, Walter: Der Arzt im Altertum, Wissenschaftliche Buchgesellschaft Darmstadt 1986
Murray, Gilbert: Euripides und seine Zeit, Wissenschaftliche Buchgesellschaft Darmstadt 1957
Newton, R. R.: The Crime of Claudius Ptolemy, 1977
Olshausen, Eckart: Einführung in die historische Geographie der Alten Welt, Wissenschaftliche Buchgesellschaft Darmstadt 1991
Pabst, Bernhard: Atomtheorien des lateinischen Mittelalters, Wissenschaftliche Buchgesellschaft Darmstadt 1994
Papke, Werner: Die geheime Botschaft des Gilgamesch, 4000 Jahre alte astronomische Aufzeichnungen entschlüsselt, Weltbild Verlag Augsburg GmbH 1996
Peterson, Ivars: Was Newton nicht wußte, Birkhäuser Verlag Basel 1994
Pichot, André: Die Geburt der Wissenschaft, Wissenschaftliche Buchgesellschaft Darmstadt 1996
Platon: Sämtliche Werke, Rowohlt Verlag Reinbek 1957
Platon: Werke in acht Bänden, Wissenschaftliche Buchgesellschaft Darmstadt 1990
Plessner, M.: Vorsokratische Philosophie und griechische Alchemie, Wiesbaden 1957
Piaget, Jean: Biologie und Erkenntnis, Fischer Verlag Frankfurt/M 1974
Pichot, André: Die Geburt der Wissenschaften, Wissenschaftliche Buchgesellschaft Darmstadt 1995
Plinius der Ältere: Naturkunde, 37 Bücher, Wissenschaftliche Buchgesellschaft Darmstadt 1994
Pöhlmann, Egbert: Einführung in die Überlieferungsgeschichte und die Textkritik der antiken Literatur, Wissenschaftlichen Buchgesellschaft Darmstadt 1994

Popper, Karl R., Eccles, John C.: Das ich und sein Gehirn, Piper Verlag München 1989

Popper, Karl R.: Die offene Gesellschaft und ihre Feinde, Francke Verlag München, 1980

Popper, Karl R.: Lesebuch, J. C. B. Mohr Verlag Tübingen 1995

Popper, Karl R.: Alles Leben ist Problemlösen, Wissenschaftliche Buchgesellschaft Darmstadt 1994

Poundstone, William: Im Labyrinth des Denkens, Rowohlt Verlag Reinbek 1992

Ranke, Leopold von: Geschichte des Altertums, Phaidon Verlag Essen 1992

Raphael, Max: Naturkultur - Schriften zur Philosophie und Literatur, Suhrkamp Verlag Frankfurt/M 1988

Rapp, Christof: Vorsokratiker, Verlag C. H. Beck München 1997

Reiser, Rudolf: Gott und Kaiser - Antike Vorbilder Jesu -, Kösel -Verlag München 1995

Rensch, Bernhard: Das universale Weltbild - Evolution und Naturphilosophie, Wissenschaftliche Buchgesellschaft Darmstadt 1991

Reucher, Theo: Das Glas hat einen Sprung, Wissenschaftliche Buchgesellschaft Darmstadt 1994

Rillinger, Rolf: Leben im antiken Griechenland, Piper Verlag München 1992

Rohbeck, Johannes: Technologische Urteilskraft, Suhrkamp Verlag Frankfurt 1993

Roosnay, Joel de: Das Makroskop, Rowohlt Verlag Reinbek 1975

Rostovtzeff, Michael: Gesellschafts- und Wirtschaftsgeschichte der hellenistischen Welt, Wissenschaftliche Buchgesellschaft Darmstadt 1998

Rüegg, Walter: Antike Geisteswelt , Artemis Verlags-AG Zürich 1964

Rufus, Curtius: Alexandergeschichte, Phaidon Verlag Essen 1996

Rullmann, Marit: Philosophinnen -Von der Antike bis zur Aufklärung- Suhrkamp Verlag Frankfurt/M 1998

Rupprecht, Hans-Albert: Kleine Einführung in die Papyruskunde, Wissenschaftliche Buchgesellschaft Darmstadt 1994

Russel, Bertrand: Religion, Moral und Humanität, Rowohlt Verlag Hamburg 1968

Russel, Bertrand: A history of Western Philosophie, New York 1945

Russel, Bertrand: Philosophie des Abendlandes, Wissenschaftliche Buchgesellschaft Darmstadt 1997

Russel, Bertrand: Denker des Abendlandes, Eine Geschichte der Philosophie, Gondrom Verlag GmbH Bindlach 1997

Sachsse, H.: Naturerkenntnis und Wirklichkeit, Vieweg - Verlag Braunschweig 1967
Sallust: Sämtliche Schriften, Phaidon Verlag Essen 1996
Sandvoss, Ernst R.: Philosophie im globalen Zeitalter, Wissenschaftliche Buchgesellschaft Darmstadt 1994
Sandvoss, Ernst R.: Sternstunden des Prometheus - Vom Weltbild zum Weltmodell, Insel Verlag Leipzig 1996
Sarton, G.: A History of Science, Ancient Science through the Golden Age of Greece, Oxford University Press 1953
Schäfer, Thomas: Vom Sternenkult zur Astrologie, Walter Verlag 1993
Schiemann, Gregor: Was ist Natur – Klassische Texte zur Naturphilosophie –, Deutscher Taschenbuch Verlag München 1996
Schliemann, Heinrich: Ithaka, der Peloponnes und Troja, Wissenschaftliche Buchgesellschaft Darmstadt 1963
Schlögl, Adalbert: Herodot, Rowohlt Verlag Reinbek 1998
Schmidt, Jochen: Aufklärung und Gegenaufklärung, Wissenschaftliche Buchgesellschaft Darmstadt 1989
Schmidt, Thomas Michael: Zeitstrukturen im Planetensystem, Verlag des Instituts für Kulturgeschichte Leipzig 1997
Schneider, Helmuth: Einführung in die antike Technikgeschichte, Wissenschaftliche Buchgesellschaft Darmstadt 1992
Schrödinger, Erwin: Die Natur und die Griechen, Rowohlt - Verlag Hamburg 1957
Schrödinger, Erwin: Meine Weltansicht, Paul Zsolnay Verlag Hamburg-Wien 1961
Seneca: Naturwissenschaftliche Untersuchungen, Reclam Verlag Stuttgart 1998
Serres, Michel (Herausgeber) mit 12 Autoren: Elemente einer Geschichte der Wissenschaften, Suhrkamp Verlag Frankfurt/M 1998
Sexl, Roman U.: Was die Welt zusammenhält - Physik auf der Suche nach dem Bauplan der Natur, Deutsche Verlagsanstalt Stuttgart 1984
Siebeck, Herman: Aristoteles, Fr. Frommanns Verlag Stuttgart 1902
Sieferle, Rolf Peter: Natur - ein Lesebuch, Verlag C. H. Beck München 1991
Silva, J. Andrade e, Lochak, G.: Wellen und Teilchen, Fischer Verlag Frankfurt/M 1974
Simonyi, K.: Kulturgeschichte der Physik, Verlag Harri Deutsch Frankfurt/Main 1990
Snow, C. Peter: Die zwei Kulturen, Klett Verlag Stuttgart 1967
Spengler, Oswald: Untergang des Abendlandes, Verlag C. H. Beck München 1998

Stadler, Peter Bruno: Wilhelm v. Humboldts Bild der Antike, Artemis Verlag Zürich 1965
Stoll, H. W.: Mythologie der Griechen und Römer, Phaidon Verlag Essen 1997
Störig, Hans Joachim: Kleine Weltgeschichte der Philosophie, Fischer Verlag Frankfurt/Main 1996
Stückelberger, Alfred: Einführung in die antiken Naturwissenschaften, Wissenschaftliche Buchgesellschaft Darmstadt 1988
Tarn, William: Die Kultur der hellenistischen Welt, Wissenschaftliche Buchgesellschaft Darmstadt 1966
Teller, Edward: Energie für ein neues Jahrtausend, Ullstein Verlag Berlin 1981
Thanos, Nikos: Literarische Beschreibung Griechenlands, Wohin ich auch reise..., Verlag Romioni Köln 1998
Thukydides: Der peloponnesische Krieg, Phaidon Verlag Essen 1990
Tipler, Frank J.: Die Physik der Unsterblichkeit, Moderne Kosmologie, Gott und die Auferstehung der Toten, Deutscher Taschenbuch Verlag München 1995
Trencsényi-Waldapfel, Imre: Von Homer bis Vergil, Gestalten und Gedanken der Antike, Aufbau - Verlag Berlin 1990
Wachsmut, Guenther: Bilder und Beiträge zur Mysterien- und Geistesgeschichte der Menschheit, Verlag Emil Weises Buchhandlung Dresden 1938
Waerden, B. L. van der: Die Astronomie der Griechen, Wissenschaftliche Buchgesellschaft Darmstadt 1988
Walker, H.E.: The Nature of Consciousness, in: Mathematical Bioscience, Nr. 7 1970
Waloschek, Pedro: Vom Kristall zum Quark, Rowohlt Verlag Reinbek 1996
Wannagat, Detlev: Der Blick des Dichters - Antike Kunst in der Weltliteratur, Wissenschaftliche Buchgesellschaft Darmstadt 1997
Weber: Vorsokratiker, Ferdinand Schöningh Verlag Paderborn 1988
Weber: Platons Apologie, Ferdinand Schöningh Verlag Paderborn 1995
Weber, Georg : Griechische Geschichte, Phaidon Verlag Essen 1995
Wehli, Fritz: Hauptrichtungen des griechischen Denkens - das Erbe der Antike, Artemis Verlag Zürich 1965
Weischedel, Wilhelm: Die philosophische Hintertreppe, Deutscher Taschenbuchverlag München 1975
Weizsäcker, Carl Friedrich von: Erfahrung des Denkens - Wahrnehmung des Ganzen, Akademie - Verlag Berlin 1989

Weizsäcker, Carl Friedrich von: Die Geschichte der Natur, Hirzel Verlag Stuttgart 1948
Weizsäcker, Carl Friedrich von: Die Tragweite der Wissenschaft, Hirzel Verlag Stuttgart 1966
Weyl, H.: Philosophie der Mathematik und Naturwissenschaften, Oldenbourg Verlag München, 3. Auflage 1966
Wilamovitz-Moellendorf, Ulrich von: Der Glaube der Hellenen, Wissenschaftliche Buchgesellschaft Darmstadt 1955
Willer, Jörg: Physik und die menschliche Bildung, Wissenschaftliche Buchgesellschaft Darmstadt 1990
Windelband, Wilhelm: Platon, Fr. Frommanns Verlag Stuttgart 1905
Wolf, Fred A.: Der Quantensprung ist keine Hexerei, Birkhäuser Verlag Basel 1986
Wulff, Heinz: Die Welt der Planeten, Goldmann - Verlag München 1969
Zaidman, Louise Bruit, Schmitt Pantel, Pauline: Die Religion der Griechen, Kult und Mythos, Verlag C. H. Beck München 1994
Ziegler, Konrat, Sontheimer, Walter, Gärtner, Hans: Der kleine Pauli - Lexikon der Antike, Wissenschaftliche Buchgesellschaft Darmstadt 1979
Zukav, Gary: Vom Quantensprung zum schwarzen Loch, Rowohlt Verlag Reinbeck 1986

Personenregister

I

J

K

L

M

N

O

P

R

S

T

V

W

X

Z

Band 12

I. KANT

Allgemeine Naturgeschichte und Theorie des Himmels

Versuch von der Verfassung und dem mechanischen Ursprunge des ganzen Weltgebäudes nach Newtonschen Grundsätzen abgehandelt.

Hrsg.: A. J. v. Oettingen
3. Auflage 1998, 158 Seiten, kt.,
DM 28,- ISBN 3-8171-3012-0

Nach Kants Vorstellung entstehen und vergehen Sonnensysteme und Galaxien periodisch aus einem Urnebel, dabei verdichten sich die einzelnen Planeten unabhängig. Mit dieser Theorie kommt er den heutigen Vorstellungen über die Kosmogonie näher als sein Zeitgenosse Laplace. Gleichwohl werden beide Theorien oft als Kant-Laplacesche-Hypothese über die Entstehung des Sonnensystems zusammengefaßt.
Die erste Ausgabe der „Allgemeinen Naturgeschichte und Theorie des Himmels" ist hier unverändert wiedergegeben.

Band 72

G. KIRCHHOFF · R. BUNSEN

Chemische Analyse durch Spectralbeobachtungen/Abhandlungen über Emission und Absorption

▶ Reprint der Einzelbände 72* und 100**
*Hrsg.: W. Ostwald ** Hrsg.: M. Planck
2. Auflage 1996, 115 Seiten, kt.,
DM 19,80 ISBN 3-8171-3072-4

Aus den gemeinsamen Forschungsarbeiten des Chemikers Bunsen und des Physikers Kirchhoff gingen entscheidende Entdeckungen zur Spektraltheorie hervor. Mit der Spektralanalyse gelang nicht nur der Nachweis geringer Mengen eines Elementes, sondern auch die Entdeckung der neuen Elemente Cäsium und Rubidium. Die theoretischen und experimentellen Untersuchungen Kirchhoffs zur Absorption und Emission des Lichtes bildeten die Basis zur Erklärung der Fraunhoferschen Linien im Sonnenspektrum.

Band 96

SIR I. NEWTON

Optik

oder Abhandlung über Spiegelungen, Brechungen, Beugungen und Farben des Lichts

(Erstes bis drittes Buch)

▶ Reprint der Einzelbände 96 und 97
Übers. und Hrsg.: W. Abendroth
2. Auflage 1998, 288 Seiten, kt.,
DM 38,- ISBN 3-8171-3096-1

Bei der Durchführung optischer Experimente entdeckte Newton die Abhängigkeit des Brechungsindex von der Farbe des Lichts und die Zusammensetzung des weißen Lichts aus den verschiedenen Spektralfarben. In den drei Büchern der Optik gab er eine genaue Beschreibung seiner Experimente zu Spiegelungen, Brechungen, Beugungen und Farben des Lichts und versuchte, sie mit seiner Korpuskulartheorie des Lichts zu erklären.

Band 199

A. EINSTEIN · M. VON SMOLUCHOWSKI

Untersuchungen über die Theorie der Brownschen Bewegung*
Abhandlung über die Brownsche Bewegung und verwandte Erscheinungen

▶ Reprint der Einzelbände 199 und 207
*Hrsg. und Anm.: R. Fürth
3. Auflage 1997, 252 Seiten, kt.,
DM 38,- ISBN 3-8171-3207-7

Die hier veröffentlichten Arbeiten von A. Einstein und M. v. Smoluchowski behandeln das durch den englischen Botaniker R. Brown entdeckte Phänomen der nach ihm benannten Brownschen Bewegung. Brown hatte die ständige Bewegung kleiner, in einer Flüssigkeit schwimmender Teilchen zuerst unter dem Mikroskop beobachtet. Als er sie auch in organischen Zellen wahrnahm, vermutete er, eine spezifische Lebenserscheinung („Urmoleküle") gefunden zu haben.
Fast zeitgleich beschäftigten sich Einstein (1905) und v. Smoluchowski (1906) mit Browns Beobachtungen und fanden ähnliche physikalische Erklärungen für die Erscheinung. Die hier zusammengestellten Arbeiten können somit als Grundlage gesehen werden, uns die Atome sichtbar zu machen.

Band 206

M. PLANCK

Die Ableitung der Strahlungsgesetze

Sieben Abhandlungen aus dem Gebiete der elektromagnetischen Strahlungstheorie

Anm.: F. Reiche
3. Auflage 1997, 95 Seiten, kt.,
DM 14,80 ISBN 3-8171-3206-9

Beeinflußt durch die Arbeiten von Clausius befaßte sich Planck mit den Gesetzen der Wärmestrahlung. Er entwickelte die Ableitung des Gesetzes der schwarzen Strahlung und entdeckte dabei, daß sowohl die Emission als auch die Absorption von Strahlung sprunghaft, in winzigen Energiequanten erfolgt. Diese Entdeckung führte zur Entwicklung der Quantentheorie und zur Revolutionierung des physikalischen Denkens. Die wichtigsten Abhandlungen auf dem Wege zu dieser Entdekkung sind hier mit einem Vorwort und Anmerkungen abgedruckt

Band 233

P.S. DE LAPLACE

Philosophischer Versuch über die Wahrscheinlichkeit

Hrsg.: R.v. Mises
2. Auflage 1996, 211 Seiten, kt.,
DM 28,- ISBN 3-8171-3233-6

Wer hat sich nicht im Mathematikunterricht über die Wahrscheinlichkeiten beim Würfeln oder Werfen einer Münze amüsiert? In seinem Werk legt Laplace die Grundlagen für die Berechnung dieser Ereignisse dar. Ferner zeigt er auf, wie leicht sich Menschen aus ihren Alltagserfahrungen heraus von falschen Wahrscheinlichkeiten leiten lassen und dehnt seine Berechnungen auf die ethischen Wissenschaften aus. Der "Essai" enthält die berühmte klassische, für mehr als 100 Jahre benutzte Definition der Wahrscheinlichkeit. Ferner umfasst er die exakte Formulierung des klassischen mechanischen Determinismus.

Band 235
Euklid
Die Elemente
Bücher I bis XIII

▶Reprint der Einzelbände 235, 236, 240, 241 und 243
Hrsg. und Übers.: C. Thaer
3. Auflage 1997, 481 Seiten, kt.,
DM 48,- ISBN 3-8171-3235-2

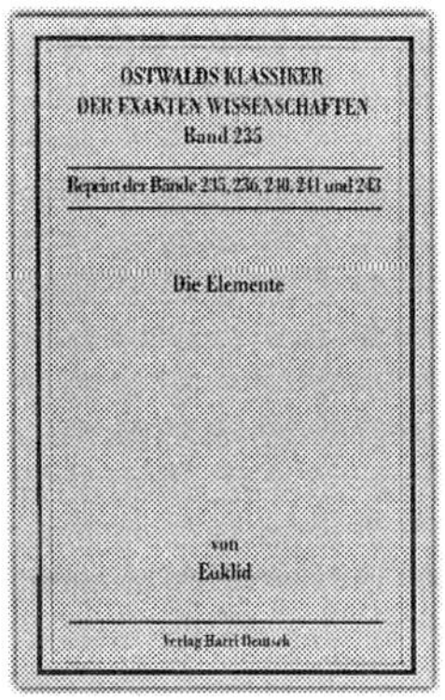

Mit den dreizehn Büchern der „Elemente" tritt uns das erfolgreichste Werk der mathematischen Weltliteratur entgegen. In meisterhafter Darstellung vereinigte Euklid das gesamte mathematische Wissen seiner Zeit und systematisierte es durch die Anordnung nach Axiom, Definition, Satz, Beweis.
Mit diesem Werk wurde Euklid zum Begründer der Euklidischen Geometrie. Durch seine Einführung der Axiomatischen Methode wurde die Geometrie zu einer Mathematischen Disziplin.

Band 201
Archimedes
Abhandlungen

Über Spiralen/Kugel und Zylinder/Die Quadratur der Parabel/Über das Gleichgewicht ebener Flächen/Über Paraboloide, Hyperboloide Ellipsoide/Über schwimmende Körper/ Die Sanzahl

▶Reprint der Einzelbände 201, 202, 203, 210 und 213
Übers., Anm. u. Anh.: A. Czwalina-Allenstein
2. Auflage 1996, 370 Seiten, kt.,
DM 48,- ISBN 3-8171-3201-8

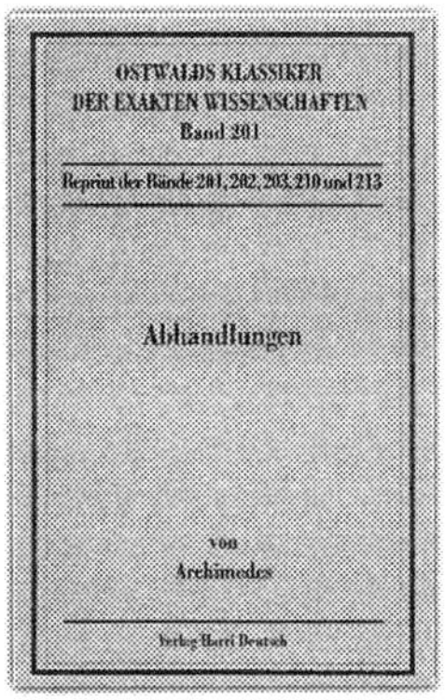

Die hier vorgelegten deutschsprachigen Übersetzungen durch A. Czwalina beruhen auf der Werkausgabe des Archimedes von J.L. Heiberg, 1. Auflage Leipzig 1880-1882. Archimedes berechnete u.a. die Oberfläche und den Inhalt von Kugel, Kugelsegment und Kugelsektor sowie Segmente von Rotationsparaboloiden, Rotationshyperboloiden und Rotationsellipsoiden. Für die Quadratur des Kreises konnte er eine Näherungslösung vorlegen, außerdem berechnete er die Zahl π. Archimedes' Überlegungen über die Anzahl der Sandkörner, mit der das Weltall aufgefüllt werden könnte, führten zur Erweiterung von Begriffen und Notationen für das Zahlensystem.

Band 11
G. Galilei
Unterredungen und mathematische Demonstrationen
über zwei neue Wissenszweige, die Mechanik
und die Fallgesetze betreffend
(Erster bis sechster Tag)

▶Reprint der Einzelbände 11, 24 und 25
Übers. und Hrsg.: A. J. v. Oettingen
4. Auflage 1995, 338 Seiten, kt.,
DM 38,- ISBN 3-8171-3011-2:

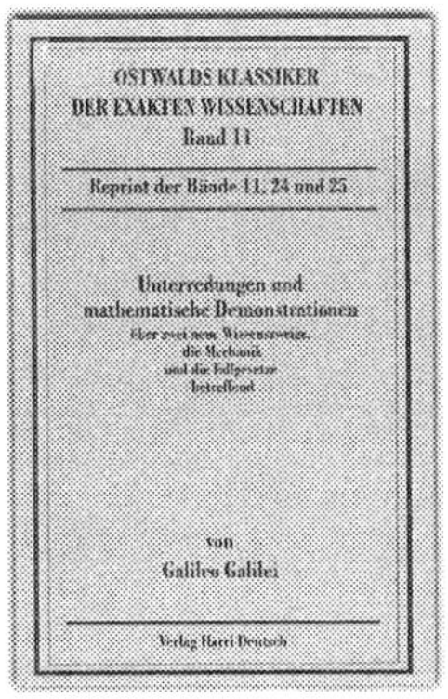

Die berühmten Discorsi stellen eine Zusammenfassung des gesamten physikalischen Schaffens Galileis dar und bilden die Grundlage der neuen Physik. In dem „ersten Lehrbuch der neuzeitlichen Physik" hat er für die Diskurse - wie für alle seine Hauptwerke - die Form des platonischen Dialogs gewählt. Ein Vertreter der aristotelisch-scholastischen Naturphilosophie verteidigt die alte Physik gegen zwei Vertreter der neuen, dabei gerät er allerdings zunehmend in die Defensive. Mit dieser Form stellt Galilei die verschiedenen Auffassungen nicht nur didaktisch geschickt gegenüber, sondern zeichnet auch ein literarisches Bild von den geistig-politischen Verhältnissen seiner Zeit.